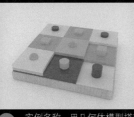

33 实例名称　用几何体模型搭建积木
技术掌握　创建几何体模型、使用移动和旋转工具

36 实例名称　用几何体模型创建茶几
技术掌握　创建几何体模型、使用移动和旋转工具

44 实例名称　用样条线制作铭牌
技术掌握　矩形样条线、文本样条线、挤出修改器

56 实例名称　用布尔运算制作保龄球
技术掌握　布尔运算

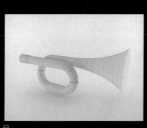

57 实例名称　用放样工具制作小号
技术掌握　放样工具

69 实例名称
技术掌握

77 实例名称　粉饼盒
技术掌握　多边形建模

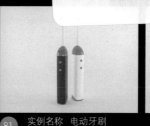

81 实例名称　电动牙刷
技术掌握　多边形建模

99 实例名称　组合书架
技术掌握　多边形建模

106 实例名称　沙发床
技术掌握　多边形建模、样条线建模

118　实例名称　用目标摄影机拍摄室内空间
　　　技术掌握　目标摄影机的使用方法

119　实例名称　用VRay物理摄影机拍摄室外建筑
　　　技术掌握　VRay物理摄影机的使用方法

121　实例名称　客厅横向构图
　　　技术掌握　横向构图、标准摄影机的用法

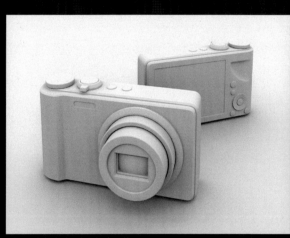

125　实例名称　产品概念图构图
　　　技术掌握　产品构图、VRay物理摄影机的用法

128　实例名称　目标摄影机的景深制作
　　　技术掌握　目标摄影机的景深制作的方法

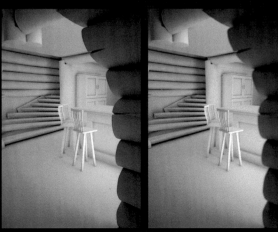

130　实例名称　VRay物理摄影机的景深制作
　　　技术掌握　VRay物理摄影机的景深制作的方法

效果图的材质
本 书 精 彩 实 例 展 示

● 清漆木纹材质

● 大理石材质

● 黄铜材质

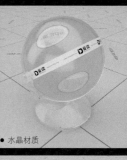
● 水晶材质

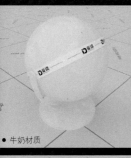
● 牛奶材质

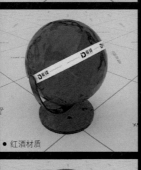
● 红酒材质

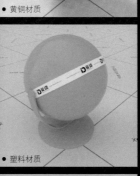
● 塑料材质

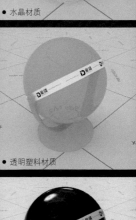
● 透明塑料材质

● 布纹材质

● 皮纹材质

● 陶瓷材质

● 烤漆材质

203　效果图的常用材质参数

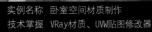
221　实例名称　卧室空间材质制作
技术掌握　VRay材质、UVW贴图修改器

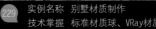
229　实例名称　别墅材质制作
技术掌握　标准材质球、VRay材质球、UVW贴图

252 实例名称　渲染块和Mitchell-Netravali
技术掌握　"渲染块"图像采样器和Mitchell-Netravali图像过滤器组合

253 实例名称　渲染块和Catmull-Rom
技术掌握　"渲染块"图像采样器和Catmull-Rom图像过滤器组合

254 实例名称　发光图和灯光缓存
技术掌握　发光图和灯光缓存渲染引擎组合

255 实例名称　发光图和BF算法
技术掌握　发光图和BF算法渲染引擎组合

257 实例名称　测试渲染参数
技术掌握　测试渲染参数

258 实例名称　成图渲染参数
技术掌握　成图渲染参数

实例名称　效果图的整体处理
技术掌握　综合练习调整效果图的方法

实例名称　为效果图添加镜头光晕
技术掌握　练习效果图添加镜头光晕的方法

实例名称　为效果图添加体积光
技术掌握　练习效果图添加体积光的方法

281 客厅空间日光表现

295 卧室空间夜晚灯光表现

307　书房空间阴天表现

321 工作室空间黄昏表现

333　办公室空间日光表现

345 室外别墅日光表现

3ds Max 2014/VRay 中文版

效果图制作完全自学宝典

时代印象 任媛媛 编著

人民邮电出版社

北京

图书在版编目（CIP）数据

3ds Max 2014/VRay中文版效果图制作完全自学宝典 / 任媛媛编著. -- 北京：人民邮电出版社，2018.2（2019.12重印）
ISBN 978-7-115-46717-1

Ⅰ．①3… Ⅱ．①任… Ⅲ．①三维动画软件 Ⅳ．①TP391.414

中国版本图书馆CIP数据核字(2017)第235914号

内 容 提 要

本书以 3ds Max、VRay 和 Photoshop 为软件基础，面向广大零基础读者，全面阐述室内、室外和产品效果图的表现技法，不仅介绍效果图的基本制作流程和软件操作方法，还介绍一系列实用的效果图表现技巧，如光子渲染、线形工作流和 VRay 降噪等。

全书共 7 篇（24 章），前 6 篇为效果图的基本表现流程，即建模→构图→灯光→材质→渲染→后期处理这一流程，每一篇分别对应流程中的一个环节（如第 1 篇对应建模）；第 7 篇为商业综合实训。对于基本表现流程，每一篇设置了 2~3 章，分别介绍各流程的制作思路、注意事项、软件工具和制作方法，并设置典型实战（全书共 74 个）；不仅如此，每一篇结尾还罗列各环节操作过程中的常见问题，并一一进行解答，以帮助读者快速、高效地学好效果图表现的基本功。商业综合实训共包括 6 个空间场景，内容包括 3 个室内家装、2 个室内工装和 1 个室外场景，在本篇中，读者可以运用前面学习的基本功，制作不同场景空间的表现效果。

本书的学习资源包括书中所有实例的实例文件、场景文件、贴图文件与多媒体教学视频，同时作者还准备了 5 套 CG 场景、15 套效果图场景、500 套常用单体模型、180 个高动态 HDRI 贴图和 5000 多张经典位图贴图，以及 106 集常用工具操作方法的专家讲堂视频赠送读者，读者可通过在线方式获取这些资源，具体方法请参看本书前言。

本书非常适合作为效果图制作的初、中级读者的入门及提高参考书。另外，本书所有内容均采用中文版 3ds Max 2014、VRay3.40.01 和 Photoshop CS6 进行编写，请读者注意。

◆ 编　　著　时代印象　任媛媛
　　责任编辑　张丹丹
　　责任印制　陈　犇

◆ 人民邮电出版社出版发行　　北京市丰台区成寿寺路 11 号
　　邮编　100164　　电子邮件　315@ptpress.com.cn
　　网址　http://www.ptpress.com.cn
　　北京虎彩文化传播有限公司印刷

◆ 开本：787×1092　1/16
　　印张：23.25　　　　　　2018 年 2 月第 1 版
　　字数：753 千字　　　　 2019 年 12 月北京第 2 次印刷

定价：99.90 元

读者服务热线：(010)81055410　印装质量热线：(010)81055316
反盗版热线：(010)81055315
广告经营许可证：京东工商广登字 20170147 号

前言

PREFACE

Autodesk公司的3ds Max是一款三维软件。3ds Max强大的功能，使其从诞生以来就一直受到CG界艺术家的喜爱。3ds Max在模型塑造、场景渲染、动画及特效等方面都能制作出高品质的对象（注意，3ds Max在效果图领域的应用较为广泛），这也使其在室内设计、建筑表现、影视与游戏制作等领域中占据重要地位，成为全球非常受欢迎的三维制作软件。

本书是初学者自学中文版3ds Max 2014与VRay渲染器的技术操作实践书。全书从实用角度出发，全面、系统地讲解了中文版3ds Max 2014和VRay渲染器在效果图中的常见应用功能和操作技法，基本涵盖了中文版3ds Max 2014（针对效果图领域）与VRay渲染器的常用工具、面板、对话框和菜单命令。全书以理论＋实例练习的方式演示了在效果图表现中各对象的制作技法，精心安排了74个具有针对性的效果图实例、20个技术讲解和6个商业效果图综合实训，帮助读者轻松掌握效果图制作的软件使用技巧和具体应用，以做到学用结合，并且全部实例都配有多媒体视频教学录像，详细演示了实战的制作过程。此外，还提供了用于查询软件功能、实例、疑难问答、技术专题的索引，同时还为初学者配备了效果图制作实用附录（常见物体折射率、常用家具尺寸、室内物体常用尺寸）以及60种常见材质的参数设置索引。

本书是一本理论＋实例练习的完全自学教程，采用的是一种加深理解的高效学习方法，以先理论后练习的方式介绍效果图制作的软件操作和表现技法，通过实例练习去感悟理论在实际操作中的使用方法和使用技巧。本书大幅度提升了实例的视觉效果和技术含量，以现阶段流行的制作风格进行讲解。在实例编排上突出针对性和实用性，对于建模技术、灯光技术、材质技术、渲染技术和Photoshop后期处理等效果图制作的核心技术进行详细的分析。

本书的结构与内容

本书分为7篇，共24章，具体内容介绍如下。

建模篇（第1~3章）：本篇讲解制作效果图常用的基础建模和多边形建模。

构图篇（第4~6章）：本篇讲解制作效果图常用的摄影机工具、构图方法、景深等特效。

灯光篇（第7~9章）：本篇讲解制作效果图所需要的光影知识、常用的灯光工具和典型空间的布光方法。

材质篇（第10~14章）：本篇讲解制作效果图所需要的材质基础知识、常见的材质贴图使用方法和材质球的参数。

渲染篇（第15、16章）：本篇讲解VRay 3.40.01渲染器的使用方法和渲染效果图的一些技巧。

后期篇（第17、18章）：本篇讲解效果图后期处理中所需要用到的通道，以及在Photoshop中的一些处理工具。

实训篇（第19~24章）：本篇通过3个家装、2个工装和1个室外场景，详细讲解了商业效果图的制作过程。这些商业综合实训全部选自实际工作的项目，并且每个空间都是精挑细选的，具有非常强的针对性，基本涵盖了实际工作和生活中常见的空间场景。

本书的版面内容介绍

为了达到让读者轻松自学并快速深入地了解效果图制作技术的目的，本书除了设计理论和实例这一套先学后练的学习系统之外，还专门设计了"技巧与提示""疑难问答"和"技术专题"等项目，简要介绍如下。

篇前语：阐述本篇所需要学习的方向，以及该方向在效果图中的作用。

技术专题：包含大量技术知识讲解，让读者深入掌握各种知识。

典型实训：汇总本篇学习的内容，进行较为复杂的练习。

技巧与提示：针对软件的使用技巧和实例操作中的难点进行重点提示。

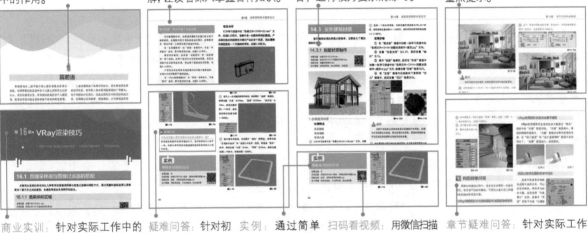

商业实训：针对实际工作中的效果图项目进行综合练习。

疑难问答：针对初学者最容易疑惑的问题进行解答。

实例：通过简单实例练习巩固工具和命令的用法。

扫码看视频：用微信扫描该二维码，即可在线观看当前案例的视频教学录像。

章节疑难问答：针对实际工作中出现的一些非常规问题进行解答。

本书检索说明

为了让读者更加方便地学习3ds Max，在学习本书内容时能更轻松地查找到重要内容，我们在本书的最后做了3个附录，分别是"附录A 本书索引""附录B 效果图制作实用附录"和"附录C 常见材质参数设置索引"，简要介绍如下。

附录A 本书索引：速查看软件的快捷键，查找本书的疑难问答和技术专题内容。

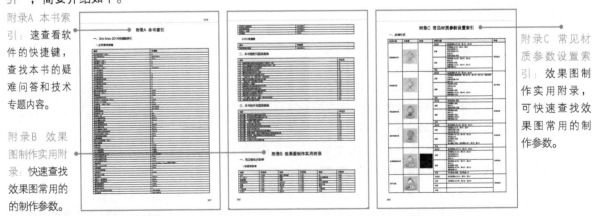

附录C 常见材质参数设置索引：效果图制作实用附录，可快速查找效果图常用的制作参数。

附录B 效果图制作实用附录：快速查找效果图常用的的制作参数。

资源文件说明

本书附带"下载资源"（获取方式详见"售后服务"），内容包括书中所有实战的实例文件、场景文件、贴图文件与多媒体教学录像，同时我们还准备了5套CG场景、15套效果图场景、500套常用单体模型、180个高动态HDRI贴图和5000多张经典位图贴图，以及106集常用工具操作方法的专家讲堂视频赠送读者。读者在学习本书内容的时候，可以调用这些资源配合实战进行练习。

资源文件内容介绍

　　本书附带的资源文件，内容包含"实例文件""场景文件""多媒体教学""技术介绍"和"附赠资源"5个文件夹。其中"实例文件"文件夹中包含本书所有实例的源文件、效果图和贴图；"场景文件"文件夹中包含本书所有实例用到的场景文件；"多媒体教学"文件夹中包含74个实战和6个商业综合实战的多媒体视频教学录像，共80集；"技术介绍"是我们专门为初学者开发的，主要是针对中文版3ds Max 2014和VRay渲染器的各种常用工具、常用技术和常见难点而录制的，共20集；"附赠资源"文件夹是我们额外赠送的学习资源，其中包含5套CG场景、15套效果图场景、500套常用单体模型、180个高动态HDRI贴图和5000多张经典位图贴图，以及106集常用工具操作方法的专家讲堂视频。读者可以在学完本书内容以后继续用这些资源进行练习，让自己彻底将3ds Max和VRay渲染器熟练掌握，进入效果图世界！

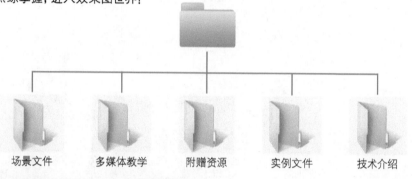

场景文件　　多媒体教学　　附赠资源　　实例文件　　技术介绍

100集大型多媒体高清视频教学录像

　　为了方便读者学习如何使用3ds Max 2014和VRay渲染器制作效果图，我们特别录制了本书所有实例的多媒体高清视频教学录像，分为实例（74集）、技术介绍（20集）和综合实战（6集）3部分，共100集。其中实例和技术介绍专门针对效果图的各个制作环节中的重要工具、重要技术和重要操作技巧进行讲解；综合实战专门针对实际工作中各种效果图（3个家装空间、2个工装空间和1个建筑外观）进行全面的讲解。读者可以边观看视频，边学习本书内容。

超值附赠5套大型CG场景、15套大型效果图场景和500套单体模型

　　为了让读者更方便地学习3ds Max 2014和VRay渲染器，我们为读者准备了5套大型CG场景、15套大型效果图场景和500套单体模型供读者练习使用。这些场景仅供练习使用，请不要用于商业用途。

　　资源位置：附赠资源>CG场景文件夹、效果图场景文件夹、单体模型库文件夹。

　　大型场景展示 ↓

部分高精度单体模型展示 ↓

超值附赠180个高动态HDRI贴图和5000多张高清稀有位图贴图

　　由于HDRI贴图在实际工作中经常用到，并且很难收集，因此，我们特地为读者准备了180个HDRI贴图。HDRI拥有比普通RGB格式图像（仅8bit的亮度范围）更大的亮度范围，标准RGB图像的最大亮度值是（255，255，255），如果用这样的图像结合光能传递照明一个场景，即使最亮的白色也不足以提供足够的照明来模拟真实世界的情况，渲染看上去会很平淡，并且缺乏对比，原因是这种图像文件将现实中大范围的照明信息仅用一个8bit的RGB图像描述。而使用HDRI的话，相当于将太阳的亮度值（如6000%）加到光能传递计算以及反射渲染中，得到的结果会非常真实、漂亮。

　　另外，我们还为读者准备了5000多张高清稀有位图贴图，这些贴图都是我们在实际工作中收集到的，读者可以用这些贴图进行练习。

　　资源位置：附赠资源>高动态HDRI贴图文件夹、高清位图贴图文件夹。

高动态HDRI贴图展示 ↓

高动态位图贴图展示 ↓

超值附赠1套专家讲堂（共106集）

为了让初学者更方便、有效地学习软件技术，我们录制了一套大型专家讲堂多媒体视频教学录像，共106集。

本套视频的相关特点与注意事项如下。

第1点：本套视频非常适合入门级读者观看，因为本套视频完全针对初学者而开发。

第2点：本套视频采用中文版3ds Max 2014和VRay3.40.01进行录制。无论您用的是哪一个版本的3ds Max，都可以观看此视频。因为无论3ds Max和VRay如何升级，其核心功能是不会变的。

第3点：本套视频包含使用3ds Max和VRay渲染器进行效果图制作时一些最基础的核心技术，基本包含制作效果图的各项重要技术。对于书中未能理解的工具和命令，通过该套视频能更方便地学习。

第4点：本套视频是由我们策划组经过长时间精心策划而录制的视频，主要是为了方便读者学习3ds Max，希望读者珍惜我们的劳动成果，不要将视频上传到其他视频网站，如若发现，我们将依法追究其法律责任！

001-长方体	029-物理摄影机	057-银材质	085-烤漆材质
002-圆柱体	030-目标灯光	058-黄金材质	086-亮光皮革材质
003-球体	031-目标聚光灯	059-亮铜材质	087-亚光皮革材质
004-管状体	032-VRay灯光	060-绒布材质	088-壁纸材质
005-切角长方体	033-VRay太阳	061-单色花纹绒布材质	089-普通塑料材质
006-切角圆柱体	034-VRay天空	062-麻布材质	090-半透明塑料材质
007-异面体	035-标准材质	063-抛纹材质	091-塑钢材质
008-图形合并	036-VRayMtl材质	064-毛巾材质	092-清水材质
009-布尔工具	037-VRay灯光材质	065-半透明窗纱材质	093-游泳池水材质
010-放样工具	038-VRay混合材质	066-花纹蕾丝材质	094-红酒材质
011-线工具	039-混合材质	067-软包材质	095-灯管材质
012-文本工具	040-不透明度贴图	068-普通地毯	096-电脑屏幕材质
013-挤出修改器	041-位图贴图	069-普通花纹地毯	097-灯带材质
014-切角修改器	042-平铺贴图	070-亮光木纹材质	098-环树材质
015-车削修改器	043-衰减贴图	071-亚光木纹材质	099-叶片材质
016-弯曲修改器	044-噪波贴图	072-木地板材质	100-水果材质
017-车削修改器	045-混合贴图	073-大理石地面材质	101-草地材质
018-噪波修改器	046-VRayHDRI贴图	074-人造石台面材质	102-楼空雕条材质
019-Hair和Fur（WSN）修改器	047-普通玻璃材质	075-拼花石材材质	103-沙盘模体材质
020-cloth修改器	048-蒙版玻璃材质	076-仿旧石材材质	104-书本材质
021-晶格修改器 - 副本	049-彩色玻璃材质	077-文化石材质	105-圆材质
022-选择修改器 - 副本	050-磨砂玻璃材质	078-砖墙材质	106-毛发地毯材质
023-编辑几何体卷展栏	051-龟裂璃玻璃材质	079-玉石材质	
024-编辑顶点卷展栏	052-镜子材质	080-白陶瓷材质	
025-编辑多边形卷展栏	053-水晶材质	081-青花瓷材质	
026-编辑边卷展栏	054-亮面不锈钢材质	082-马赛克材质	
027-VRay毛皮	055-亚光不锈钢材质	083-白色乳胶漆材质	
028-目标摄影机	056-拉丝不锈钢材质	084-彩色乳胶漆材质	

售后服务

本书所有的学习资源文件均可在线下载（或在线观看视频教程），扫描"资源下载"二维码，关注我们的微信公众号，即可获得资源文件下载方式。资源下载过程中如有疑问，可通过我们的在线客服或客服电话与我们联系。在学习的过程中，如果遇到问题，也欢迎您与我们交流，我们将竭诚为您服务。

资源下载

您可以通过以下方式来联系我们。

客服邮箱：press@iread360.com

客服电话：028-69182687、028-69182657

作者
2017年12月

目录
CONTENTS

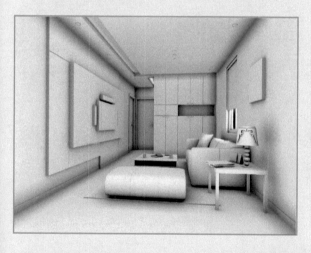

第2篇 效果图的构图 111

第3篇　效果图的灯光 133

第4篇　效果图的材质..................................... 175

第5篇　VRay渲染技术 237

第1篇
效果图的建模

效果图的建模　　效果图的构图　　效果图的灯光　　效果图的材质　　VRay渲染技术　　效果图的后期处理　　商业效果图实训

篇前语

建模是制作效果图的基础。拥有精致的模型，一幅优秀的效果图就成功了一半。

3ds Max为我们提供了多种建模方法。有简单的基础建模、用于各种造型的样条线建模、修改模型造型的修改器建模和复合对象建模以及功能强大的最常用的多边形建模。无论哪种建模，都是有了模型，才能赋予材质并实现灯光的反射以及产生阴影的。

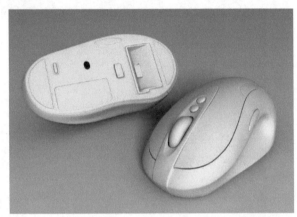

对于初学者来讲，不仅要掌握每一种建模方法，了解它们的不同功能，还要在这个基础上，熟悉建模思路。合理的建模思路可以节约建模时间，提高工作效率。在学习建模时，除了要打好基础，还要有耐心。建模比起材质和灯光，是一个耗时长且乏味的工序。初学者遇到一些复杂的模型，往往会打退堂鼓，而只要有耐心，都是能做出来的。

掌握编辑模型的能力也非常重要，因为在制作效果图时会从外部导入许多现成的模型素材，当这些素材不满足场景要求时，都需要对模型进行多次编辑。编辑模型比建模要省时省力，是提高效果图制作效率的一个方法，但掌握扎实的建模技术是这一方法的关键。

第 1 章 · 建模基础

○ 几何体建模 ○ 样条线建模 ○ 修改器建模 ○ 复合对象

1.1 建模思路

理清建模思路是建模最关键的一步。当我们要建立一个模型时，首先需要观察参考的模型是由哪几个部分组成的，然后看每一部分是需要用基础建模方法还是用多边形建模方法，接着找到各部分近似的几何体或样条线进行编辑变换。只有理清这一思路，在建模时才能更快速地完成模型。

3ds Max为我们提供了许多基础模型，一些简单的模型可以用"搭积木"的方式进行组建；对于一些复杂的花纹，则可以用样条线进行描绘；修改器和复合对象则能将这些基础模型进行一定的快速变形；编辑多边形更加灵活，可以创建出极为复杂的模型。

当我们详细了解了常用的这些功能之后，便能快速确定模型的创建方法以及步骤。每一个模型都可以用不同的方法进行创建，但每个人擅长的操作不同，找到适合自己的操作方法才是提高自身技术的关键。

📍 知识链接

多边形建模将在"第2章 多边形建模"中进行详细讲解。

1.2 几何体

3ds Max系统自带了一些几何体，任何模型都是由这些自带的几何体编辑而来的。本节将为大家讲解常用的6种几何体。

1.2.1 长方体

长方体是建模中最常用的几何体，现实生活中与长方体比较接近的物体有很多。可以直接使用长方体创建出很多模型，比如方桌、墙体等，同时还可以将长方体用作多边形建模的基础物体，其参数设置面板如图1-1所示。

图1-1

重要参数解析

长度/宽度/高度：这3个参数决定了长方体的外形，用来设置长方体的长度、宽度和高度。

长度分段/宽度分段/高度分段：这3个参数用来设置沿着对象每个轴的分段数量。

1.2.2 圆柱体

圆柱体在现实生活中很常见，比如玻璃杯和桌腿等。制作由圆柱体构成的物体时，可以先将圆柱体转换成可编辑多边形，然后对细节进行调整，其参数设置面板如图1-2所示。

图1-2

重要参数解析

半径：设置圆柱体的半径。

高度：设置沿着中心轴的维度。负值将在构造平面下面创建圆柱体。

高度分段：设置沿着圆柱体主轴的分段数。

端面分段：设置围绕圆柱体顶部和底部的中心的同心分段数。

边数：设置圆柱体周围的边数。

平滑：混合圆柱体的面，从而在渲染视图中创建平滑的外观。

启用切片：控制是否开启"切片"功能。

切片起始/结束位置：设置从局部x轴的零点开始围绕局部z轴的度数。

1.2.3 球体

球体也是现实生活中最常见的一种物体。在3ds Max中，可以创建完整的球体，也可以创建半球体或球体的其他部分，其参数设置面板如图1-3所示。

图1-3

重要参数解析

半径：指定球体的半径。

分段：设置球体多边形分段的数目。分段越多，球体越圆滑，反之则越粗糙，图1-4所示是"分段"值分别为8和32时的球体对比。

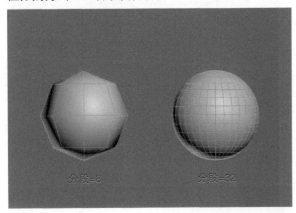

图1-4

平滑：混合球体的面，从而在渲染视图中创建平滑的外观。

半球：该值过大将从底部"切断"球体，用以创建部分球体，取值范围是0~1。值为0可以生成完整的球体；值为0.5可以生成半球；值为1会使球体消失，如图1-5所示。

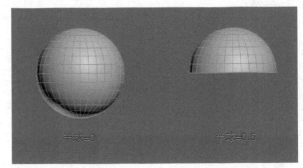

半球=0　　　　半球=0.5

图1-5

切除：通过在半球断开时将球体中的顶点数和面数"切除"来减少它们的数量。

挤压：保持原始球体中的顶点数和面数，将几何体向着球体的顶部挤压为越来越小的体积。

轴心在底部：在默认情况下，轴点位于球体中心的构造平面上。如果勾选"轴心在底部"选项，则会将球体沿着其局部z轴向上移动，使轴点位于其底部，如图1-6所示。

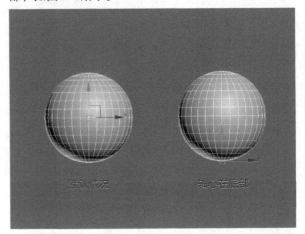

默认情况　　　　轴心在底部

图1-6

1.2.4 平面

平面在建模过程中使用的频率非常高，例如墙面和地面等，其参数设置面板如图1-7所示。

重要参数解析

长度/宽度：设置平面对象的长度和宽度。

长度分段/宽度分段：设置沿着对象每个轴的分段数量。

图1-7

1.2.5　切角长方体

切角长方体是长方体的扩展物
体，可以快速创建出带圆角效果的
长方体，其参数设置面板如图1-8
所示。

重要参数解析

长度/宽度/高度：用来设置切角
长方体的长度、宽度和高度。

圆角：切开切角长方体的边，以创建圆角效果，
图1-9所示是长度、宽度和高度相等，而"圆角"值
分别为1mm和6mm时的切角长方体效果。

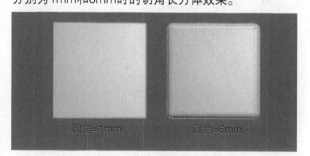

图1-9

长度分段/宽度分段/高度分段：设置沿着相应轴
的分段数量。

圆角分段：设置切角长方体圆角边时的分段数。

1.2.6　切角圆柱体

切角圆柱体是圆柱体的扩展物体，
可以快速创建出带圆角效果的圆柱体，
其参数设置面板如图1-10所示。

重要参数解析

半径：设置切角圆柱体的半径。

高度：设置沿着中心轴的维
度。负值将在构造平面下创建切角
圆柱体。

圆角：斜切切角圆柱体的顶部和底部封口边。

高度分段：设置沿着相应轴的分段数量。

圆角分段：设置切角圆柱体圆角边时的分段数。

边数：设置切角圆柱体周围的边数。

端面分段：设置沿着切角圆柱体顶部和底部的中
心和同心分段的数量。

实例

用几何体模型搭建积木

场景位置　无
实例位置　实例文件>CH01>实战：用几何体模型搭建积木.max
视频名称　实例：用几何体模型搭建积木.mp4
技术掌握　创建几何体模型、使用移动和旋转工具

扫码看视频

01 打开3ds Max，在"创建"面板中单击
"几何体"按钮，然后设置几何体类型
为"扩展基本体"，接着单击"切角长方
体"按钮 切角长方体 ，如图1-11所示，最
后在视图中拖曳光标创建一个切角长方体，
如图1-12所示。

图1-11

图1-12

02 在"命令"面板中单击"修改"按钮☑，进入"修改"面板，然后在"参数"卷展栏下设置"长度"为310mm、"宽度"为310mm、"高度"为30mm、"圆角"为5mm、"圆角分段"为3，具体参数设置如图1-13所示。

03 在"创建"面板中单击"几何体"按钮◯，然后设置几何体类型为"标准基本体"，接着单击"长方体"按钮 长方体，如图 1-14所示，最后在视图中拖曳光标创建一个长方体并移动到图1-15所示的位置。

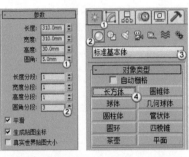

图1-13　　　　　　　　图1-14

图1-15

04 在"命令"面板中单击"修改"按钮☑，进入"修改"面板，然后在"参数"卷展栏下设置"长度"为100mm、"宽度"为100mm、"高度"为10mm，具体参数设置如图1-16所示。

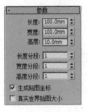

图1-16

提示

　　移动创建的长方体位置时，可以打开"捕捉开关"，以方便长方体位置的摆放。

05 继续使用"长方体"工具 长方体 在场景中创建一个长方体，然后进入"修改"面板，接着在"参数"卷展栏下设置"长度"为200mm、"宽度"为100mm、"高度"为10mm，具体参数设置如图1-17所示，长方体的位置如图1-18所示。

图1-17　　　　　　　　图1-18

06 选中上一步创建的长方体模型进行复制并移动位置，效果如图1-19所示。

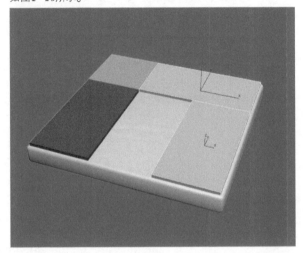

图1-19

07 选中步骤03中创建的长方体进行复制并移动位置，效果如图1-20所示。

图1-20

08 继续选中步骤03中创建的长方体进行复制并向上移动位置创建第2层，效果如图1-21所示。

09 继续复制并向上移动创建第3层长方体，效果如图1-22所示。

图1-21

图1-22

⑩ 在"创建"面板中单击"几何体"按钮
，然后设置几何体类型为"标准基本体"，
接着单击"圆柱体"按钮 圆柱体 ，如图
1-23所示，最后在视图中拖曳光标创建一个
圆柱体并移动到图1-24所示的位置。

图1-23

图1-24

⑪ 在"命令"面板中单击"修改"按钮
，进入"修改"面板，然后在"参数"卷
展栏下设置"半径"为15mm、"高度"为
40mm、"高度分段"为1、"边数"为24，
具体参数设置如图1-25所示。

图1-25

⑫ 选中上一步创建的圆柱体模型，然后复制并移动位置，效
果如图1-26所示。

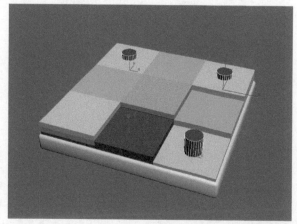

图1-26

⑬ 在"创建"面板中单击"几何体"按
钮，然后设置几何体类型为"标准基本
体"，接着单击"球体"按钮 球体 ，
如图1-27所示，最后在视图中拖曳光标创
建一个球体并移动到图1-28所示的位置。

图1-27

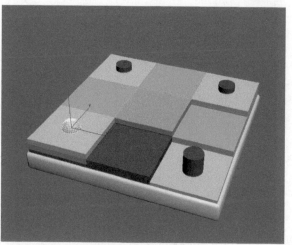

图1-28

⑭ 在"命令"面板中单击"修改"按钮，进入"修改"面板，然后在"参数"卷展栏下设置"半径"为15mm、"分段"为32、"半球"为0.5，具体参数设置如图1-29所示。

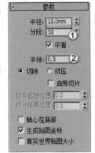

图1-29

⑮ 选中上一步创建的球体模型，然后复制并移动位置，效果如图1-30所示。

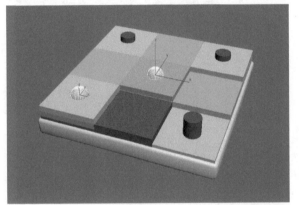

图1-30

⑯ 使用"长方体"工具 长方体 在场景中创建一个长方体，然后进入"修改"面板，接着在"参数"卷展栏下设置"长度"为30mm、"宽度"为30mm、"高度"为40mm，具体参数设置如图1-31所示，长方体的位置如图1-32所示。

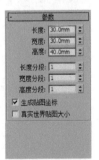

图1-31

图1-32

⑰ 选中上一步创建的长方体模型，然后复制并移动位置，最终效果如图1-33所示。

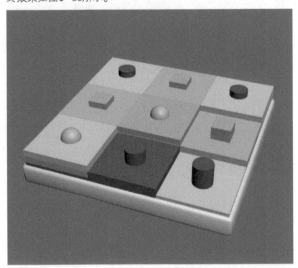

图1-33

实例
用几何体模型创建茶几

场景位置　无
实例位置　实例文件>CH01>实战：用几何体模型创建茶几.max
视频名称　实例：用几何体模型创建茶几.mp4
技术掌握　创建几何体模型、使用移动和旋转工具

扫码看视频

① 首先创建茶几的柜体。使用"长方体"工具 长方体 在场景中创建一个长方体，然后进入"修改"面板，接着在"参数"卷展栏下设置"长度"为600mm、"宽度"为1600mm、"高度"为20mm，具体参数设置如图1-34所示，长方体的位置如图1-35所示。

图1-34

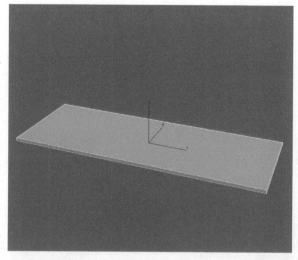

图1-35

02 使用"长方体"工具 长方体 在场景中创建一个长方体，然后进入"修改"面板，接着在"参数"卷展栏下设置"长度"为600mm、"宽度"为20mm、"高度"为−420mm，具体参数设置如图1-36所示，长方体的位置如图1-37所示。

图1-36

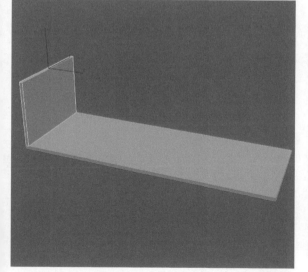

图1-37

03 将上一步创建的长方体以"实例"的形式复制到另一侧，位置如图1-38所示。

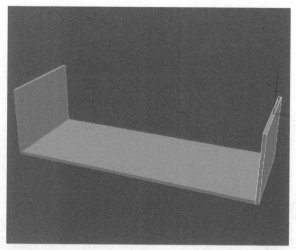

图1-38

04 选中复制出的长方体模型，然后按快捷键Ctrl+V原位复制一个长方体，接着在"选择并移动"工具按钮 上单击鼠标右键，再在弹出的"移动变换输入"对话框中的"偏移：世界"的X选项中输入−800mm，如图1-39所示，长方体的位置如图1-40所示。

图1-39

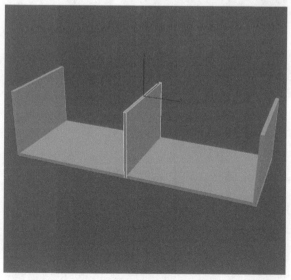

图1-40

05 使用"长方体"工具 长方体 在场景中创建一个长方体，然后进入"修改"面板，接着在"参数"卷展栏下设置"长度"为400mm、"宽度"为780mm、"高度"为20mm，具体参数设置如图1-41所示，长方体的位置如图1-42所示。

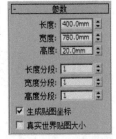

图1-41

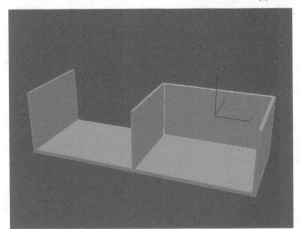

图1-42

07 下面创建茶几的柜面。使用"切角长方体"工具 切角长方体 在场景中创建一个长方体，然后进入"修改"面板，接着在"参数"卷展栏下设置"长度"为400mm、"宽度"为780mm、"高度"为20mm、"圆角"为5mm、"圆角分段"为3，具体参数设置如图1-45所示，切角长方体的位置如图1-46所示。

图1-45

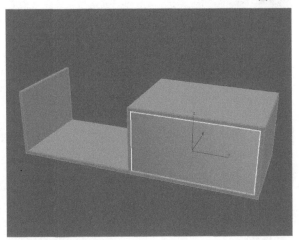

图1-46

06 使用"长方体"工具 长方体 在场景中创建一个长方体，然后进入"修改"面板，接着在"参数"卷展栏下设置"长度"为600mm、"宽度"为820mm、"高度"为-20mm，具体参数设置如图1-43所示，长方体的位置如图1-44所示。

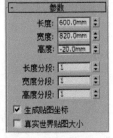

图1-43

08 下面创建搁板。使用"切角长方体"工具 切角长方体 在场景中创建一个长方体，然后进入"修改"面板，接着在"参数"卷展栏下设置"长度"为600mm、"宽度"为760mm、"高度"为5mm、"圆角"为2mm、"圆角分段"为3，具体参数设置如图1-47所示，切角长方体的位置如图1-48所示。

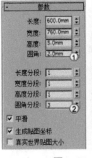

图1-47

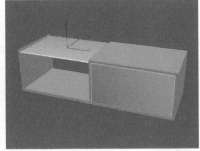

图1-48

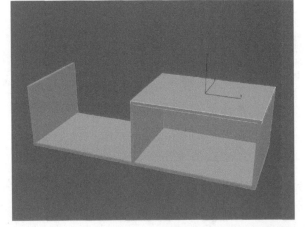

图1-44

09 下面创建茶几桌脚。使用"切角圆柱体"工具 切角圆柱体 在场景中创建一个切角圆柱体，然后进入"修改"面板，接着在"参数"卷展栏下设置"半径"为35mm、"高度"为-160mm、"圆角"为5mm、"边数"为24，具体参数设置如图1-49所示，切角圆柱体的位置如图1-50所示。

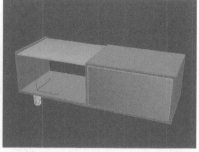

图1-49   图1-50

⑩ 选中上一步创建的切角圆柱体,然后以"实例"的形式复制3个,位置如图1-51所示。

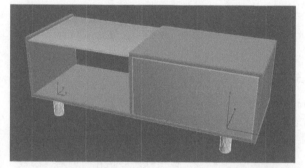

图1-51

⑪ 最后创建柜面把手。使用"切角圆柱体"工具 切角圆柱体 在场景中创建一个切角圆柱体,然后进入"修改"面板,接着在"参数"卷展栏下设置"半径"为10mm、"高度"为-500mm、"圆角"为3mm、"边数"为24,具体参数设置如图1-52所示,最终效果如图1-53所示。

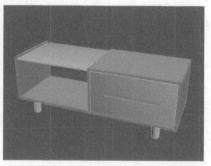

图1-52   图1-53

1.3 样条线

样条线由顶点和线段组成,而二维图形又是由一条或多条样条线组成的,所以只要调整顶点的参数及样条线的参数,就可以生成复杂的二维图形,利用这些二维图形又可以生成三维模型。

在"创建"面板中单击"图形"按钮 ,然后设置图形类型为"样条线",这里有12种样条线,分别是线、矩形、圆、椭圆、弧、圆环、多边形、星形、文本、螺旋线、卵形和截面,如图1-54所示。本节将为大家讲解常用的6种样条线。

图1-54

1.3.1 线

线是建模中最常用的一种样条线,其使用方法非常灵活,形状也不受约束,可以封闭也可以不封闭,拐角处可以是尖锐也可以是圆滑的。线的顶点有3种类型,分别是"角点""平滑"和Bezier。

线的参数包括4个卷展栏,分别是"渲染"卷展栏、"插值"卷展栏、"创建方法"卷展栏和"键盘输入"卷展栏,如图1-55所示。

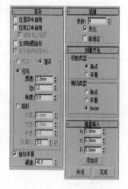

图1-55

重要参数解析

在渲染中启用:勾选该选项才能渲染出样条线;若不勾选,将不能渲染出样条线。

在视口中启用:勾选该选项后,样条线会以网格的形式显示在视图中。

视口/渲染:当勾选"在视口中启用"选项时,样条线将显示在视图中;当同时勾选"在视口中启用"和"渲染"选项时,样条线在视图中和渲染中都可以显示出来。

径向:将3D网格显示为圆柱形对象,其参数包含"厚度""边"和"角度"。"厚度"选项用于指定视图或渲染样条线网格的直径,其默认值为1,范围是0~100;"边"选项用于在视图或渲染器中为样条线网格设置边数或面数(例如值为4表示一个方形横截面);"角度"选项用于调整视图或渲染器中的横截面的旋转位置。

矩形:将3D网格显示为矩形对象,其参数包含"长度""宽度""角度"和"纵横比"。"长度"选项用于设置沿局部y轴的横截面大小；"宽度"选项用于设置沿局部x轴的横截面大小；"角度"选项用于调整视图或渲染器中的横截面的旋转位置；"纵横比"选项用于设置矩形横截面的纵横比。

自动平滑：启用该选项可以激活下面的"阈值"选项，调整"阈值"数值可以自动平滑样条线。

步数：手动设置每条样条线的步数。

优化：启用该选项后，可以从样条线的直线线段中删除不需要的步数。

自适应：启用该选项后，系统会自适应设置每条样条线的步数，以生成平滑的曲线。

初始类型：指定创建第1个顶点的类型，共有以下两个选项。

角点：通过顶点产生一个没有弧度的尖角。

平滑：通过顶点产生一条平滑的、不可调整的曲线。

拖动类型：当拖曳顶点位置时，设置所创建顶点的类型。

角点：通过顶点产生一个没有弧度的尖角。

平滑：通过顶点产生一条平滑、不可调整的曲线。

Bezier：通过顶点产生一条平滑、可以调整的曲线。

1.顶点层级

绘制完样条线后，切换到"修改"面板，在"选择"卷展栏中单击"顶点"按钮，进入"顶点"层级，如图1-56所示。单击该按钮后，可激活"几何体"卷展栏中的相关选项按钮，如图1-57所示。

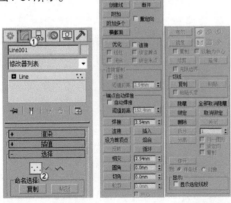

图1-56　　　　　　图1-57

重要参数解析

新顶点类型：该选项组用于选择新顶点的类型。

线性：新顶点具有线性切线。

Bezier：新顶点具有Bezier切线。

平滑：新顶点具有平滑切线。

Bezier角点：新顶点具有Bezier角点切线。

创建线 创建线 ：向所选对象添加更多样条线。这些线是独立的样条线子对象。

断开 断开 ：在选定的一个或多个顶点拆分样条线。选择一个或多个顶点，然后单击"断开"按钮 断开 ，可以创建拆分效果。

附加 附加 ：将其他样条线附加到所选样条线。

附加多个 附加多个 ：单击该按钮可以打开"附加多个"对话框，该对话框包含场景中所有其他图形的列表。

重定向：启用该选项后，将重新定向附加的样条线，使每个样条线的创建局部坐标系与所选样条线的创建局部坐标系对齐。

横截面 横截面 ：在横截面形状外面创建样条线框架。

优化 优化 ：这是最重要的工具之一，可以在样条线上添加顶点，且不更改样条线的曲率值。

连接 连接 ：连接两个端点以生成一个线性线段。

插入 插入 ：插入一个或多个顶点，以创建其他线段。

设为首顶点 设为首顶点 ：指定所选样条线中的哪个顶点为第一个顶点。

熔合 熔合 ：将所有选定顶点移至它们的平均中心位置。

循环 循环 ：选择顶点以后，单击该按钮可以循环选择同一条样条线上的顶点。

相交 相交 ：在属于同一个样条线对象的两个样条线的相交处添加顶点。

圆角 圆角 ：在线段会合的地方设置圆角，以添加新的控制点。

切角 切角 ：用于设置形状角部的倒角。

复制 复制 ：激活该按钮，然后选择一个控制柄，可以将所选控制柄切线复制到缓冲区。

粘贴 粘贴 ：激活该按钮，然后单击一个控制柄，可以将控制柄切线粘贴到所选顶点。

隐藏 隐藏：隐藏所选顶点和任何相连的线段。

全部取消隐藏 全部取消隐藏：显示任何隐藏的子对象。

绑定 绑定：允许创建绑定顶点。

取消绑定 取消绑定：允许断开绑定顶点与所附加线段的连接。

删除 删除：在"顶点"级别下，可以删除所选的一个或多个顶点，以及与每个要删除的顶点相连的那条线段；在"线段"级别下，可以删除当前形状中任何选定的线段。

关闭 关闭：通过将所选样条线的端点与新线段相连，以关闭该样条线。

拆分 拆分：通过添加由指定的顶点数来细分所选线段。

分离 分离：允许选择不同样条线中的几个线段，然后拆分（或复制）它们，以构成一个新图形。

同一图形：启用该选项后，将关闭"重定向"功能，并且"分离"操作将使分离的线段保留为形状的一部分（而不是生成一个新形状）。如果还启用了"复制"选项，则可以结束在同一位置进行的线段的分离副本。

重定向：移动和旋转新的分离对象，以便对局部坐标系进行定位，并使其与当前活动栅格的原点对齐。

复制：复制分离线段，而不是移动它。

炸开 炸开：通过将每个线段转化为一个独立的样条线或对象，来分裂任何所选样条线。

> 🔺 提示
>
> "几何体"卷展栏中有些选项按钮是灰色显示，无法进行单击操作，是因为这些按钮的功能不属于"顶点"层级。切换到其他层级会激活这些按钮。

2.线段层级

在"选择"卷展栏中单击"线段"按钮，进入"线段"层级，如图1-58所示。单击该按钮后，可激活"几何体"卷展栏中的相关选项按钮，如图1-59所示。

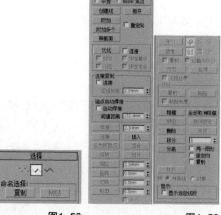

图1-58　　　　　　图1-59

3.样条线层级

在"选择"卷展栏中单击"样条线"按钮，进入"样条线"层级，如图1-60所示。单击该按钮后，可激活"几何体"卷展栏中的相关选项按钮，如图1-61所示。

图1-60　　　　　　图1-61

重要参数解析

反转 反转：用于反转所选样条线的方向。

轮廓 轮廓：这是最重要的工具之一，用于创建样条线的副本。

中心：如果关闭该选项，原始样条线将保持静止，而仅仅一侧的轮廓偏移到"轮廓"工具指定的距离；如果启用该选项，原始样条线和轮廓将从一个不可见的中心线向外移动由"轮廓"工具指定的距离。

布尔：对两个样条线进行2D布尔运算。

并集：将两个重叠样条线组合成一个样条线。在该样条线中，重叠的部分会被删除，而保留两个样条线不重叠的部分，构成一个样条线。

差集 ![icon]：从第1个样条线中减去与第2个样条线重叠的部分，并删除第2个样条线中剩余的部分。

交集 ![icon]：仅保留两个样条线的重叠部分，并且会删除两者的不重叠部分。

镜像：对样条线进行相应的镜像操作。

水平镜像 ![icon]：沿水平方向镜像样条线。

垂直镜像 ![icon]：沿垂直方向镜像样条线。

双向镜像 ![icon]：沿对角线方向镜像样条线。

复制：启用该选项后，可以在镜像样条线时复制（而不是移动）样条线。

以轴为中心：启用该选项后，可以以样条线对象的轴点为中心镜像样条线。

修剪 修剪 ：清理形状中的重叠部分，使端点接合在一个点上。

延伸 延伸 ：清理形状中的开口部分，使端点接合在一个点上。

无限边界：为了计算相交，启用该选项可以将开口样条线视为无穷长。

1.3.2 矩形

矩形是样条线建模中常用的工具，使用矩形可以创建方形或矩形的样条线。矩形的参数包括3个卷展栏，分别是"渲染"卷展栏、"插值"卷展栏和"参数"卷展栏，如图1-62所示。

图1-62

重要参数解析

长度：指定矩形沿着局部 y 轴的大小。

宽度：指定矩形沿着局部 x 轴的大小。

角半径：创建圆角。当设置该值为 0 时，矩形为 90 度角。

1.3.3 圆

使用圆可以创建圆形的样条线。圆的参数包括3

个卷展栏，分别是"渲染"卷展栏、"插值"卷展栏和"参数"卷展栏，如图1-63所示。

图1-63

重要参数解析

半径：圆形样条线中心到边缘的距离。

椭圆样条线与圆类似，这里不再详细讲解。

1.3.4 弧形

弧形样条线默认是按照先创建两个端点，再创建中间的顺序进行绘制；也可以选择先创建中间，再创建两个端点的顺序。弧形的参数包括3个卷展栏，分别是"渲染"卷展栏、"插值"卷展栏和"参数"卷展栏，如图1-64所示。

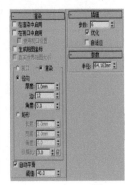

图1-64

重要参数解析

半径：弧形的半径。

从：从局部正 x 轴测量角度时起点的位置。

到：从局部正 x 轴测量角度时结束点的位置。

饼形切片：启用此选项后，可添加从端点到半径圆心的直线段，从而创建一个闭合样条线。

反转：启用此选项后，可反转弧形样条线的方向，并将第一个顶点放置在打开弧形的相反末端。只要该形状保持原始形状（不是可编辑的样条线），可以通过切换"反转"来切换其方向。如果弧形已转化为可编辑的样条线，可以使用"样条线"子对象层级上的"反转"来反转方向。

1.3.5 星形

使用"星形"可以创建具有很多点的闭合星形样条线。星形样条线使用两个半径来设置外部点和内部之间的距离。

星形的参数包括3个卷展栏，分别是"渲染"卷展栏、"插值"卷展栏和"参数"卷展栏，如图1-65所示。

图1-65

重要参数解析

半径1：星形第1组顶点的半径。在创建星形时，通过第一次拖动来交互设置这个半径。

半径2：星形第2组顶点的半径。通过在完成星形时移动鼠标并单击来交互设置这个半径。

点：星形上的点数。范围是3～100。

扭曲：围绕星形中心旋转半径2的顶点，从而生成锯齿形效果。

圆角半径1：圆化第1组顶点，每个点生成两个Bezier顶点。

圆角半径2：圆化第2组顶点，每个点生成两个Bezier顶点。

1.3.6 文本

使用文本样条线可以很方便地在视图中创建出文字模型，并且可以更改字体类型和字体大小。文本的参数如图1-66所示。

重要参数解析

斜体：单击该按钮可以将文本切换为斜体。

下划线：单击该按钮可以将文本切换为下划线文本。

左对齐：单击该按钮可以将文本对齐到边界框的左侧。

居中：单击该按钮可以将文本对齐到边界框的中心。

右对齐：单击该按钮可以将文本对齐到边界框的右侧。

对正：分隔所有文本行以填充边界框的范围。

大小：设置文本高度，其默认值为100mm。

字间距：设置文字间的间距。

行间距：调整字行间的间距（只对多行文本起作用）。

文本：在此可以输入文本，若要输入多行文本，可以按Enter键切换到下一行。

图1-66

实例

用样条线制作书立架

场景位置　无
实例位置　实例文件>CH01>实战：用样条线制作书立架.max
视频名称　实例：用样条线制作书立架.mp4
技术掌握　创建样条线模型

扫码看视频

01 打开3ds Max，在"创建"面板中单击"图形"按钮，然后设置图形类型为"样条线"，接着单击"线"按钮 线，如图1-67所示，最后在视图中绘制样条线，如图1-68所示。

图1-67　　　　　　　图1-68

02 继续使用"线"工具 线 在视图中绘制图1-69所示的样条线。

03 在"命令"面板中单击"修改"按钮，进入"修改"面板，然后切换到"顶点"层级，接着选中所有顶点，将其转换为Bezier并调整造型，如图1-70所示。

图1-69　　　　　　　图1-70

04 选中上一步修改后的样条线，然后展开"渲染"卷展栏，接着勾选"在渲染中启用"和"在视口中启用"选项，再选

择"径向"选项,最后设置"厚度"为100mm,参数设置如图
1-71所示,样条线效果如图1-72所示。

图1-71   图1-72

⑤ 选中步骤01中绘制的样条线,然后展开"渲染"卷展栏,
接着勾选"在渲染中启用"和"在视口中启用"选项,再选
择"矩形"选项,最后设置"长度"为1500mm、"宽度"为
50mm,参数设置如图1-73所示,书立架效果如图1-74所示。

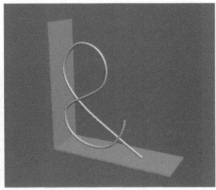

图1-73   图1-74

🧭 疑难问答

样条线设置长度和宽度后的效果与案例不一致?

样条线在绘制时没有明确的尺寸,每次绘制的大小会不
一样。设置长度和宽度的数值要根据实际绘制的大小进
行设定。

实例
用样条线制作铭牌

场景位置   无
实例位置   实例文件>CH01>实战:用样条线制作铭牌.max
视频名称   实例:用样条线制作铭牌.mp4
技术掌握   矩形样条线、文本样条线、挤出修改器

扫码看视频

① 在"创建"面板中单击"图形"按钮◯,然后设置图形
类型为"样条线",接着单击"矩形"按钮 矩形 ,如图
1-75所示,最后在视图中绘制矩形,如图1-76所示。

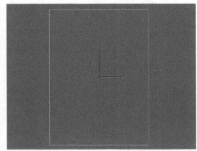

图1-75   图1-76

② 选中上一步创建的矩形样条线,然后展开"参数"卷展栏,
接着设置"长度"为400mm、"宽度"为300mm、"角半径"为
20mm,参数设置如
图1-77所示,修改
后的矩形效果如图
1-78所示。

图1-77   图1-78

③ 选中矩形样条线,然后展开"渲染"卷展栏,接着勾选
"在渲染中启用"和"在视口中启用"选项,再选择"矩形"
选项,最后设置"长度"为8mm、"宽度"为20mm,参数设置
如图1-79所示,效果如图1-80所示。

图1-79   图1-80

04 继续使用"矩形"工具 绘制一个矩形,参数设置如图1-81所示,效果如图1-82所示。

图1-81 　　　　　　　　　　 图1-82

05 选中上一步创建的矩形,然后单击鼠标右键,在弹出的菜单中选择"转换为可编辑多边形"选项,如图1-83所示,此时矩形样条线转换为平面,如图1-84所示。

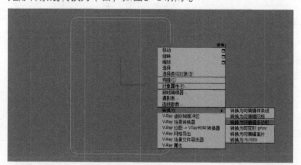

图1-83

图1-84

06 在"创建"面板中单击"图形"按钮 ,然后设置图形类型为"样条线",接着单击"文本"按钮 文本 ,如图1-85所示,最后在视图中绘制文本,如图1-86所示。

图1-85 　　　　　　　　　　 图1-86

07 选中上一步绘制的文本样条线,然后展开"参数"卷展栏,接着设置参数如图1-87所示,效果如图1-88所示。

图1-87 　　　　　　　　　　 图1-88

⚓ **Tips**

文本框中输入文字的格式与视图中生成文字模型的格式一致。

08 选中文本样条线,然后执行"修改器>网格编辑>挤出"菜单命令,为其添加一个"挤出"修改器,接着设置"数量"为5mm,参数如图1-89所示,铭牌最终效果如图1-90所示。

图1-89 　　　　　　　　　　 图1-90

📍 **知识链接**

关于"挤出"修改器的使用方法,请参考本章"1.4.1 挤出修改器"的内容。

1.4 修改器

修改器可以对模型进行编辑,改变其几何形状及属性的命令。修改器对于创建一些特殊形状的模型具有非常强大的优势,因此在使用多边形建模等建模方法很难达到模型要求时,不妨采用修改器进行制作。

进入"修改"面板,可以观察到修改器堆栈,如图1-91所示。

图1-91

1.4.1 挤出修改器

"挤出"修改器可以将高度添加到二维图形中，并且可以将对象转换成一个参数化对象，其参数设置面板如图1-92所示。

图1-92

重要参数解析

数量：设置挤出的深度。

分段：指定要在挤出对象中创建的线段数目。

封口：用来设置挤出对象的封口，共有以下4个选项。

封口始端：在挤出对象的初始端生成一个平面。

封口末端：在挤出对象的末端生成一个平面。

变形：以可预测、可重复的方式排列封口面，这是创建变形目标所必需的操作。

栅格：在图形边界的方形上修剪栅格中安排的封口面。

输出：指定挤出对象的输出方式，共有以下3个选项。

面片：产生一个可以折叠到面片对象中的对象。

网格：产生一个可以折叠到网格对象中的对象。

NURBS：产生一个可以折叠到NURBS对象中的对象。

生成贴图坐标：将贴图坐标应用到挤出对象中。

真实世界贴图大小：控制应用于对象的纹理贴图材质所使用的缩放方法。

生成材质ID：将不同的材质ID指定给挤出对象的侧面与封口。

使用图形ID：将材质ID指定给挤出生成的样条线线段，或指定给在NURBS挤出生成的曲线子对象。

平滑：将平滑应用于挤出图形。

1.4.2 车削修改器

"车削"修改器可以通过围绕坐标轴旋转一个图形来生成3D对象，常用于创建花瓶、酒杯、吊灯等模型，其参数设置面板如图1-93所示。

重要参数解析

度数：设置对象围绕坐标轴旋转的角度，其范围是0°~360°，默认值为360°。

焊接内核：通过焊接旋转轴中的顶点来简化网格。

翻转法线：使物体的法线翻转，翻转后物体的内部会外翻。

分段：在起始点之间设置在曲面上创建的插补线段的数量。

图1-93

封口：如果设置的车削对象的"度数"小于360°，该选项用来控制是否在车削对象的内部创建封口。

封口始端：车削的起点，用来设置封口的最大程度。

封口末端：车削的终点，用来设置封口的最大程度。

变形：按照创建变形目标所需的可预见且可重复的模式来排列封口面。

栅格：在图形边界的方形上修剪栅格中安排的封口面。

方向：设置轴的旋转方向，共有x、y和z这3个轴可供选择。

对齐：设置对齐的方式，共有"最小""中心"和"最大"3种方式可供选择。

输出：指定车削对象的输出方式，共有以下3种。

面片：产生一个可以折叠到面片对象中的对象。

网格：产生一个可以折叠到网格对象中的对象。

NURBS：产生一个可以折叠到NURBS对象中的对象。

1.4.3 弯曲修改器

"弯曲"修改器可以使物体在任意3个轴上控制弯曲的角度和方向，也可以对几何体的一段限制弯曲效果，其参数设置面板如图1-94所示。

图1-94

重要参数解析

角度：从顶点平面设置要弯曲的角度，范围是-999999~999999。

方向：设置弯曲相对于水平面的方向，范围是-999999~999999。

弯曲轴X/Y/Z：指定要弯曲的轴，默认轴为z轴。

限制效果：将限制约束应用于弯曲效果。

上限：以世界单位设置上部边界，该边界位于弯曲中心点的上方，若超出该边界，弯曲将不再影响几何体，其范围是0~999999。

下限：以世界单位设置下部边界，该边界位于弯曲中心点的下方，若超出该边界，弯曲将不再影响几何体，其范围是-999999~0。

> **🧭 疑难问答**
>
> **为什么弯曲轴的方向与实际坐标轴的方向不一致？**
>
> 弯曲轴x/y/z的方向并不是模型方向坐标的x/y/z方向，而是"弯曲"修改器Gizmo轴的方向。单击"弯曲"修改器前的"加号"按钮展开Gizmo轴的子层级，选中该子层级便可以修改弯曲轴的方向，如图1-95所示。 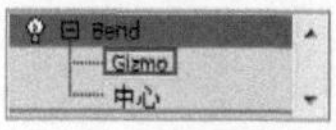
>
> 图1-95

1.4.4 噪波修改器

"噪波"修改器可以使对象表面的顶点进行随机变动，从而让表面变得起伏不规则，常用于制作复杂的地形、地面和水面效果，并且"噪波"修改器可以应用在任何类型的对象上，其参数设置面板如图1-96所示。

重要参数解析

种子：从设置的数值中生成一个随机起始点。该参数在创建地形时非常有用，因为每种设置都可以生成不同的效果。

比例：设置噪波影响的大小（不是强度）。较大的值可以产生平滑的噪波，较小的值可以产生锯齿现象非常严重的噪波。

图1-96

分形：控制是否产生分形效果。勾选该选项以后，下面的"粗糙度"和"迭代次数"选项才可用。

粗糙度：决定分形变化的程度。

迭代次数：控制分形功能所使用的迭代数目。

X/Y/Z：设置噪波在x/y/z坐标轴上的强度（至少为其中一个坐标轴输入强度数值）。

1.4.5 平滑类修改器

"平滑"修改器、"网格平滑"修改器和"涡轮平滑"修改器都可以用来平滑几何体，但是在效果和可调性上有所差别。简单地说，对于相同的物体，"平滑"修改器的参数比其他两种修改器要简单一些，但是平滑的强度不强；"网格平滑"修改器与"涡轮平滑"修改器的使用方法相似，但是后者能够更快并更有效率地利用内存，不过"涡轮平滑"修改器在运算时容易发生错误。因此，在实际工作中，"网格平滑"修改器是其中最常用的一种。下面就针对"网格平滑"修改器进行讲解。

"网格平滑"修改器可以通过多种方法来平滑场景中的几何体，它允许细分几何体，同时可以使角和边变得平滑，其参数设置面板如图1-97所示。下面只介绍"细分方法"卷展栏与"细分量"卷展栏下的参数选项。

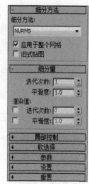

重要参数解析

细分方法：选择细分的方法，共有"经典"、NURMS和"四边形输出"3种方法。"经典"方法可以生成三面和四面的多面体，如图1-98所示；NURMS方法生成的对象与可以为每个控制顶点设置不同权重的NURBS对象相似，这是默认设置，如图1-99所示；"四边形输出"方法仅生成四面多面体，如图1-100所示。

图1-97

图1-98

图1-99

应用于整个网格：启用该选项后，平滑效果将应用于整个对象。

图1-100

迭代次数：设置网格细分的次数，这是最常用的一个参数，其数值的大小直接决定了平滑的效果，取值范围为0~10。增加该值时，每次新的迭代会通过在迭代之前对顶点、边和曲面创建平滑差补顶点来细分网格，图1-101~图1-103所示是"迭代次数"为1、2、3时的平滑效果对比。

图1-101

图1-102

图1-103

1.4.6 扭曲修改器

"扭曲"修改器与"弯曲"修改器的参数比较相似，但是"扭曲"修改器产生的是扭曲效果，而"弯曲"修改器产生的是弯曲效果。"扭曲"修改器可以在对象几何体中产生一个旋转效果（就像拧湿抹布），并且可以控制任意3个轴上的扭曲角度，同时也可以对几何体的一段限制扭曲效果，其参数设置面板如图1-104所示。

图1-104

📍 **知识链接**

关于"扭曲"修改器的参数含义，请参阅"弯曲"修改器。

1.4.7 扫描修改器

"扫描"修改器用于沿着基本样条线路径挤出横截面，类似于"放样"复合对象，但它是一种更有效的方法，可以处理一系列预制的横截面，例如角度、通道和宽法兰，也可以使用自由绘制的样条线作为自定义截面，其参数设置面板如图1-105所示。

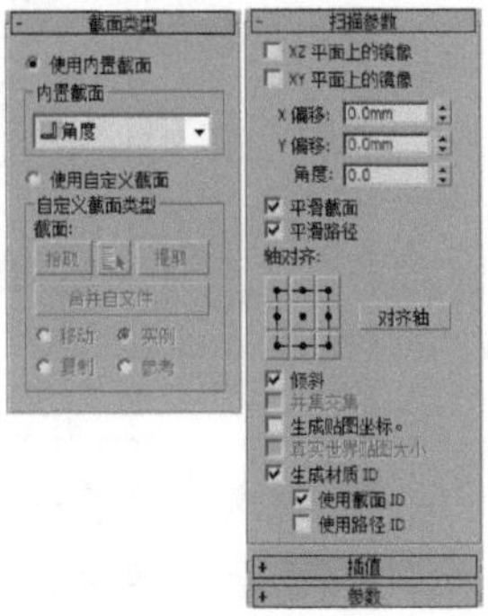

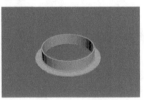

图1-105

重要参数解析

使用内置截面：选择该选项可使用一个内置的备用截面，截面列表如图1-106所示。

角度：沿着样条线扫描结构角度截面。默认的截面为角度，如图1-107所示。

图1-106

图1-107

条：沿着样条线扫描2D矩形截面，如图1-108所示。

通道：沿着样条线扫描结构通道截面，如图1-109所示。

图1-108

图1-109

圆柱体：沿着样条线扫描实心2D圆截面，如图1-110所示。

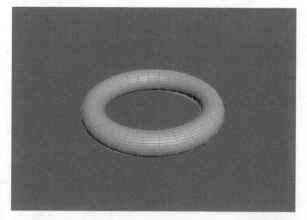

图1-110

半圆：沿着样条线该截面生成一个半圆挤出，如图1-111所示。

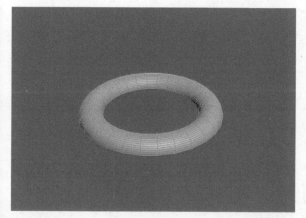

图1-111

管道：沿着样条线扫描圆形空心管道截面，如图1-112所示。

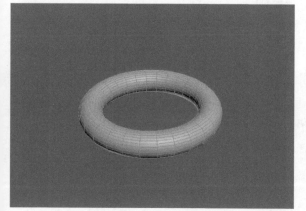

图1-112

1/4圆：用于建模细节；沿着样条线该截面生成一个四分之一圆形挤出，如图1-113所示。

图1-113

T形：沿着样条线扫描结构T形截面，如图1-114所示。

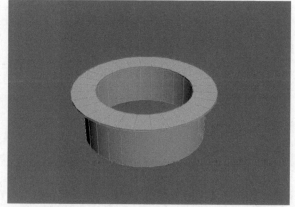

图1-114

管状体：根据方形，沿着样条线扫描空心管道截面，与管截面类似，如图1-115所示。

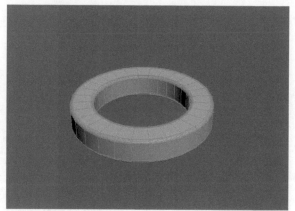

图1-115

宽法兰：沿着样条线扫描结构宽法兰截面，如图1-116所示。

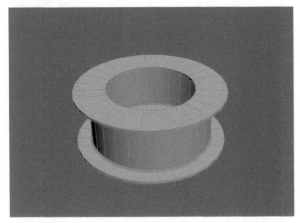

图1-116

卵形：沿样条线扫描出卵形管道，如图1-117所示。

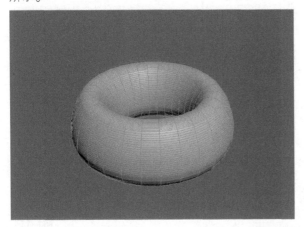

图1-117

椭圆：沿样条线扫描出椭圆形管道，如图1-118所示。

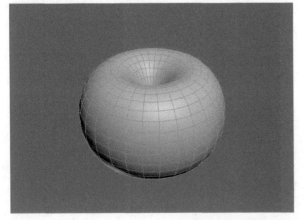

图1-118

使用自定义截面：如果已经创建了自定义的截面，或者当前场景中含有另一个形状，那么可以选择该选项。

截面：显示所选择的自定义图形的名称。该区域为空白直到选择了自定义图形。

拾取：如果想要使用的自定义图形在视口中可见，那么可以单击"拾取"按钮，然后直接从场景中拾取图形。

提取：在场景中创建一个新图形，这个新图形可以是副本、实例或当前自定义截面的参考。单击此按钮，将打开"提取图形"对话框。

拾取图形：单击可按名称选择自定义图形。此对话框仅显示当前位于场景中的有效图形；其控件类似于"场景资源管理器"控件。

合并自文件：选择储存在另一个 MAX 文件中的截面。单击此按钮，将打开"合并文件"对话框。

移动：沿着指定的样条线扫描自定义截面。与"实例""副本"和"参考"开关不同，选中的截面会向样条线移动。在视口中编辑原始图形不影响"扫描"网格。

复制：沿着指定样条线扫描选中截面的副本。

实例：沿着指定样条线扫描选定截面的实例。

参考：沿着指定样条线扫描选中截面的参考。

XZ平面上的镜像：启用该选项后，截面相对于应用"扫描"修改器的样条线垂直翻转。默认设置为禁用状态。

XY平面上的镜像：启用该选项后，截面相对于应用"扫描"修改器的样条线水平翻转。默认设置为禁用状态。

X偏移：相对于基本样条线移动截面的水平位置。

Y偏移：相对于基本样条线移动截面的垂直位置。

角度：相对于基本样条线所在的平面旋转截面。

平滑截面：提供平滑曲面，该曲面环绕着沿基本样条线扫描的截面的周界。默认设置为启用。

平滑路径：沿着基本样条线的长度提供平滑曲面，对曲线路径这类平滑十分有用。默认设置为禁用状态。

　　轴对齐：帮助用户将截面与基本样条线路径对齐的 2D 栅格。选择九个按钮之一来围绕样条线路径移动截面的轴。

　　对齐轴：启用该选项后，"轴对齐"栅格在视口中以 3D 外观显示。只能看到 3 x 3 的对齐栅格、截面和基本样条线路径。实现满意的对齐后，就可以关闭"对齐轴"按钮或用鼠标右键单击以查看扫描。

　　倾斜：启用该选项后，只要路径弯曲并改变其局部z轴的高度，截面便围绕样条线路径旋转。如果样条线路径为 2D，则忽略倾斜。如果禁用，则图形在穿越 3D 路径时不会围绕其z轴旋转。默认设置为启用。

　　生成贴图坐标：将贴图坐标应用到挤出对象中。默认设置为禁用状态。

实例

用挤出修改器制作吊灯

场景位置	无
实例位置	实例文件>CH01>实战：用挤出修改器制作吊灯.max
视频名称	实例：用挤出修改器制作吊灯.mp4
技术掌握	星形样条线、挤出修改器

扫码看视频

① 在"创建"面板中单击"图形"按钮◎，然后设置图形类型为"样条线"，接着单击"星形"按钮　星形　，如图1-119所示，最后在视图中绘制星形，如图1-120所示。

图1-119

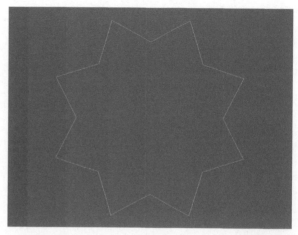

图1-120

② 选中上一步绘制的星形样条线，然后展开"参数"卷展栏，设置"半径1"为1800mm、"半径2"为1300mm、"点"为8、"圆角半径1"为120mm、"圆角半径2"为120mm，参数如图1-121所示，样条线修改后的效果如图1-122所示。

图1-121

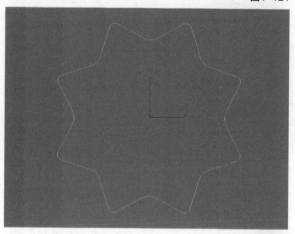

图1-122

③ 在"创建"面板中单击"图形"按钮◎，然后设置图形类型为"样条线"，接着单击"圆"按钮　圆　，如图1-123所示，最后在视图中绘制星形，如图1-124所示。

图1-123

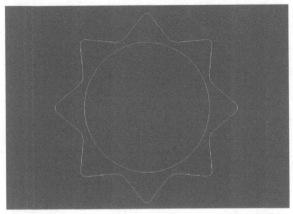

图1-124

04 选中上一步创建的样条线，然后展开"参数"卷展栏，设置"半径"为1200mm，如图1-125所示，效果如图1-126所示。

参数
半径: 1200.0mm

图1-125

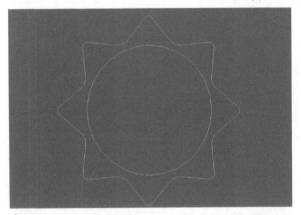

图1-126

05 选中两条样条线，然后将其转换为"可编辑样条线"，接着选中星形样条线，在"几何体"卷展栏中单击"附加"按钮 附加 ，再单击圆形样条线，这样就将两条样条线合并为了1条，如图1-127所示。

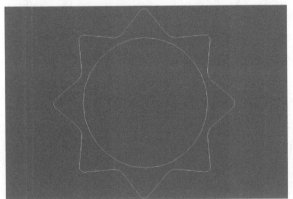

图1-127

⛵ 提示

附加样条线时，需要注意附加的顺序。按不同顺序附加的样条线在添加"挤出"修改器时的效果不同。

06 选中样条线，然后在"修改器堆栈"中选中"挤出"选项，为其加载一个"挤出"修改器，接着在"参数"卷展栏中设置"数量"为200mm，参数如图1-128所示，效果如图1-129所示。

参数
数量: 200.0mm
分段: 1
封口
☑ 封口始端
☑ 封口末端
● 变形 ○ 栅格

图1-128

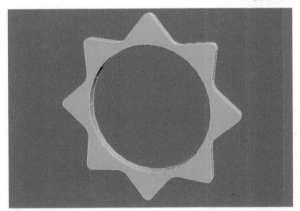

图1-129

07 使用"球体"工具在场景中创建一个球体，然后展开"参数"卷展栏，设置"半径"为850mm，参数如图1-130所示，效果如图1-131所示。

参数
半径: 850.0mm
分段: 32
☑ 平滑
半球: 0.0
● 切除 ○ 挤压
☐ 启用切片
切片起始位置: 0.0
切片结束位置: 0.0

图1-130

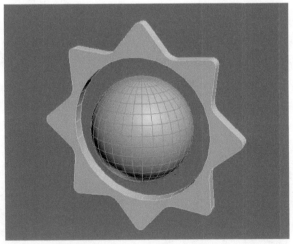

图1-131

08 使用"选择并均匀缩放"工具📐将球体适当压缩，效果如图1-132所示。

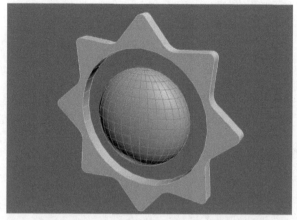

图1-132

09 使用"线"工具 线 绘制吊灯的吊绳，如图1-133所示。

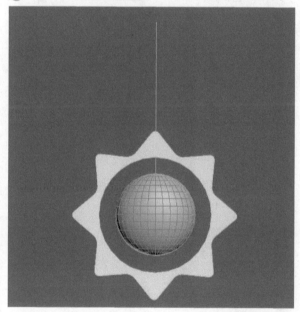

图1-133

10 选中上一步绘制的样条线，然后展开"渲染"卷展栏，接着勾选"在渲染中启用"和"在视口中启用"选项，再选择"径向"选项，最后设置"厚度"为30mm，参数设置如图1-134所示，吊灯最终效果如图1-135所示。

图1-134

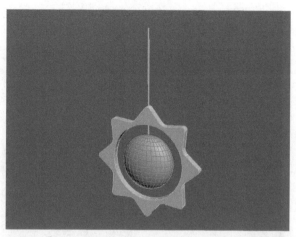

图1-135

实例

用车削修改器制作水杯

场景位置	无
实例位置	实例文件>CH01>实战：用车削修改器制作水杯.max
视频名称	实例：用车削修改器制作水杯.mp4
技术掌握	车削修改器、噪波修改器

扫码看视频

01 使用"线"工具 线 绘制杯子的剖面样条线，效果如图1-136所示。

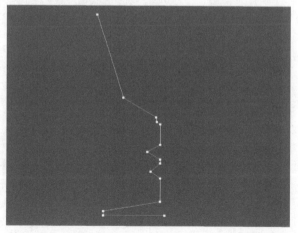

图1-136

02 选中样条线，然后进入"顶点"层级，接着调整顶点，调整后的效果如图1-137所示。

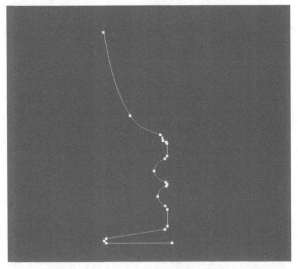

图1-137

03 选中修改后的样条线，然后在"修改器堆栈"中选中"车削"选项，为其加载一个"车削"修改器，接着设置参数，如图1-138所示，效果如图1-139所示。

图1-138

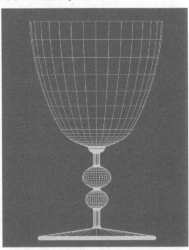

图1-139

04 下面创建水杯中的水。使用"线"工具 线 绘制杯中水的剖面，如图1-140所示。

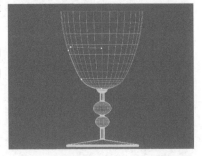

图1-140

05 选中上一步绘制的样条线，然后为其加载一个"车削"修改器，接着设置参数，如图1-141所示，效果如图1-142所示。

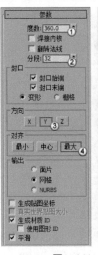

图1-141

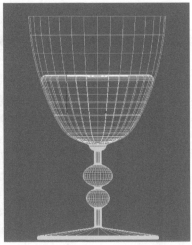

图1-142

06 继续选中水面模型，然后为其加载一个"噪波"修改器，设置参数如图1-143所示。最终效果如图1-144所示。

图1-143

图1-144

1.5 复合对象

使用3ds Max内置的模型就可以创建出很多优秀的模型，但是在很多时候还会使用复合对象，因为使用复合对象来创建模型可以大大节省建模时间。

复合对象建模工具包括10种，最常用的是"布尔"工具 布尔 和"放样"工具 放样 。本节将讲解这两种工具的用法。

1.5.1 布尔

"布尔"运算是通过对两个或两个以上的对象进行并集、差集、交集运算，从而得到新的物体形态。"布尔"运算的参数设置面板如图1-145所示。

重要参数解析

拾取操作对象B 拾取操作对象 B：
单击该按钮可以在场景中选择另一
个运算物体来完成"布尔"运算。
以下4个选项用来控制操作对象B
的方式，必须在拾取操作对象B之
前确定采用哪种方式。

参考：将原始对象的参考复制
品作为运算对象B，若以后改变原始
对象，同时也会改变布尔物体中的运
算对象B，但是改变运算对象B时，不
会改变原始对象。

图1-145

复制：复制一个原始对象作为运算对象B，而不改
变原始对象（当原始对象还要用在其他地方时采用这种
方式）。

移动：将原始对象直接作为运算对象B，而原始对
象本身不再存在（当原始对象无其他用途时采用这种方
式）。

实例：将原始对象的关联复制品作为运算对象B，
若以后对两者的任意一个对象进行修改时都会影响另
一个。

操作对象：主要用来显示当前运算对象的名称。

操作：指定采用何种方式来进行"布尔"运算。

并集：将两个对象合并，相交的部分将被删除，运
算完成后两个物体将合并为一个物体。

交集：将两个对象相交的部分保留下来，删除不相
交的部分。

差集（A-B）：在A物体中减去与B物体重合的部分。

差集（B-A）：在B物体中减去与A物体重合的部分。

切割：用B物体切除A物体，但不在A物体上添加B物
体的任何部分，共有"优化""分割""移除内部"和
"移除外部"4个选项可供选择。"优化"是在A物体上
沿着B物体与A物体相交的面来增加顶点和边数，以细化
A物体的表面；"分割"是在B物体切割A物体部分的边
缘，并且增加了一排顶点，利用这种方法可以根据其他
物体的外形将一个物体分成两部分；"移除内部"是删
除A物体在B物体内部的所有片段面；"移除外部"是删
除A物体在B物体外部的所有片段面。

 Tips

　　"布尔"运算后，模型的布线会变得复杂且不适于后
期修改。因此在使用"布尔"运算时，一定要在建模的最后
一步再使用此工具，以减少建模的复杂程度。

1.5.2　放样

　　"放样"是将一个二维图形
作为沿某个路径的剖面，从而生成
复杂的三维对象。"放样"是一
种特殊的建模方法，能快速地创建
出多种模型，其参数设置面板如图
1-146所示。

重要参数解析

图1-146

获取路径 获取路径：将路径
指定给选定图形或更改当前指定的路径。

获取图形 获取图形：将图形指定给选定路径或
更改当前指定的图形。

移动/复制/实例：用于指定路径或图形转换为放
样对象的方式。

缩放 缩放：使用"缩放"变形可以从单个图
形中放样对象，该图形在其沿着路径移动时只改变其
缩放。

扭曲 扭曲：使用"扭曲"变形可以沿着对象
的长度创建盘旋或扭曲的对象，扭曲将沿着路径指定
旋转量。

倾斜 倾斜：使用"倾斜"变形可以围绕局部x
轴和y轴旋转图形。

倒角 倒角：使用"倒角"变形可以制作出具
有倒角效果的对象。

拟合 拟合：使用"拟合"变形可以使用两条
拟合曲线来定义对象的顶部和侧剖面。

 Tips

　　"放样"工具的功能和使用方法与"扫描"修改器基
本相同。"扫描"修改器在处理三维模型转角和接缝的位置
时更加合理，很少出错，且运行稳定。读者在日常建模中要
选择适合自己的工具，以提高制作的效率。

实例

用布尔运算制作保龄球

场景位置　无
实例位置　实例文件>CH01>实战：用布尔运算制作保龄球.max
视频名称　实例：用布尔运算制作保龄球.mp4
技术掌握　布尔运算

扫码看视频

01 使用"球体"工具 在场景中创建一个球体，然后进入"修改"面板，接着在"参数"卷展栏下设置"半径"为900mm、"分段"为64，具体参数设置如图1-147所示，球体效果如图1-148所示。

图1-147　　　　　　　　　　图1-148

02 使用"圆柱体"工具 在场景中创建一个圆柱体，然后进入"修改"面板，接着在"参数"卷展栏下设置"半径"为50mm、"高度"为-340mm、"高度分段"为1、"边数"为24，具体参数设置如图1-149所示，圆柱体的位置如图1-150所示。

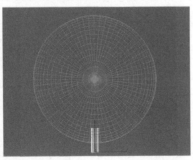

图1-149　　　　　　　　　　图1-150

03 选中上一步创建的圆柱体，然后以"实例"的形式复制两个，位置如图1-151所示。

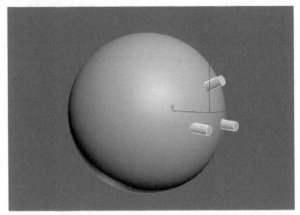

图1-151

04 选中其中一个圆柱体，然后单击鼠标右键，在弹出的菜单中选择"转换为可编辑多边形"选项，如图1-152所示，接着在"修改"面板中单击"附加"按钮 附加 ，最后选中另外两个圆柱体模型，使其成为一个整体，如图1-153所示。

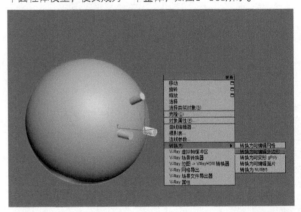

图1-152

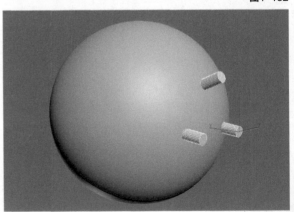

图1-153

05 选中球体，然后设置几何体类型为"复合对象"，单击"布尔"按钮 布尔 ，接着在"拾取布尔"卷展栏下设置"运算"为"差集(A−B)"，再单击"拾取操作对象B"按钮，最后拾取圆柱体模型，如图1-154所示，最终效果如图1-155所示。

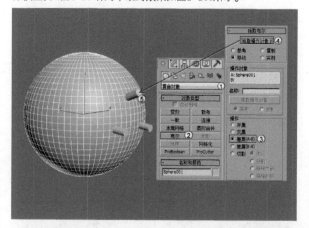

图1-154

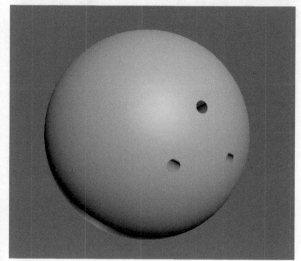

图1-155

01 使用"圆"工具 圆 在场景中绘制一个圆形样条线，具体参数如图1-156所示，效果如图1-157所示。

图1-156

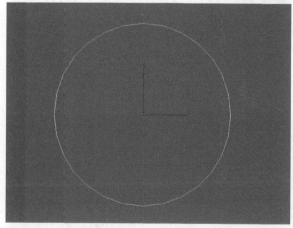

图1-157

02 使用"线"工具在场景中绘制小号的走势轮廓，效果如图1-158所示。

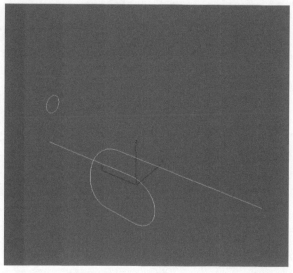

图1-158

实例

用放样工具制作小号

场景位置	无
实例位置	实例文件>CH01>实战：用放样工具制作小号.max
视频名称	实例：用放样工具制作小号mp4
技术掌握	放样工具

扫码看视频

03 选中上一步绘制的样条线，然后设置几何体类型为"复合对象"，再单击"放样"按钮 放样 ，接着在"创建方法"卷展栏下单击"获取图形"按钮 获取图形 ，最后在视图中拾取之前绘制的圆形样条线，如图1-159所示，放样效果如图1-160所示。

04 进入"修改"面板，然后在"变形"卷展栏下单击"缩放"按钮 缩放 ，打开"缩放变形"对话框，接着将缩放曲线调整成图1-161所示的形状，小号模型效果如图1-162所示。

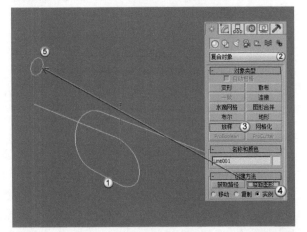

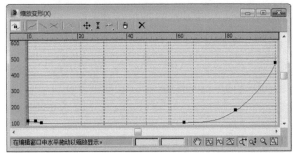

图1-161

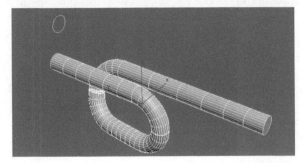

图1-159

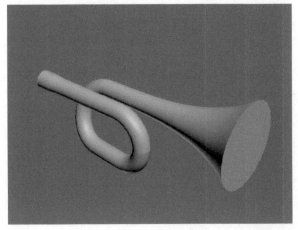

图1-160

图1-162

第 2 章 多边形建模

○ 可编辑多边形   ○ VRay毛发   ○ VRay代理模型

2.1 可编辑多边形

多边形建模作为当今的主流建模方式，已经被广泛应用到游戏角色、影视、工业造型、室内外等模型制作中。多边形建模方法在编辑上更加灵活，对硬件的要求也很低，其建模思路与网格建模的思路很接近，其不同点在于网格建模只能编辑三角面，而多边形建模对面数没有任何要求，图2-1~图2-3所示是一些比较优秀的多边形建模作品。

图2-3

将普通对象转换为可编辑多边形有以下常用的3种方式。

第1种，在对象上单击鼠标右键，然后在弹出的菜单中选择"转换为>转换为可编辑多边形"命令，如图2-4所示。通过这种方法转换得来的多边形的创建参数将全部丢失。

第2种，为对象加载"编辑多边形"修改器，如图2-5所示。通过这种方法转换得来的多边形的创建参数将保留下来，但某些快捷键将会发生冲突。

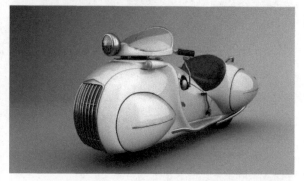

图2-1

图2-2

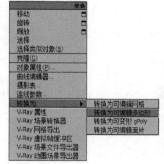

图2-4

图2-5

第3种，在"修改器堆栈"中选中对象，然后单击鼠标右键，接着在弹出的菜单中选择"可编辑多边形"命令，如图2-6所示。同样，通过这种方法转换得来的多边形的创建参数将全部丢失。

图2-6

2.1.1 顶点层级

顶点█层级中的工具用于编辑对象中的顶点对象。进入可编辑多边形的"顶点"层级以后，在"修改"面板中会增加一个"编辑顶点"卷展栏，如图2-7所示。这个卷展栏下的工具全部是用来编辑顶点的。

图2-7

重要参数解析

移除 移除：选中一个或多个顶点以后，单击该按钮可以将其移除，然后接合起使用它们的多边形。

断开 断开：选中顶点以后，单击该按钮可以在与选定顶点相连的每个多边形上都创建一个新顶点，这样可以使多边形的转角相互分开，使它们不再相连于原来的顶点上。

挤出 挤出：直接使用这个工具可以手动在视图中挤出顶点，如图2-8所示。如果要精确设置挤出的高度和宽度，可以单击后面的"设置"按钮█，然后在视图中的"挤出顶点"对话框中输入数值即可，如图2-9所示。

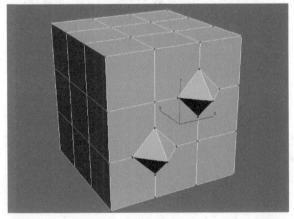

图2-8

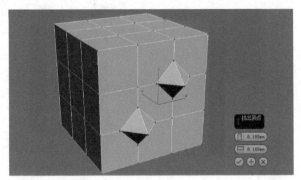

图2-9

焊接 焊接：对"焊接顶点"对话框中指定的"焊接阈值"范围之内连续的选中的顶点进行合并，合并后所有边都会与产生的单个顶点连接。单击后面的"设置"按钮█可以设置"焊接阈值"。

切角 切角：选中顶点以后，使用该工具在视图中拖曳光标，可以手动为顶点切角，如图2-10所示。单击后面的"设置"按钮█，在弹出的"切角"对话框中可以设置精确的"顶点切角量"数值，同时还可以将切角后的面"打开"，以生成孔洞效果，如图2-11所示。

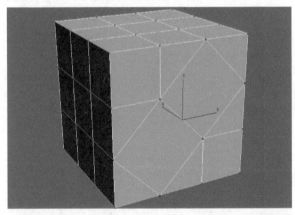

图2-10

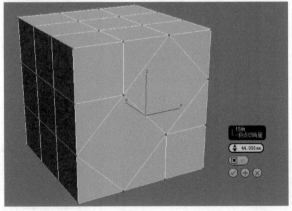

图2-11

目标焊接 目标焊接 ：选择一个顶点后，使用该工具可以将其焊接到相邻的目标顶点。

技术专题：移除顶点与删除顶点的区别

下面详细介绍移除顶点与删除顶点的区别。

移除顶点：选中一个或多个顶点以后，单击"移除"按钮 移除 或按Backspace键即可移除顶点，但也只能是移除了顶点，而面仍然存在，如图2-12所示。注意，移除顶点可能会导致网格形状发生严重变形。

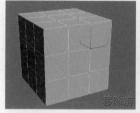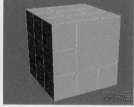

图2-12

删除顶点：选中一个或多个顶点以后，按Delete键可以删除顶点，同时也会删除连接到这些顶点的面，如图2-13所示。

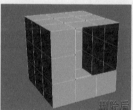

图2-13

2.1.2 边层级

边 层级中的工具用于编辑对象中的边对象。进入可编辑多边形的"边"层级以后，在"修改"面板中会增加一个"编辑边"卷展栏，如图2-14所示。这个卷展栏下的工具全部是用来编辑边的。

图2-14

重要参数解析

插入顶点 插入顶点 ：在"边"级别下，使用该工具在边上单击，可以在边上添加顶点，如图2-15所示。

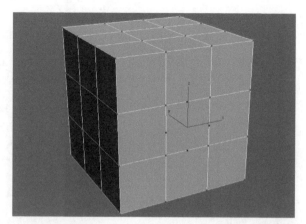

图2-15

移除 移除 ：选择边以后，单击该按钮或按Backspace键可以移除边；如果按Delete键，将删除边以及与边连接的面，与顶点的移除用法一致。

分割 分割 ：沿着选定边分割网格。对网格中心的单条边应用时，不会起任何作用。

挤出 挤出 ：直接使用这个工具可以手动在视图中挤出边，如图2-16所示。如果要精确设置挤出的高度和宽度，可以单击后面的"设置"按钮 ，然后在视图中的"挤出边"对话框中输入数值即可，如图2-17所示。

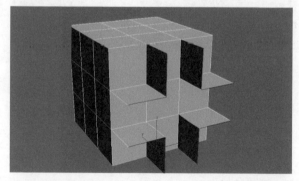

图2-16

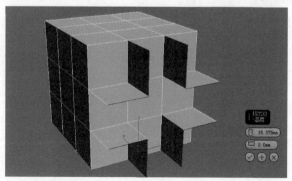

图2-17

61

焊接 焊接 ：组合"焊接边"对话框中指定的"焊接阈值"范围内的选定边。只能焊接仅附着一个多边形的边，也就是边界上的边。

切角 切角 ：这是多边形建模中使用频率最高的工具之一，可以为选定边进行切角（圆角）处理，从而生成平滑的棱角，如图2-18和图2-19所示。

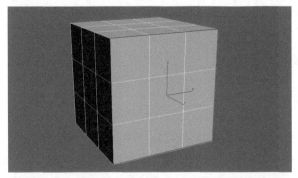

图2-18

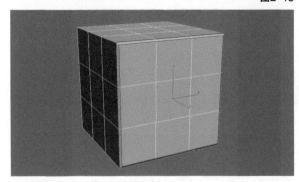

图2-19

 提示

在使用"网格平滑"工具平滑模型边缘之前，都会将边进行切角处理。当有足够的边时，网格平滑的效果才更加合理。

目标焊接 目标焊接 ：用于选择边并将其焊接到目标边。只能焊接仅附着一个多边形的边，也就是边界上的边。

桥 桥 ：使用该工具可以连接对象的边，但只能连接边界边，也就是只在一侧有多边形的边。

连接 连接 ：这是多边形建模中使用频率最高的工具之一，可以在每对选定边之间创建新边，对于创建或细化边循环特别有用。比如选择一对竖向的边，则可以在横向上生成边，如图2-20和图2-21所示。

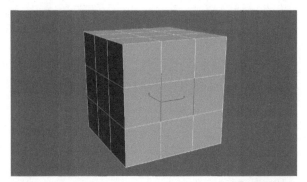

图2-20

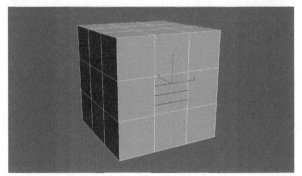

图2-21

利用所选内容创建图形 利用所选内容创建图形 ：这是多边形建模中使用频率最高的工具之一，可以将选定的边创建为样条线图形。选择边以后，单击该按钮可以弹出一个"创建图形"对话框，在该对话框中可以设置图形名称以及设置图形的类型，如果选择"平滑"类型，则生成平滑的样条线，如图2-22所示；如果选择"线性"类型，则样条线的形状与选定边的形状保持一致，如图2-23所示。

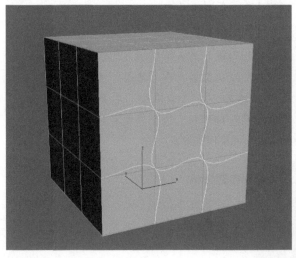

图2-22

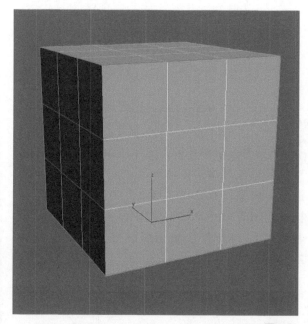

图2-23

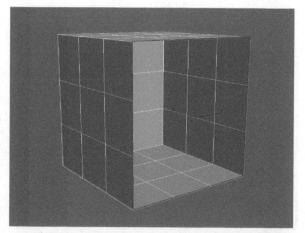

图2-25

权重：设置选定边的权重，供NURMS细分选项和"网格平滑"修改器使用。

拆缝：指定对选定边或边执行的折缝操作量，供NURMS细分选项和"网格平滑"修改器使用。

编辑三角形 编辑三角形：用于修改绘制内边或对角线时多边形细分为三角形的方式。

旋转 旋转：用于通过单击对角线修改多边形细分为三角形的方式。使用该工具时，对角线可以在线框和边面视图中显示为虚线。

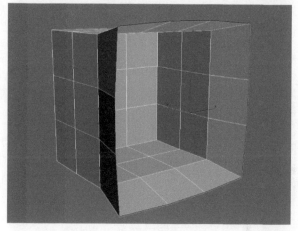

图2-26

2.1.3 边界层级

边界 层级是访问"边界"子对象级别，可从中选择构成网格中孔洞边框的一系列边。边界总是由仅在一侧带有面的边组成，并总是为完整循环。进入可编辑多边形的"边界"层级以后，在"修改"面板中会增加一个"编辑边界"卷展栏，如图2-24所示。

图2-24

重要参数解析

挤出 挤出：将边界进行挤出，如图2-25和图2-26所示。

切角 切角：将边界进行切角和分段，如图2-27所示。

封口 封口：将边界以面封口，如图2-28所示。

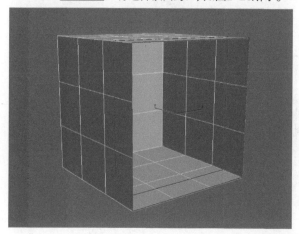

图2-27

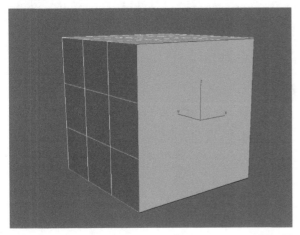

图2-28

桥 ：将两条边界以新的面连接起来，如图2-29和图2-30所示。

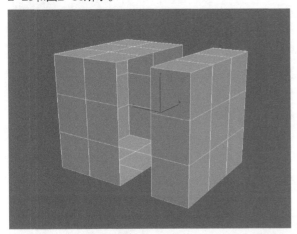

图2-29

图2-30

2.1.4 多边形层级

多边形□层级中的工具用于编辑对象中的边对象。进入可编辑多边形的"多边形"级别以后，在"修改"面板中会增加一个"编辑多边形"卷展栏，其参数设置面板如图2-31所示。

图2-31

重要参数解析

挤出 挤出：这是多边形建模中使用频率最高的工具之一，可以挤出多边形。如果要精确设置挤出的高度，可以单击后面的"设置"按钮□，然后在视图中的"挤出边"对话框中输入数值即可。挤出多边形时，"高度"为正值时可向外挤出多边形，为负值时可向内挤出多边形，如图2-32所示。

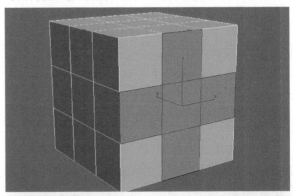

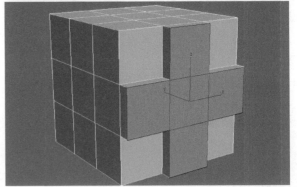

图2-32

轮廓 `轮廓`：用于增加或减少每组连续的选定多边形的外边，如图2-33所示。

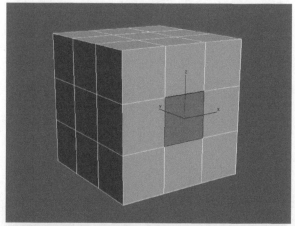

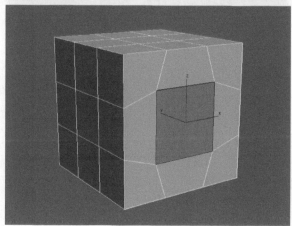

图2-33

倒角 `倒角`：这是多边形建模中使用频率最高的工具之一，可以挤出多边形，同时为多边形进行倒角，如图2-34所示。

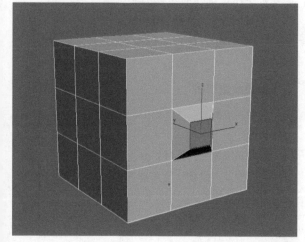

图2-34

插入 `插入`：执行没有高度的倒角操作，即在选定多边形的平面内执行该操作，如图2-35所示。

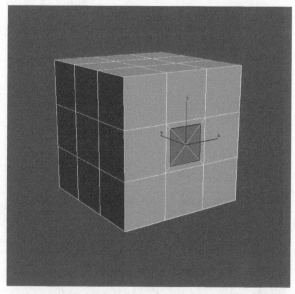

图2-35

桥 `桥`：使用该工具可以连接对象上的两个多边形或多边形组，如图2-36所示。

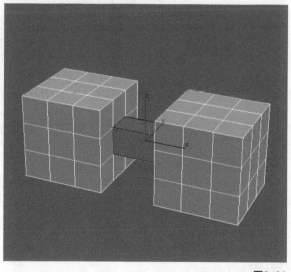

图2-36

⚓ 提示

　　使用"桥"工具时，连接的两部分对象必须塌陷为一个多边形整体才能操作。

翻转 `翻转`：翻转选定多边形的法线方向，从而使其面向用户的正面，如图2-37所示。

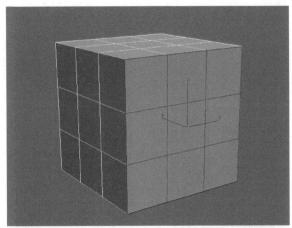

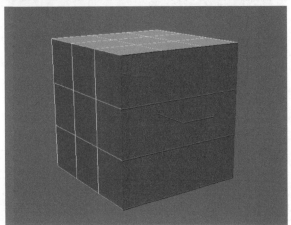

图2-37

并与附近的顶点进行连接，如图2-39所示。

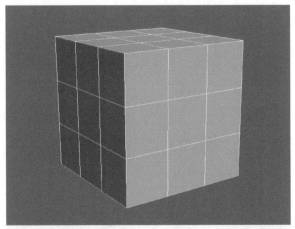

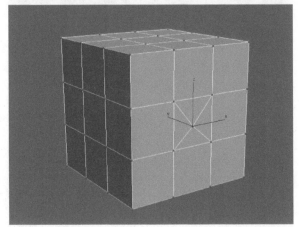

图2-39

 提示

法线方向会影响贴图显示、毛发生长方向等基本功能。

翻转 翻转 ：翻转整个元素的法线方向。

2.1.5 元素层级

元素▣层级可以选择对象中所有连续的多边形。进入可编辑多边形的"元素"级别以后，在"修改"面板中会增加一个"编辑元素"卷展栏，其参数设置面板如图2-38所示。

图2-38

重要参数解析

插入顶点 插入顶点 ：可以在任意位置加入顶点，

2.1.6 编辑几何体

无论在可编辑多边形的哪个层级，都会出现"编辑几何体"卷展栏，其参数设置面板如图2-40所示。

重要参数解析

创建 创建 ：在视图中创建一个多边形。

塌陷 塌陷 ：通过将其顶点与选择中心的顶点焊接，使连续选定子对象的组产生塌陷，如图2-41所示。

图2-40

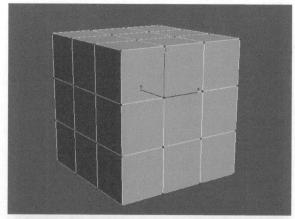

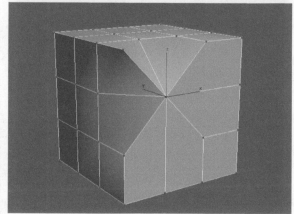

图2-41

附加 附加 ：将两个独立的多边形合并为一个整体的多边形。

分离 分离 ：与"附加"相反，将一个多边形拆分成多个独立的多边形。

切片平面 切片平面 ：使用该工具可以沿某一平面分开网格对象，如图2-42所示。

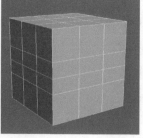

图2-42

 提示

在使用"切片平面"工具确定好添加线段的位置后，还要单击下方的"切片"按钮才能成功添加。

切割 切割 ：可以在一个或多个多边形上创建出新的边，如图2-43所示。

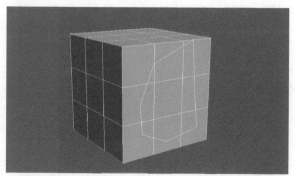

图2-43

网格平滑 网格平滑 ：在平滑多边形时增加布线，如图2-44所示。

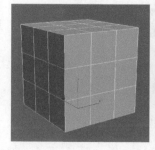
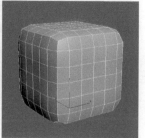

图2-44

细化 细化 ：增加多边形的布线，如图2-45所示。

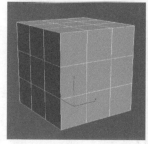
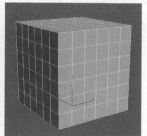

图2-45

2.2 VRay毛皮系统

使用"VRay毛皮"工具 VR毛皮 可以创建出物体表面的毛发效果，多用于模拟地毯、毛巾、草坪以及动物的皮毛等，如图2-46所示。对于无法使用凹凸贴图和置换贴图模拟的材质效果，如长毛地毯、草地、毛巾等模型，可以使用VRay毛皮来制作。在使用VRay毛皮之前，必须加载VRay渲染器。

图2-46

2.2.1 加载VRay毛皮

在"创建"面板中单击"几何体"按钮，然后选择VRay选项，接着单击"VRay毛皮"按钮便可以加载"VRay毛皮"，如图2-47所示。

图2-47

 提示

必须先选择需要加载"VRay毛皮"的对象，才能激活"VRay毛皮"按钮。

2.2.2 VRay毛皮参数面板

进入"修改"面板，展开"参数"卷展栏，如图2-48所示。

图2-48

重要参数解析

源对象：指定需要添加毛发的物体。

长度：设置毛发的长度。

厚度：设置毛发的厚度。

重力：控制毛发在z轴方向被下拉的力度，也就是通常所说的"重量"。

弯曲：设置毛发的弯曲程度。

锥度：用来控制毛发锥化的程度。

结数：用来控制毛发弯曲时的光滑程度。值越大，表示段数越多，弯曲的毛发越光滑。

方向参量：控制毛发在方向上的随机变化。值越大，表示变化越强烈；0表示不变化。

长度参量：控制毛发长度的随机变化。1表示变化越强烈；0表示不变化。

厚度参量：控制毛发粗细的随机变化。1表示变化越强烈；0表示不变化。

重力参量：控制毛发受重力影响的随机变化。1表示变化越强烈；0表示不变化。

每个面：用来控制每个面产生的毛发数量，因为物体的每个面不都是均匀的，所以渲染出来的毛发也不均匀。

每区域：用来控制每单位面积中的毛发数量，这种方式下渲染出来的毛发比较均匀。

选定的面：启用该选项后，只有被选择的面才能产生毛发。

材质ID：启用该选项后，只有指定了材质ID的面才能产生毛发。

生成世界坐标：所有的UVW贴图坐标都是从基础物体中获取，但该选项的W坐标可以修改毛发的偏移量。

通道：指定在W坐标上将被修改的通道。

2.3 VRay代理模型

"VRay代理"物体在渲染时可以从硬盘中将文件（外部文件）导入到场景中的"VRay代理"网格内，场景中的代理物体的网格是一个低面物体，可以节省大量的物理内存以及虚拟内存，一般在物体面数较多或重复情况较多时使用。

2.3.1 VRay代理的创建方法

其使用方法是在物体上单击鼠标右键，然后在弹出的菜单中选择"VRay网格导出"命令，接着在弹出的"VRay网格导出"对话框中进行相应的设置即可（该对话框主要用来保存VRay网格代理物体的路径），如图2-49所示。

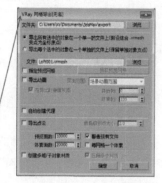

图2-49

2.3.2 VRay代理参数面板

"VRay网格导出"对话框如图2-50所示。

图2-50

重要参数解析

文件夹：代理物体所保存的路径。

导出所有选中的对象在一个单一的文件上：将多个物体合并成一个代理物体进行导出。

导出每个选中的对象在一个单独的文件上：为每个物体创建一个文件进行导出。

文件：设置导出网格文件的名称以及输出位置。

导出动画：勾选该选项后，可以导出动画。

自动创建代理：勾选该选项后，系统会自动完成代理物体的创建和导入，同时源物体将被删除；如果

关闭该选项，则需要增加一个步骤，就是在VRay物体中选择VRay代理物体，然后从网格文件中选择已经导出的代理物体来实现代理物体的导入。

预览面数：创建代理物体后，模型可显示的面数。

实例

用多边形建模制作烛台

场景位置	无
实例位置	实例文件>CH01>实战：用多边形建模制作烛台
视频名称	实例：用多边形建模制作烛台.mp4
技术掌握	多边形建模

扫码看视频

01 打开3ds Max，使用"圆柱体"工具在场景中创建一个圆柱体，然后在"参数"卷展栏修改参数，如图2-51所示，模型效果如图2-52所示。

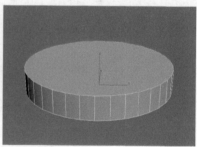

图2-51　　　　　　　　　　　　　　　　图2-52

02 选中上一步创建的圆柱体，然后单击鼠标右键，接着在弹出的菜单中选择"转换为可编辑多边形"选项，如图2-53所示。

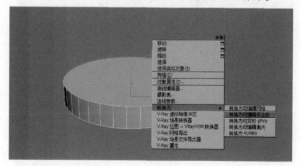

图2-53

03 进入"多边形"层级，然后选中图2-54所示的多边形，接着单击"挤出"按钮 挤出 后的"设置"按钮，再在弹出的对话框中设置"高度"为15mm，如图2-55所示。

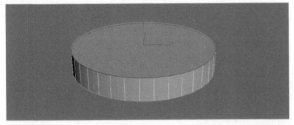

图2-54

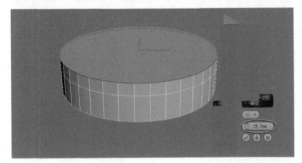

图2-55

04 继续选中该多边形不变，然后单击"轮廓"按钮 轮廓 后的"设置"按钮，接着在弹出的对话框中设置"轮廓"为15mm，如图2-56所示。

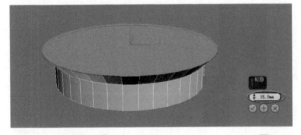

图2-56

05 继续选中该多边形不变，然后单击"挤出"按钮 挤出 后的"设置"按钮，接着在弹出的对话框中设置"高度"为85mm，如图2-57所示。

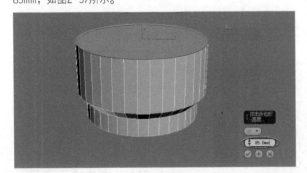

图2-57

06 保持选中的多边形不变，然后单击"插入"按钮 插入 后的"设置"按钮，接着在弹出的对话框中设置"数量"为10mm，如图2-58所示。

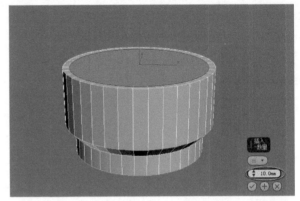

图2-58

07 保持选中的多边形不变，然后单击"挤出"按钮 挤出 后的"设置"按钮，接着在弹出的对话框中设置"高度"为-70mm，如图2-59所示。

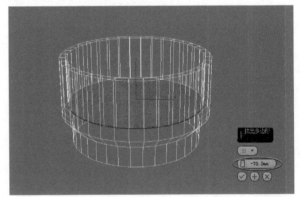

图2-59

08 保持选中的多边形不变，然后单击"挤出"按钮 挤出 后的"设置"按钮，接着在弹出的对话框中设置"高度"为-10mm，如图2-60所示。

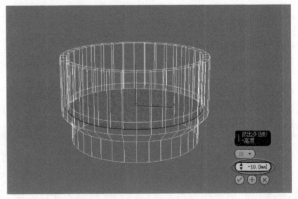

图2-60

09　保持选中的多边形不变，然后单击"轮廓"按钮 轮廓 后的"设置"按钮▣，接着在弹出的对话框中设置"轮廓"为−5mm，如图2-61所示。

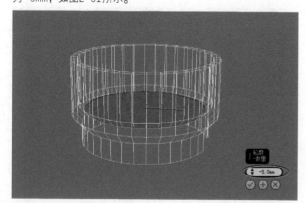

图2-61

10　进入"边"层级，然后选中图2-62所示的边，接着单击"切角"按钮 切角 后的"设置"按钮▣，再设置"边切角量"为2mm，如图2-63所示。

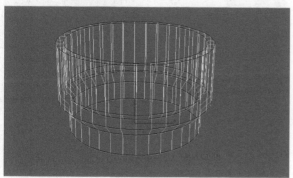

图2-62

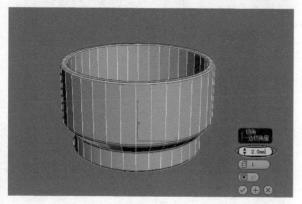

图2-63

11　选中整个模型，然后为其加载一个"网格平滑"修改器，并设置参数如图2-64所示，烛台的最终效果如图2-65所示。

图2-64

图2-65

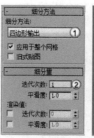
实例
用多边形建模制作风灯

场景位置　无
实例位置　实例文件>CH02>实战：用多边形建模制作风灯.max
视频名称　实例：用多边形建模制作风灯.mp4
技术掌握　多边形建模、样条线建模

扫码看视频

01　打开3ds Max，使用"长方体"工具 长方体 在场景中创建一个长方体，然后在"参数"卷展栏修改参数如图2-66所示，模型效果如图2-67所示。

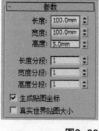

图2-66

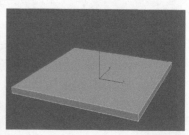

图2-67

02　选中上一步创建的圆柱体，然后单击鼠标右键，接着在弹出的菜单中选择"转换为可编辑多边形"选项，如图2-68所示。

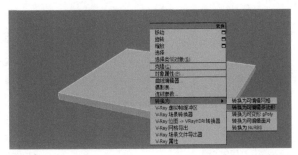

图2-68

03 进入"多边形"层级,然后选中图2-69所示的多边形,接着单击"挤出"按钮 挤出 后的"设置"按钮口,再在弹出的对话框中设置"高度"为3mm,如图2-70所示。

图2-69

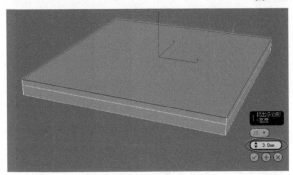

图2-70

04 继续选中该多边形不变,然后单击"轮廓"按钮 轮廓 后的"设置"按钮口,接着在弹出的对话框中设置"轮廓"为-2.5mm,如图2-71所示。

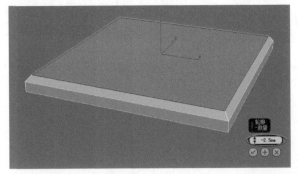

图2-71

05 选中该多边形不变,然后单击"挤出"按钮 挤出 后的"设置"按钮口,再在弹出的对话框中设置"高度"为130mm,如图2-72所示。

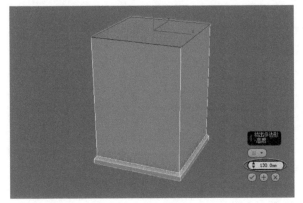

图2-72

06 继续单击"挤出"按钮 挤出 后的"设置"按钮口,再在弹出的对话框中设置"高度"为40mm,如图2-73所示。

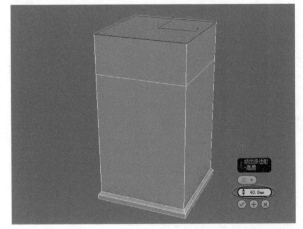

图2-73

07 再次单击"挤出"按钮 挤出 后的"设置"按钮口,然后在弹出的对话框中设置"高度"为3mm,如图2-74所示。

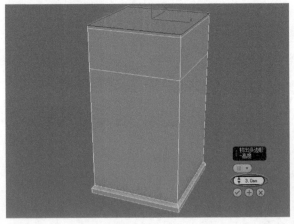

图2-74

08 选中该多边形不变，然后单击"轮廓"按钮 轮廓 后的"设置"按钮回，接着在弹出的对话框中设置"轮廓"为2.5mm，如图2-75所示。

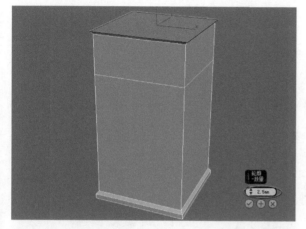

图2-75

09 选中该多边形不变，然后单击"挤出"按钮 挤出 后的"设置"按钮回，再在弹出的对话框中设置"高度"为3mm，如图2-76所示。

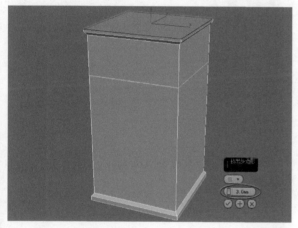

图2-76

10 选中该多边形不变，然后单击"插入"按钮 插入 后的"设置"按钮回，接着在弹出的对话框中设置"数量"为25mm，如图2-77所示。

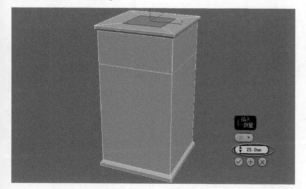

图2-77

11 选中该多边形不变，然后单击"挤出"按钮 挤出 后的"设置"按钮回，接着在弹出的对话框中设置"高度"为30mm，如图2-78所示。

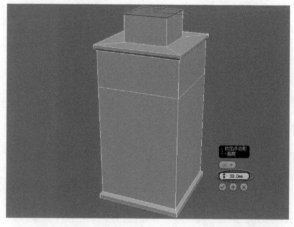

图2-78

12 选中如图2-79所示的多边形，然后单击"插入"按钮 插入 后的"设置"按钮回，接着在弹出的对话框中设置"类型"为"按多边形"、"数量"为8mm，如图2-80所示。

 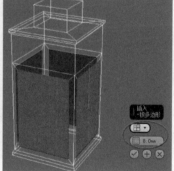

图2-79　　　　　　　　　　　图2-80

13 保持选中的多边形不变，然后单击"挤出"按钮 挤出 后的"设置"按钮回，接着在弹出的对话框中设置"高度"为-5mm，如图2-81所示。

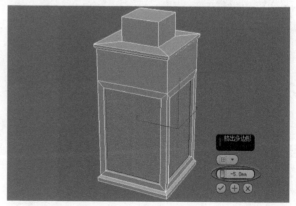

图2-81

⑭ 选中图2-82所示的多边形，然后单击"插入"按钮 插入 后的"设置"按钮□，接着在弹出的对话框中设置"类型"为"按多边形"、"数量"为8mm，如图2-83所示。

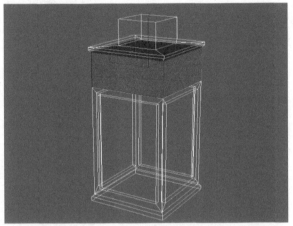

图2-82

图2-83

⑮ 保持选中的多边形不变，然后单击"挤出"按钮 挤出 后的"设置"按钮□，接着在弹出的对话框中设置"高度"为-5mm，如图2-84所示。

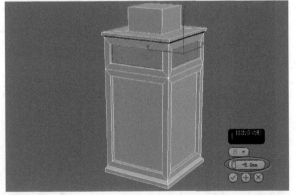

图2-84

⑯ 进入"边"层级，然后选中图2-85所示的边，接着单击"切角"按钮 切角 后的"设置"按钮□，再设置"边切角量"为2mm，如图2-86所示。

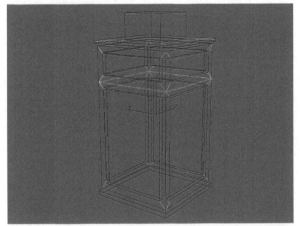

图2-85

图2-86

🔺 提示

现实中绝大多数模型的边缘都带有圆滑效果，因此需要给模型进行切角处理。

⑰ 使用"圆"工具 圆 在视图中绘制一条样条线，然后展开"渲染"卷展栏勾选"在渲染中启用"和"在视口中启用"选项，接着选择"径向"选项，并设置"厚度"为1.5mm，最后在"参数"卷展栏中设置"半径"为35mm，如图2-87所示。风灯最终效果如图2-88所示。

图2-87   图2-88

实例

用VRay毛皮制作毛巾

场景位置	场景文件>CH02>01.max
实例位置	实例文件>CH02>实战：用VRay毛皮制作毛巾.max
视频名称	实例：用VRay毛皮制作毛巾.mp4
技术掌握	VRay毛皮

扫码看视频

01 打开学习资源中的"场景文件>CH02>01.max"文件，场景效果如图2-89所示。

图2-89

02 选中图2-90所示的毛巾模型，然后在"创建"面板中选择VRay选项，接着单击"VRay毛皮"按钮 <u>VR-毛皮</u> 便可以加载"VRay毛皮"，如图2-91所示。

图2-90

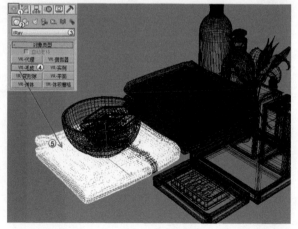

图2-91

75

03 单击"VRay毛皮"按钮 VR-毛皮 后，选中的毛巾模型会自动加载毛发，接着展开"参数"卷展栏，设置参数如图2-92所示，模型效果如图2-93所示。

图2-92   图2-93

疑难问答

怎样快速设置VRay毛皮参数？

VRay毛皮的参数需要一边设置一边测试渲染进行调整，并不是一次性就能设置好的。既要熟悉常用参数的含义，还要经过大量的练习找到一定的规律。本例为了更好地讲解案例，省去了测试参数的过程，直接列出了最终参数。

04 按F9键渲染当前场景，效果如图2-94所示。

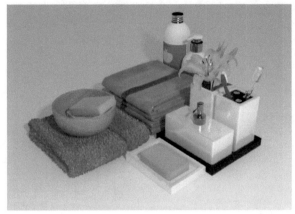

图2-94

05 观察毛巾的效果，感觉已经符合预期，按照上述方法为其余毛巾模型加载"VRay毛皮"，最终效果如图2-95所示。

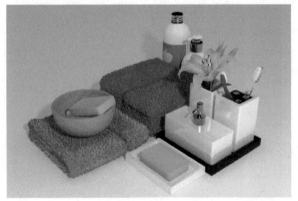

图2-95

第 **3** 章 · 典型商业效果图建模实训

○ 产品概念建模　　○ 建筑框架建模　　○ 室内家具建模

3.1 产品概念建模

产品建模是效果图建模中的一个重要部分。产品建模注重对模型的造型塑造和细节表现，力求最大限度地还原产品本身的造型。在建模过程中对模型的尺寸要求较高，图3-1~图3-3是几幅优秀的产品概念建模效果。

图3-3

图3-1

图3-2

3.1.1 粉饼盒

场景位置	无	
实例位置	实例文件>CH03>粉饼盒.max	
视频名称	粉饼盒.mp4	
技术掌握	多边形建模	扫码看视频

建模思路

粉饼盒整体呈圆柱形，是由盒底和盒盖两部分组成的。在制作时可以分别制作这两部分，然后拼合起来。粉饼盒的内部通过多边形建模制作出不同的凹槽。模型在现实生活中较为常见，读者可以参考现实模型进行观察建模。

1.制作盒底

01 使用"圆柱体"工具 圆柱体 在场景中创建一个圆柱体，然后设置参数，如图3-4所示，效果如图3-5所示。

图3-4   图3-5

02 将上一步创建的圆柱体转换为可编辑多边形，然后进入"多边形" ■ 层级，选中图3-6所示的多边形。

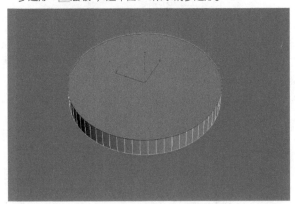

图3-6

03 单击"插入"按钮 插入 后的"设置"按钮 □，然后设置插入的"数量"为1mm，如图3-7所示。

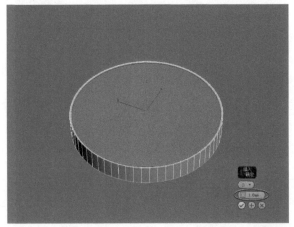

图3-7

04 保持选中的多边形不变，然后单击"挤出"按钮 挤出 后的"设置"按钮 □，接着设置挤出"数量"为1mm，如图3-8所示。

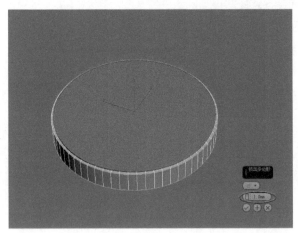

图3-8

05 保持选中的多边形不变，继续单击"插入"按钮 插入 后的"设置"按钮 □，然后设置"数量"为5mm，如图3-9所示。

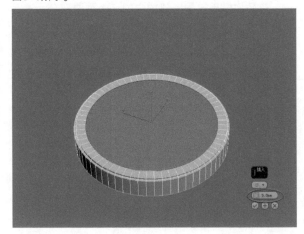

图3-9

06 单击"插入"按钮 插入 后的"设置"按钮 □，设置"数量"为2mm，如图3-10所示。

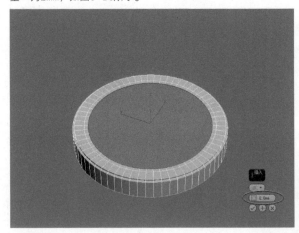

图3-10

78

07 单击"插入"按钮 插入 后的"设置"按钮▣，继续设置
"数量"为3mm，如图3-11所示。

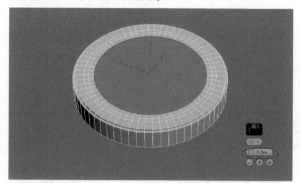

图3-11

 提示

上面使用两次"插入"命令是为了给模型增加分段
线，为后续的制作做准备。

08 保持选中的多边形不变，然后单击"挤出"按钮 挤出
后的"设置"按钮▣，接着设置"数量"为-2mm，如图3-12
所示。

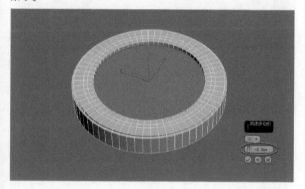

图3-12

09 选中图3-13所示的多边形，然后单击"挤出"按钮
挤出 后的"设置"按钮▣，接着设置"数量"为-3mm，如
图3-14所示。

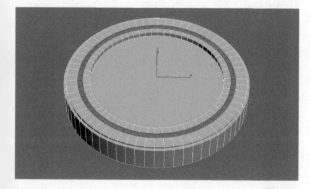

图3-13

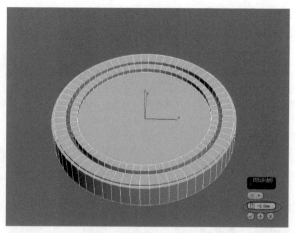

图3-14

10 进入"边"▣层级，选中图3-15所示的边，然后单击
"连接"按钮 连接 后的"设置"按钮▣，接着设置"数量"
为2，如图3-16所示。

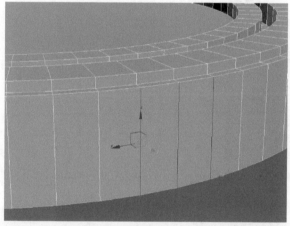

图3-15

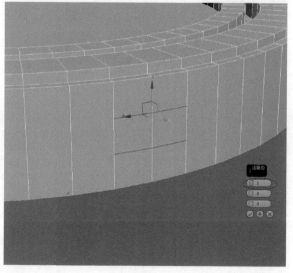

图3-16

⑪ 进入"多边形"■层级，选中新添加两条边中的多边形，然后单击"挤出"按钮 挤出 后的"设置"按钮■，接着设置"数量"为5mm，如图3-17所示。

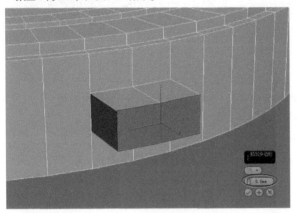

图3-17

2.制作盒盖

① 使用"圆柱体"工具 圆柱体 在场景中创建一个圆柱体，然后设置参数如图3-18所示，效果如图3-19所示。

图3-18

图3-19

② 将上一步创建的圆柱体转换为"可编辑多边形"，然后选中内侧的多边形，接着单击"插入"按钮 插入 后的"设置"按钮■，再设置"数量"为1mm，如图3-20所示。

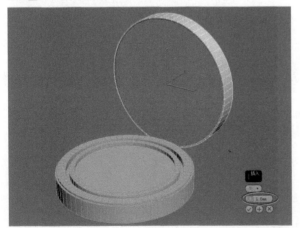

图3-20

③ 保持选中的多边形不变，然后单击"挤出"按钮 挤出 后的"设置"按钮■，接着设置"数量"为-8mm，如图3-21所示。

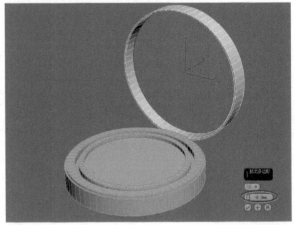

图3-21

④ 将盒底部分的多边形进行调整，使其能与盒盖模型相连接，效果如图3-22所示，粉饼盒最终效果如图3-23所示。

图3-22

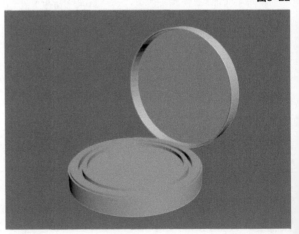

图3-23

3.1.2 电动牙刷

场景位置 无
实例位置 实例文件>CH03>电动牙刷.max
视频名称 电动牙刷.mp4
技术掌握 多边形建模

扫码看视频

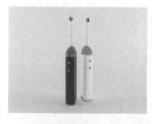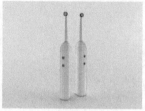

建模思路

电动牙刷是生活中比较常见的小家电，虽然品牌与型号有些差异，但整体上牙刷手柄都呈现带切角的长方体，刷头多为圆形。电动牙刷看起来简单，但制作过程相较粉饼盒要复杂一些。

1.制作牙刷手柄

01 使用"长方体"工具 长方体 在场景中创建一个长方体，然后设置参数如图3-24所示，效果如图3-25所示。

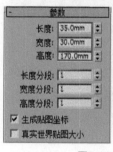

图3-24

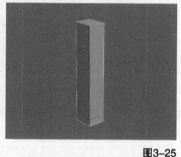

图3-25 图3-26

02 选中上一步创建的长方体，然后转换为"可编辑多边形"，接着进入"点" 层级并在顶视图中调整长方体的造型，如图3-26所示。

⚠️ 提示

调整造型没有具体数值，读者根据观察调整到与参考图相符合即可。

03 进入"边" 层级，然后选中图3-27所示的边，接着单击"切角"按钮 切角 后的"设置"按钮 ，设置"边切角量"为6mm、"分段"为4，如图3-28所示。

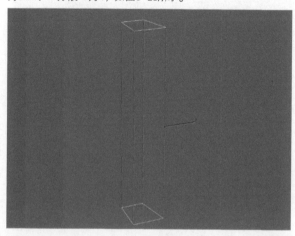

图3-27

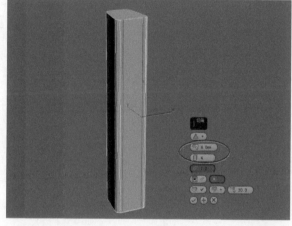

图3-28

04 保持选中的边不变，然后单击"连接"按钮 连接 ，为其添加一条边，并移动到图3-29所示的位置。

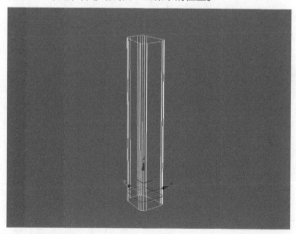

图3-29

05 进入"点"层级，然后将上一步创建的边调整至图3-30所示的效果。

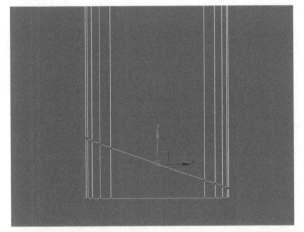

图3-30

06 继续为多边形添加一条边，位置如图3-31所示。

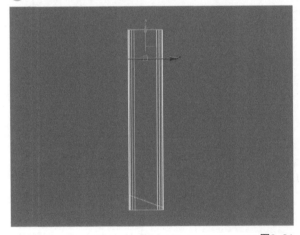

图3-31

07 进入"边"层级，然后将顶部的边缩放至图3-32所示的效果。

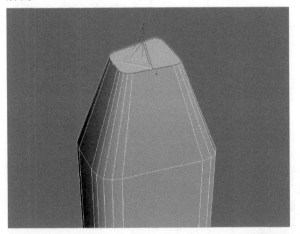

图3-32

提示

　　该步骤也可以在"多边形"层级中操作。缩放的大小按照参考图的效果。

08 进入"点"层级，将顶部的定点调整为一个正圆形，如图3-33所示。

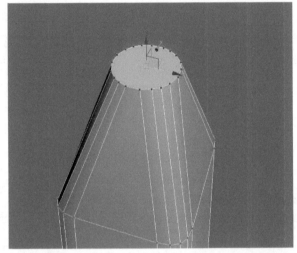

图3-33

疑难问答

怎样快速调整为正圆形？

此步骤可以先创建一个圆形样条线，然后比照样条线进行调整。

09 进入"边"层级，然后选中顶部的边，如图3-34所示，接着单击"切角"按钮 切角 后的"设置"按钮□，再设置"边切角量"为25mm、"分段"为6，如图3-35所示。

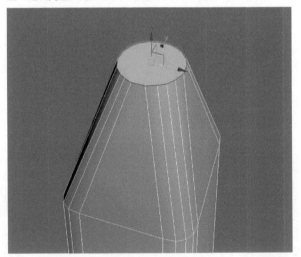

图3-34

82

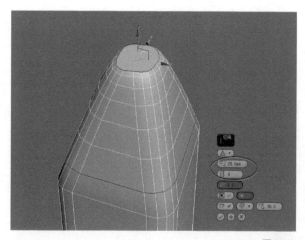

图3-35

⑩ 选中图3-36所示的边,然后单击"连接"按钮 连接 后的"设置"按钮 □ ,接着设置"数量"为2,如图3-37所示。

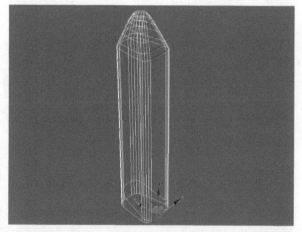

图3-36

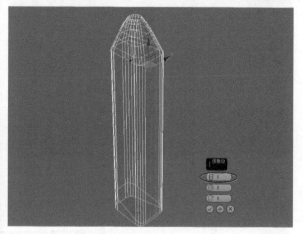

图3-37

⑪ 进入"点" ⬚ 层级,然后选中图3-38所示的顶点,接着调整这些顶点,效果如图3-39所示。

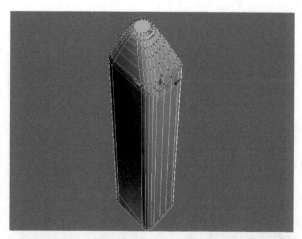

图3-38

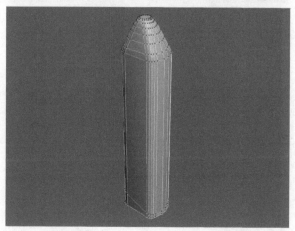

图3-39

⛵ 提示

该步骤也可在"边"层级中操作,读者可以选择适合自己的方法。

⑫ 调整顶部顶点的位置,侧面效果如图3-40所示,正面效果如图3-41所示。

图3-40

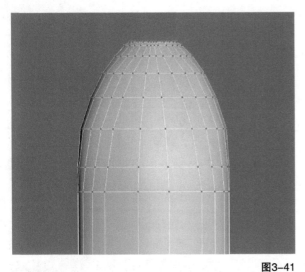

图3-41

⑬　进入"边" ✓ 层级,然后选中底部的边,如图3-42所示,接着单击"切角"按钮 切角 后面的"设置"按钮□,设置"边切角量"为2mm、"分段"为4,如图3-43所示。

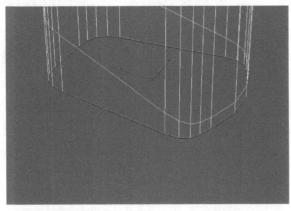

图3-42

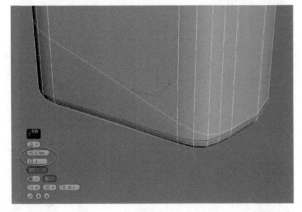

图3-43

⑭　使用"球体"工具 球体 在场景中创建一个半球作为

手柄的按钮,参数如图3-44所示,效果如图3-45所示。

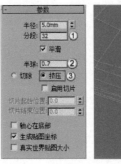

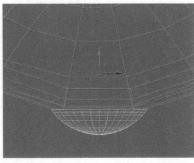

图3-44　　　　　　　　　　图3-45

⑮　将上一步创建的半球模型向下复制一个,位置如图3-46所示。

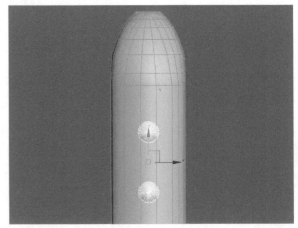

图3-46

2.创建刷头

①　使用"圆柱体"工具 圆柱体 在场景中创建一个圆柱体,然后设置参数如图3-47所示,位置如图3-48所示。

图3-47　　　　　　　　　　图3-48

⚓ 提示

　　牙刷手柄的顶部圆形多边形界面应与刷头的直径一致。

02 选中上一部创建的圆柱体，然后转换为"可编辑多边形"，接着进入"点" ⬚ 层级，将顶部的顶点调整到图3-49所示的效果。

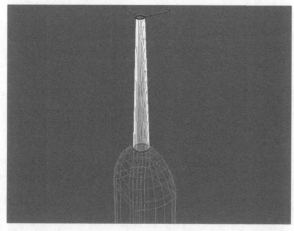

图3-49

03 进入"边" ⬚ 层级，然后选中图3-50所示底部的边，接着单击"切角"按钮 切角 后的"设置"按钮 ⬚，设置"边切角量"为0.5mm、"分段"为3，如图3-51所示。

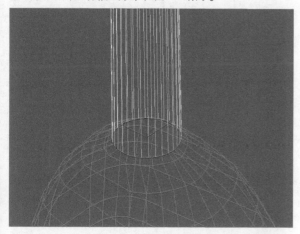

图3-50

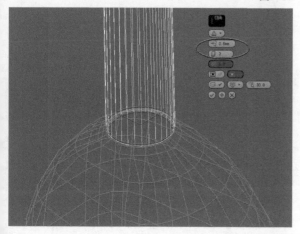

图3-51

04 使用"圆柱体"工具 圆柱体 在场景中创建一个圆柱体，设置参数如图3-52所示，位置如图3-53所示。

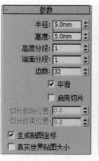

图3-52　　　　　　　　图3-53

05 将上一步创建的圆柱体转换为"可编辑多边形"，然后进入"边" ⬚ 层级，选中图3-54所示的边，接着单击"切角"按钮 切角 后的"设置"按钮 ⬚，设置"边切角量"为1mm、"分段"为4，如图3-55所示。

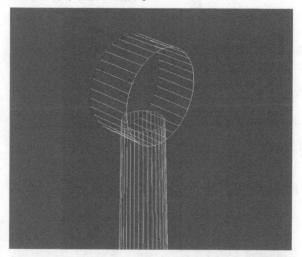

图3-54

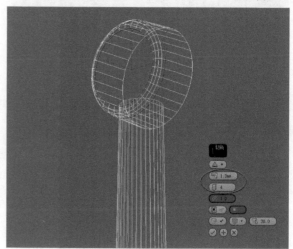

图3-55

85

06 使用"圆柱体"工具 圆柱体 在场景中创建一个圆柱体，设置参数如图3-56所示，位置如图3-57所示。

图3-56   图3-57

07 将上一步创建的圆柱体转换为"可编辑多边形"，然后进入"边"☑层级，选中图3-58所示的边，接着单击"切角"按钮 切角 后的"设置"按钮■，设置"边切角量"为0.1mm，如图3-59所示。

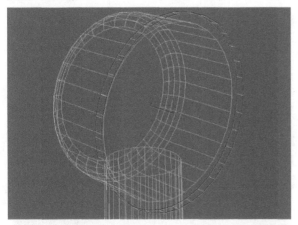

图3-58

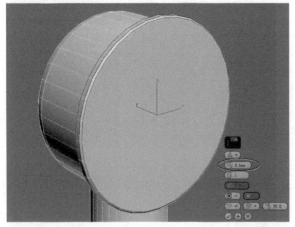

图3-59

08 进入"多边形"■层级，然后选中图3-60所示的多边形，接着单击"VRay毛皮"按钮添加毛刷，设置参数如图3-61所示，最终效果如图3-62所示。

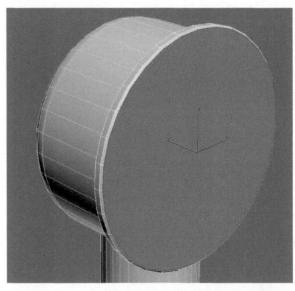

图3-60

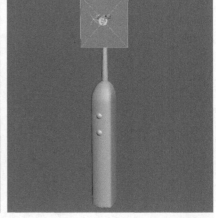

图3-61   图3-62

疑难问答

怎样快速地查看毛发效果？

设置完参数后需要按F9键渲染才能查看毛发效果，模型的预览是观察不出准确效果的。

3.2 建筑框架建模

建筑框架建模主要分为室内墙体建模和室外建筑建模两大部分。两种类型的模型都需要借助CAD文件，按照设计的尺寸进行建模。在建筑建模时，需要着重注意建筑相关的尺寸。图3-63和图3-64是优秀的建筑建模效果。

图3-63

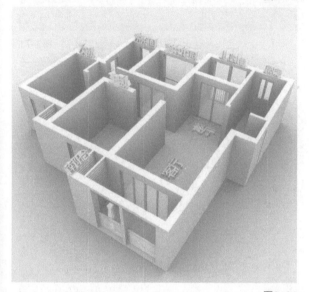

图3-64

3.2.1 住房框架

场景位置	场景文件>CH03 >01.dwg
实例位置	实例文件>CH03>住房框架.max
视频名称	住房框架.mp4
技术掌握	导入CAD文件、样条线建模、多边形建模

扫码看视频

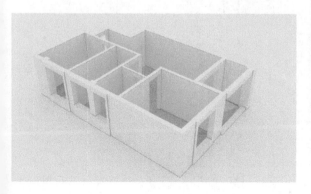

建模思路

住房框架是根据导入3ds Max中的CAD文件,用样条线勾勒出墙体的范围,然后挤出墙体的高度。地面与屋顶都是先通过样条线勾勒出相应的范围,再转换为多边形平面。制作步骤相对简单。

1.导入CAD文件

① 在3ds Max中进入顶视图,导入本书学习资源中的"场景文件>CH03>01.dwg"文件,如图3-65所示。

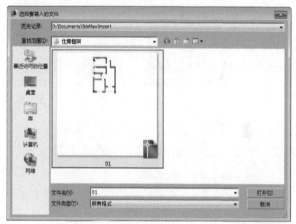

图3-65

② 单击"打开"按钮 打开(O) ,在弹出的对话框中勾选"焊接附近顶点"选项,接着单击"确定"按钮 确定 ,如图3-66所示,导入后的效果如图3-67所示。

图3-66

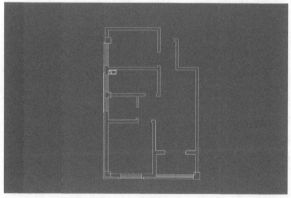

图3-67

（03） 全选所有的CAD文件，然后将其成组，接着将整体位置移动到坐标原点，如图3-68所示。

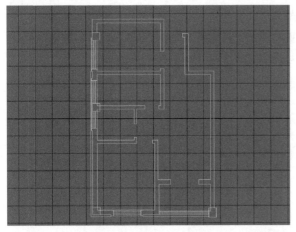

图3-68

导入CAD文件后将其成组并移动到坐标原点是一个必须的步骤。这是为了在后期制作时，导入的素材文件能很快地移动到需要的位置。

移动对象到坐标原点的方法很简单。选中对象后在"选择并移动"工具 ❖ 上单击鼠标右键，然后会弹出"移动变换输入"对话框，接着将"绝对：世界"选项组中的x和y数值设置为0，如图3-69所示，对象会自动移动到坐标原点，最后按快捷键Z即可快速显示对象。

图3-69

2.绘制墙体

（01） 选中CAD样条线，然后单击鼠标右键选择"冻结当前对象"选项，以便在后期制作时不影响操作，接着在主工具栏中单击"捕捉开关"按钮，调整至2.5D 并单击鼠标右键，再在弹出的窗口中选择"选项"选项卡，勾选"捕捉到冻结对象"选项，如图3-70所示。

图3-70

（02） 使用"线"工具 线 沿着墙体位置描绘墙体轮廓，如图3-71所示。

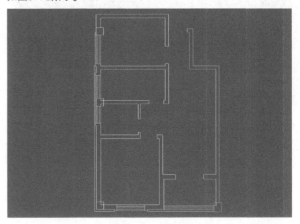

图3-71

（03） 继续使用"线"工具 线 沿着CAD描绘各个墙体的轮廓，如图3-72所示。

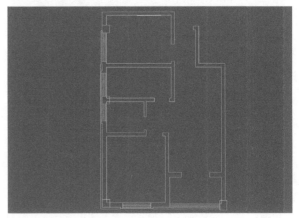

图3-72

⚠ 提示

按住I键可以移动视图，方便描绘样条线。

（04） 全选样条线，然后为其加载一个"挤出"修改器，接着设置"数量"为2800mm，如图3-73所示。

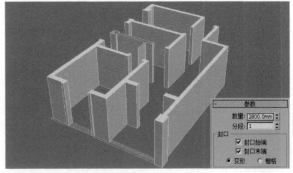

图3-73

3.绘制地板

01 在顶视图中，使用"线"工具 线 绘制地板轮廓，如图3-74所示。

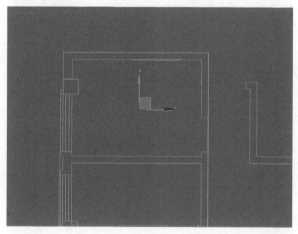

图3-74

02 选中样条线，单击鼠标右键，然后选择"转换为可编辑多边形"选项，如图3-75所示，效果如图3-76所示。

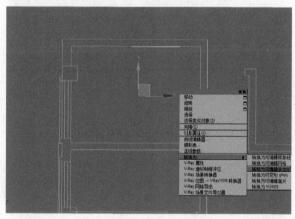

图3-75

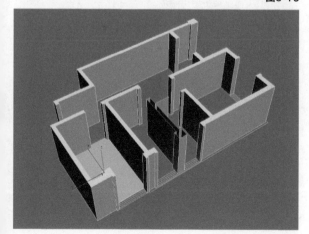

图3-76

03 继续使用"线"工具 线 沿着CAD描绘各个地板的轮廓，然后将其全部转换为"可编辑多边形"，如图3-77所示。

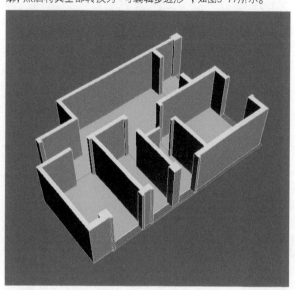

图3-77

4.绘制门框和窗台

01 使用"线"工具 线 沿着门洞和窗户的区域绘制矩形，然后为其加载一个"挤出"修改器，并设置"数量"为300mm，如图3-78所示。

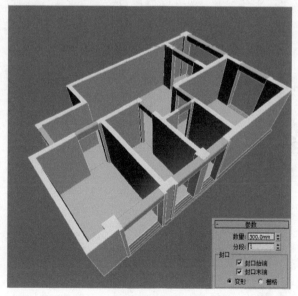

图3-78

02 使用"线"工具 线 沿着厨房和卫生间的窗户位置绘制矩形，然后为其加载一个"挤出"修改器，并设置"数量"为800mm，如图3-79所示。

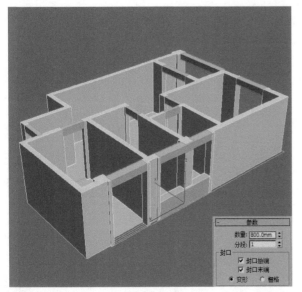

图3-79

03 使用"线"工具 线 沿着卧室的窗户位置绘制矩
形，然后为其加载一个"挤出"修改器，并设置"数量"为
450mm，如图3-80所示。

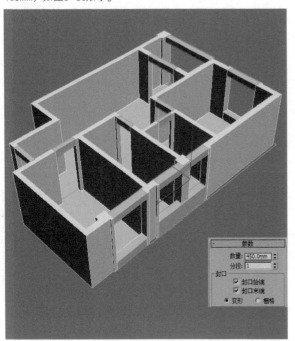

图3-80

04 使用"线"工具 线 沿着阳台的窗户位置绘制矩
形，然后为其加载一个"挤出"修改器，并设置"数量"为
150mm，如图3-81所示。

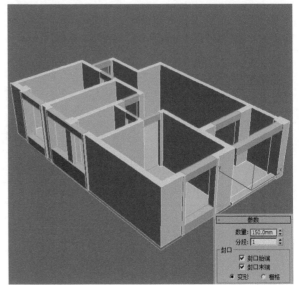

图3-81

5.绘制屋顶

使用"线"工具 线 沿着墙体外边沿绘制样
条线，然后转换为可编辑多边形，接着移动到墙体顶
部，房屋空间的最终效果如图3-82所示。

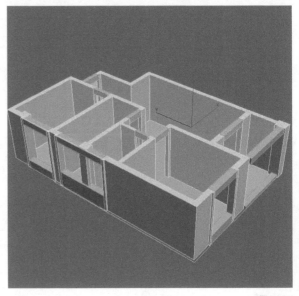

图3-82

⚓ 提示

为了方便观察，上一步创建的屋顶平面显示为半
透明。快捷键Alt＋B可以将选中的对象半透明显示。

技术专题：住房框架建模注意事项

住房框架建模时，需要注意以下4点。

第1点：参考CAD描绘出的结构框架都是符合现实尺寸的，常用单位为mm。

第2点：墙体尽量做到双面建模，以方便渲染鸟瞰或开放式空间渲染时得到正确的效果。

第3点：地板和屋顶不能与墙体有缝隙，会造成漏光现象。

第4点：当模型出现共面时，要删除其中一个模型重合的面，否则在渲染时会出现错误效果。

3.2.2 住宅别墅

场景位置	场景文件>CH03 >02-1~02-5.dwg
实例位置	实例文件>CH03>住宅别墅.max
视频名称	住宅别墅.mp4
技术掌握	导入CAD文件、样条线建模、多边形建模

扫码看视频

建模思路

建筑别墅的建模要相对复杂很多，不仅需要平面的CAD确定房屋框架的范围，还需要各个立面的CAD确定墙体的高度，门与窗户的位置。制作的过程较为烦琐，需要耐心细致地完成。

1.导入CAD文件

01 在3ds Max中进入顶视图，导入本书学习资源中的"场景文件>CH03>02-1.dwg"文件，如图3-83所示，这是别墅的一层平面图。

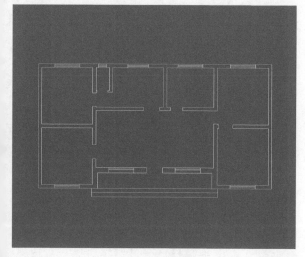

图3-83

02 下面导入别墅二层的平面图。导入本书学习资源中的"场景文件>CH03>02-2.dwg"文件，如图3-84所示。

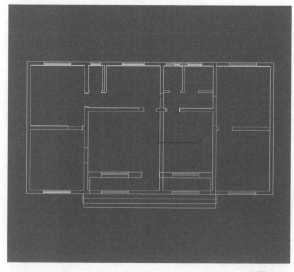

图3-84

提示

将二层的平面图与一层的平面图都移动到坐标原点，然后将相同的部分进行重合。

03 下面导入立面图。在前视图中导入本书学习资源中的"场景文件>CH03>02-3.dwg"文件，如图3-85所示。

图3-85

 提示

有时候在前视图中导入CAD后，依旧是在顶视图中显示，需要将其旋转对齐。

④ 按照上一步的方法继续导入剩余的两个立面图，效果如图3-86所示。

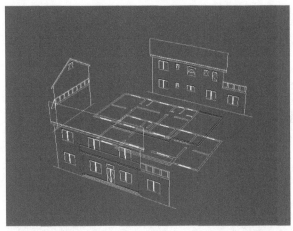

图3-86

2.绘制一层

① 冻结所有CAD文件，然后使用"线"工具 线 绘制一层的外墙轮廓，如图3-87所示。

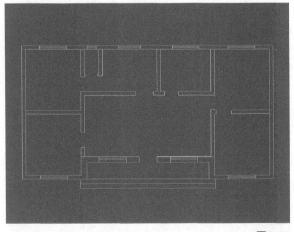

图3-87

⚠ 提示

本例是房屋外立面建模，屋内的模型就不再进行建模。

② 选中上一步绘制的墙体样条线，然后为其加载一个"挤出"修改器，接着设置"数量"为3730mm，如图3-88所示，效果如图3-89所示。这个高度是根据立面一层的高度设置的。

图3-88

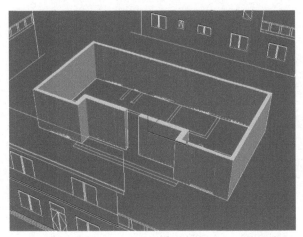

图3-89

⚠ 提示

绘制一层墙面时，隐藏二层的平面图，这样不影响绘制。

③ 在左视图中使用"线"工具 线 绘制一层的户外台阶，如图3-90所示。

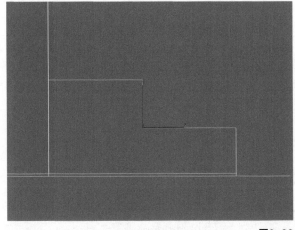

图3-90

④ 选中上一步绘制的墙体样条线，然后为其加载一个"挤出"修改器，接着设置"数量"为9058.5mm，如图3-91所示，效果如图3-92所示。这个数值是根据一层平面图绘制的台阶宽度确定的。

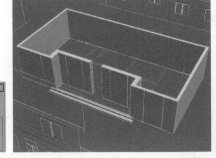

图3-91   图3-92

05 使用"矩形"工具 矩形 绘制一个矩形，填充空白的台阶，如图3-93所示。

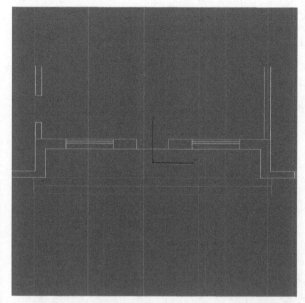

图3-93

06 选中上一步绘制的墙体样条线，然后为其加载一个"挤出"修改器，接着设置"数量"为292mm，如图3-94所示，效果如图3-95所示。这个数值是根据台阶的高度确定的。

图3-04

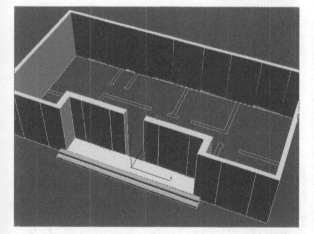

图3-95

07 选中挤出的墙体模型，然后转换为"可编辑多边形"，接着在前视图中依照立面图在"边" 层级中使用"连接"工具 连接 连接边，从而确定门窗的高度，如图3-96所示。

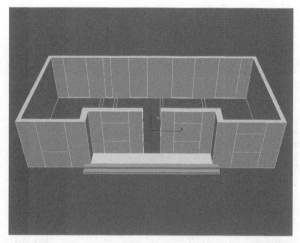

图3-96

08 进入"多边形" 层级，然后选中图3-97所示的多边形，接着单击"桥"按钮 桥 将其连接，效果如图3-98所示。

图3-97

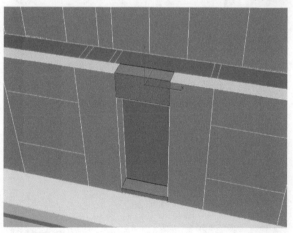

图3-98

09 选中窗洞的多边形，然后向内挤出，最后删掉多余的多边形，如图3-99所示。

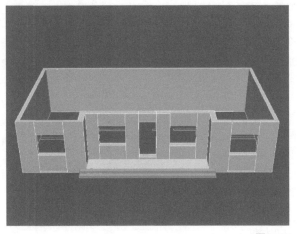

图3-99

⑩ 依照上述方法，将房间背面的窗户全部做出，效果如图3-100所示。

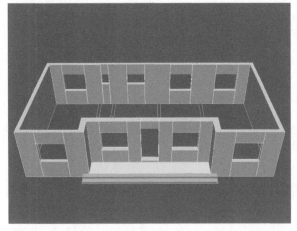

图3-100

3.绘制二层

① 使用"线"工具 绘制二层的外墙轮廓，如图3-101所示。

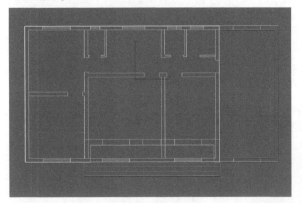

图3-101

 提示

隐藏一层的CAD可以方便绘制。

② 选中上一步绘制的样条线，然后为其加载一个"挤出"修改器，接着设置"数量"为2745.5mm，如图3-102所示，效果如图3-103所示。这个高度是根据立面二层的高度设定的。

图3-102

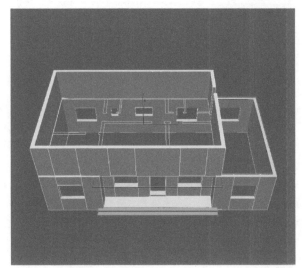

图3-103

③ 使用"线"工具 绘制二层阳台护栏，如图3-104所示。

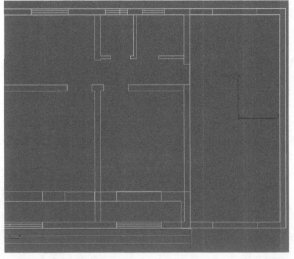

图3-104

04 选中上一步绘制的样条线，然后为其加载一个"挤出"修改器，接着设置"数量"为1000mm，如图3-105所示，效果如图3-106所示。这个高度是根据立面护栏的高度设定的。

图3-105

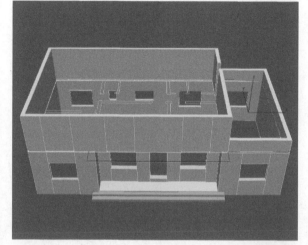

图3-106

05 继续使用"线"工具 线 绘制护栏上的扶手，并使用"挤出"修改器挤出"数量"为100mm，如图3-107所示，扶手效果如图3-108所示。

图3-107

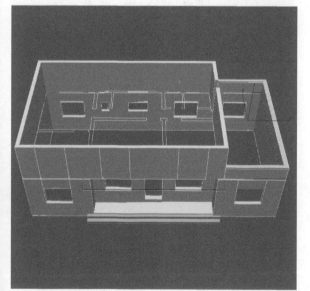

图3-108

06 使用"矩形"工具 矩形 绘制阳台的地面，然后将其转换为"可编辑多边形"，效果如图3-109所示。

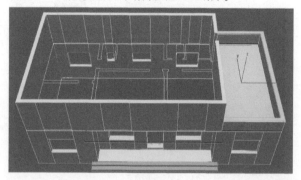

图3-109

07 参考一层门窗的制作方法制作出二层的门窗，效果如图3-110所示。

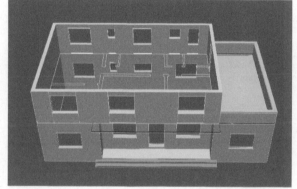

图3-110

提示

因为门窗的制作方法相同，所以这里就不再赘述。

08 下面制作屋檐。在左视图中使用"线"工具 线 绘制出屋檐的剖面，如图3-111所示。

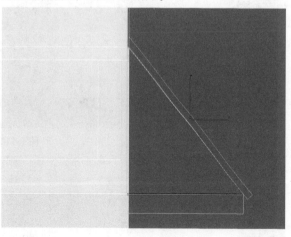

图3-111

09 选择上一步绘制的样条线，然后为其加载一个"挤出"修改器，接着设置"数量"为9000mm，如图3-112所示，效果如图3-113所示。这个长度是根据二层平面图的屋檐长度设定的。

图3-112

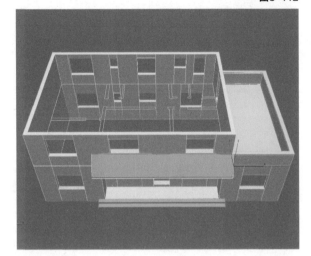

图3-113

4.绘制屋顶

01 在左视图中使用"线"工具 线 绘制屋顶墙体侧面，效果如图3-114所示。

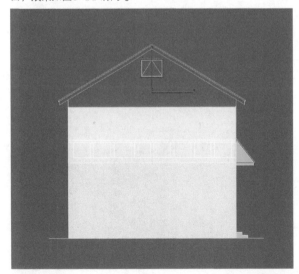

图3-114

02 选中上一步绘制的样条线，然后为其加载一个"挤出"修改器，接着设置"数量"为250mm，如图3-115所示。再将墙体复制一个并移动到另一侧，效果如图3-116所示。

图3-115

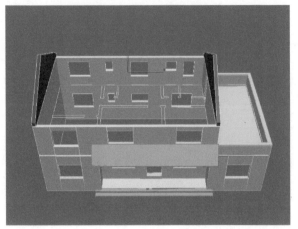

图3-116

03 在前视图中使用"线"工具 线 绘制屋顶墙体的正面，如图3-117所示。

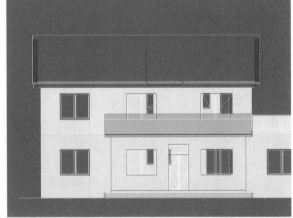

图3-117

04 选中上一步绘制的样条线，然后为其加载一个"挤出"修改器，接着设置"数量"为250mm，如图3-118所示。再将墙体复制一个并移动到另一侧，效果如图3-119所示。

图3-118

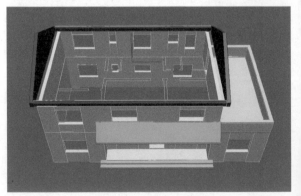

图3-119

05　在左视图中使用"线"工具 **线** 绘制屋顶的屋檐，
如图3-120所示。

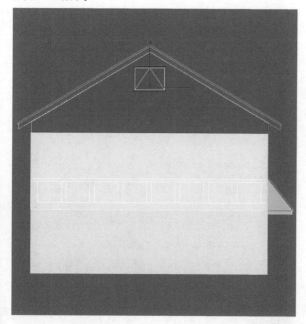

图3-120

06　选中上一步绘制的样条线，然后为其加载一个"挤出"修
改器，接着设置"数量"为13840mm，如图
3-121所示，效果如图3-122所示。这个长度
是根据前视图中屋顶的立面图确定的。

图3-121

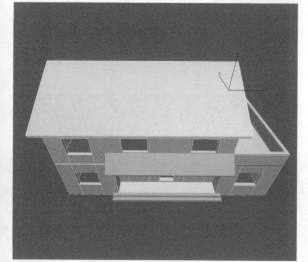

图3-122

07　依照一层窗户的制作方法，制作出屋顶侧面的两个气窗，
如图3-123所示。

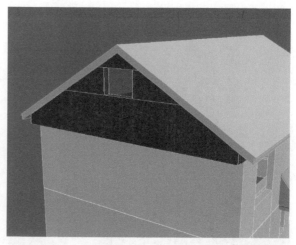

图3-123

08　使用"线"工具 **线** 绘制每一层的地面并将其转换
为"可编辑多边形"，效果如图3-124所示。

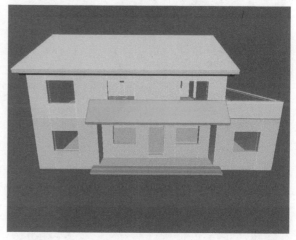

图3-124

5.合并门窗模型

01　合并本书学习资源中的"实例文件>CH03>住宅别墅>窗
户.max"文件到场景中，如图3-125所示。

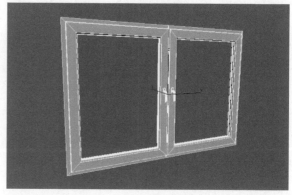

图3-125

02 选中窗户模型成组，然后为其加载一个FFD2×2×2修改器，接着将窗户模型放置在每一个窗洞中，如图3-126所示。

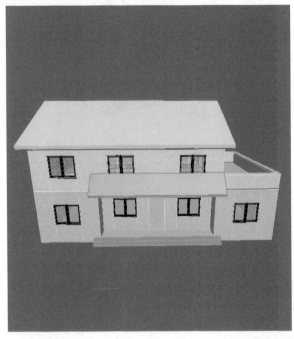

图3-126

⛵ 提示

从外部合并模型可以提高制作效率。

03 合并本书学习资源中的"实例文件>CH03>住宅别墅>窗户2.max"文件到场景中，如图3-127所示。

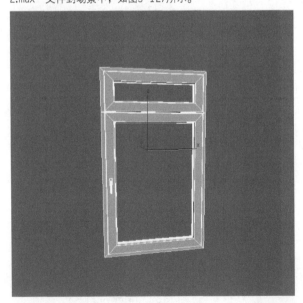

图3-127

04 选中窗户模型成组，然后为其加载一个FFD2×2×2修改器，接着将窗户模型放置在背侧单开的窗洞中，如图3-128所示。

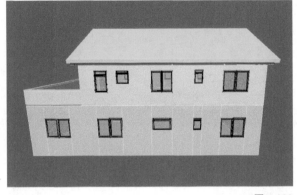

图3-128

05 合并本书学习资源中的"实例文件>CH03>住宅别墅>门.max"文件到场景中，如图3-129所示。

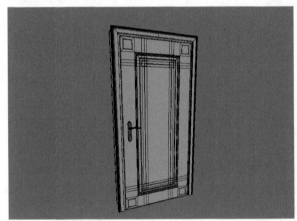

图3-129

06 选中门模型成组，然后为其加载一个FFD2×2×2修改器，接着将门模型放置在门洞中，住宅别墅的最终效果如图3-130所示。

图3-130

3.3　室内家具建模

室内家具建模更多的是参考照片进行建模，在尺寸上不一定精确，较注重比例的协调。常见的家具都有一些标准尺寸，在建模时需要参考，图3-131和图3-132所示是一些优秀的家具建模。

图3-131

图3-132

3.3.1　组合书架

场景位置	无
实例位置	实例文件>CH03>组合书架.max
视频名称	组合书架.mp4
技术掌握	多边形建模

扫码看视频

建模思路

组合书架是一个简单的多边形建模，由隔板和框架两大部分组合而成。制作中框架的制作稍微复杂一些，隔板只需要将长方体切角后，以搭积木的方法组合起来即可。

1.制作框架

01 使用"长方体"工具 长方体 在场景中创建一个长方体，然后设置参数，如图3-133所示，效果如图3-134所示。

图3-133　　　　　　　　　　图3-134

02 将上一步创建的长方体转换为"可编辑多边形"，然后在顶部连接一条边，如图3-135所示。

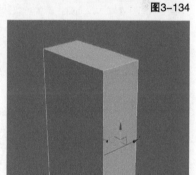

图3-135

03 进入"多边形" ■ 层级，然后选中图3-136所示的多边形，接着单击"挤出"按钮 挤出 后的"设置"按钮 ■，设置"数量"为160mm，如图3-137所示。

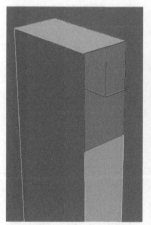

图3-136　　　　　　　　　　图3-137

04 保持选中的多边形不变，然后再次挤出40mm，如图3-138所示。

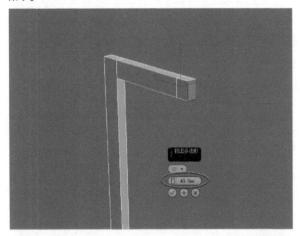

图3-138

05 选中图3-139所示的多边形，然后单击"挤出"按钮 挤出 后的"设置"按钮□，设置"数量"为1620mm，如图3-140所示。

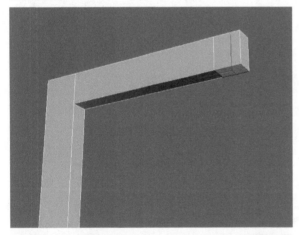

图3-139

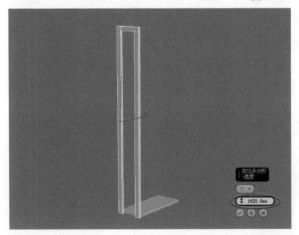

图3-140

2.制作隔板

01 使用"长方体"工具 长方体 在场景中创建一个长方体，然后设置参数，如图3-141所示，效果如图3-142所示。

图3-141　　　　　　　　　　　　　　图3-142

02 将上一步创建的长方体转换为"可编辑多边形"，然后进入"边"层级，选中所有的边，如图3-143所示，接着单击"切角"按钮 切角 后的"设置"按钮□，设置"边切角量"为2mm，如图3-144所示。

图3-143

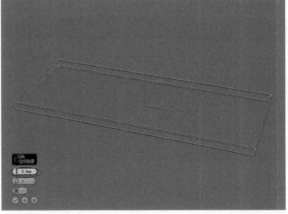

图3-144

03 进入前视图，然后选中长方体隔板，接着用鼠标右键单击"选择并移动"工具，接着在弹出的"移动变换输入"对话框中设置"偏移：屏幕"的Y为100，如图3-145所示，效果如图3-146所示。

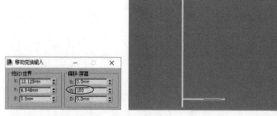

图3-145　　　　　　　　　　图3-146

 提示

使用该方法可以准确地移动模型到需要的位置。

04 按快捷键Ctrl+V复制隔板模型，然后按照上一步的操作方法将隔板模型向上移动350mm，一共复制4次，效果如图3-147所示。

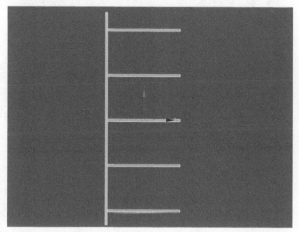

图3-147

05 将框架模型以"实例"形式复制一个到隔板的另一侧，效果如图3-148所示。

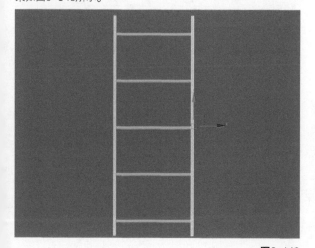

图3-148

06 进入"边" 层级，然后选中图3-149所示的边，接着同样将其切角2mm，效果如图3-150所示。

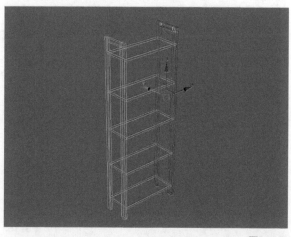

图3-149

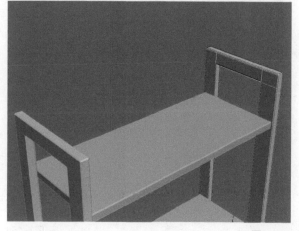

图3-150

提示

以"实例"形式复制的好处是修改一个多边形后，与其关联的多边形都会进行相应的改变。

07 使用"长方体"工具 长方体 在场景中创建一个长方体，然后设置参数，如图3-151所示，效果如图3-152所示。

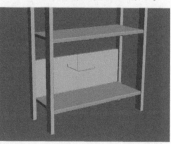

图3-151　　　　　　　图3-152

101

08 将上一步创建的长方体转换为"可编辑多边形"，然后将所有边"切角"2mm，效果如图3-153所示。

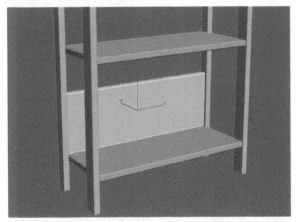

图3-153

09 将长方体向上复制一个，位置如图3-154所示。

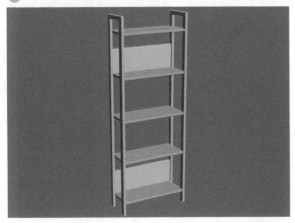

图3-154

技术专题："实例"复制详解

在复制对象时，会弹出图3-155所示的对话框，需要选择复制对象的类型。

图3-155

在本例中，许多模型是通过"实例"的形式进行复制的，这种复制方法会让复制的对象与源对象之间的属性完全相同。如果修改其中一个对象的参数属性，所有与其关联的对象都会相应修改。

这种复制方法的好处是，可以减少修改对象属性的次数，提高制作效率。在某些插件中，所有"实例"复制的对象会同时被选中，操作更加简便。但缺点也很明显，不能单独修改其中任意一个对象，一旦修改，其余关联对象也会相应改变。

技术专题："实例"复制详解（续）

对于这种情况，有些读者会将需要修改的对象删除，再重新复制并修改；另一种更简单的方法是选中需要单独修改的对象，然后在"修改"面板中单击"使唯一"按钮 ，就能将关联的对象独立出来单独修改，如图3-156所示。

图3-156

3.3.2 创意茶几

场景位置	无
实例位置	实例文件>CH03>创意茶几.max
视频名称	创意茶几.mp4
技术掌握	多边形建模

扫码看视频

建模思路

创意茶几由桌面和桌腿两部分组成。桌面由可编辑的矩形样条线建模而成，桌腿由长方体模型进行多边形建模修改而成。

1.制作桌面

01 使用"矩形"工具 矩形 在场景中创建一个矩形，然后在"参数"卷展栏修改参数，如图3-157所示，样条线效果如图3-158所示。

参数
长度: 500.0mm
宽度: 1200.0mm
角半径: 0.0mm

图3-157　　　　　　　　　　　　　图3-158

02　选中上一步创建的矩形，然后转换为"可编辑样条线"，接着进入"顶点" 层级，选中图3-159所示的顶点，再调整顶点，效果如图3-160所示。

04　选中另一侧的两个顶点，如图3-162所示，然后使用"圆角"工具 圆角 设置圆角为220mm，如图3-163所示。

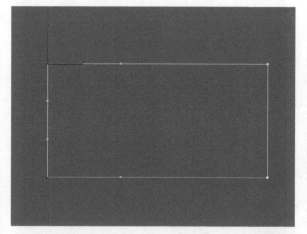

图3-159

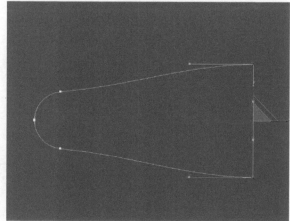

图3-162

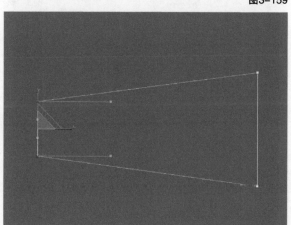

图3-160

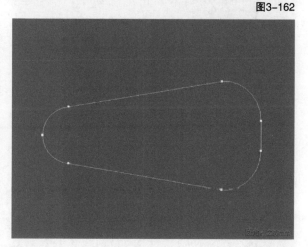

图3-163

03　保持选中的顶点不变，然后使用"圆角"工具 圆角 修改顶点至图3-161所示的效果。

05　调整样条线的各个顶点的控制点，使样条线看起来更平滑，效果如图3-164所示。

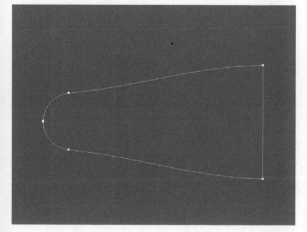

图3-161

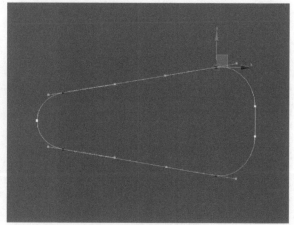

图3-164

06 选中样条线，然后为其加载一个"挤出"修改器，接着设置"数量"为25mm，如图3-165所示，效果如图3-166所示。

图3-165

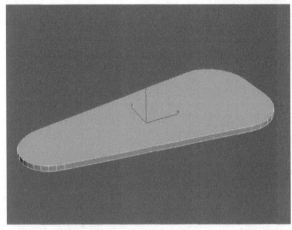

图3-166

07 将挤出的模型转换为可编辑多边形，然后进入"多边形" ■层级，并选中图3-167所示的多边形。

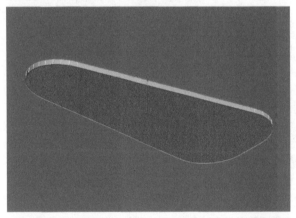

图3-167

08 保持选中的多边形不变，然后单击"轮廓"按钮 轮廓 后的"设置"按钮■，接着在弹出的对话框中设置"数量"为-10mm，如图3-168所示。

图3-168

09 进入"边" ◁层级，然后选中图3-169所示的边，接着单击"切角"按钮 切角 后的"设置"按钮■，设置"边切角量"为2mm，如图3-170所示。

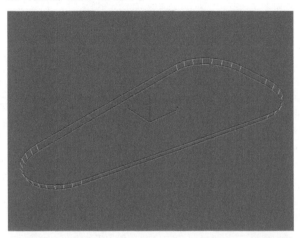

图3-169

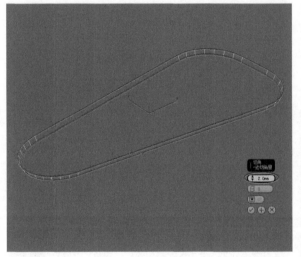

图3-170

2.制作桌腿

01 使用"长方体"工具 长方体 在场景中创建一个长方体，然后设置参数，如图3-171所示，位置如图3-172所示。

图3-171

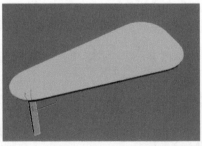

图3-172

02 将上一步创建的长方体模型转换为"可编辑多边形"，然后进入"边" ☑ 层级，选中图3-173所示的边。

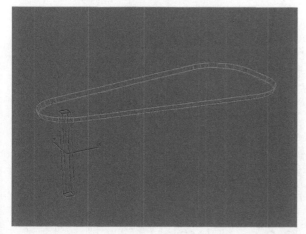

图3-173

03 单击"切角"按钮 切角 后的"设置"按钮▢，然后设置"边切角量"为2mm，如图3-174所示。

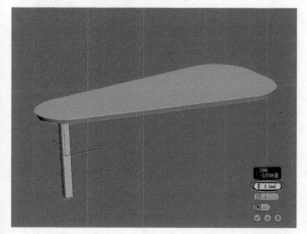

图3-174

04 将修改后的长方体以"实例"形式复制两个到桌子另一边，位置如图3-175所示。

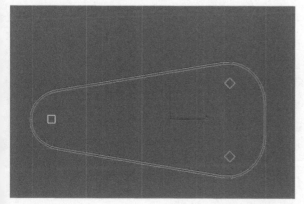

图3-175

05 使用"长方体"工具 长方体 在场景中创建一个长方体，然后修改参数，如图3-176所示，位置如图3-177所示。

图3-176

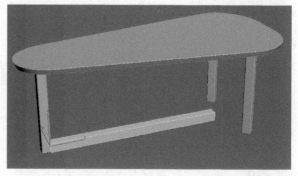

图3-177

06 将上一步创建的长方体转换为"可编辑多边形"，然后进入"边" ☑ 层级，选中图3-178所示的边，接着使用"切角"工具 切角 设置"边切角量"为20mm，如图3-179所示。

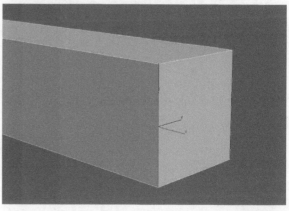

图3-178

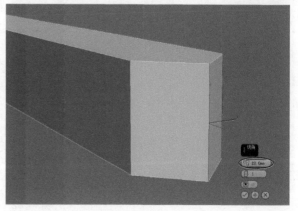

图3-179

07 选中图3-180所示的边，然后单击"切角"按钮 切角 后的
"设置"按钮□，设置"边切角量"为2mm，如图3-181所示。

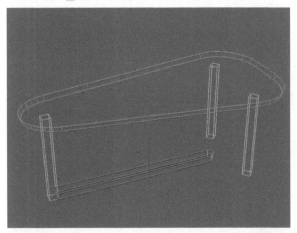

图3-180

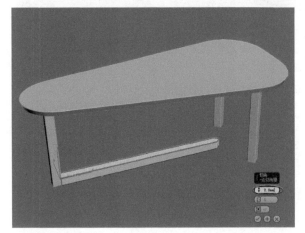

图3-181

08 将修改后的长方体复制两个到另外的两个桌腿模型内，三个
长方体拼接的效果如图3-182所示，最终效果如图3-183所示。

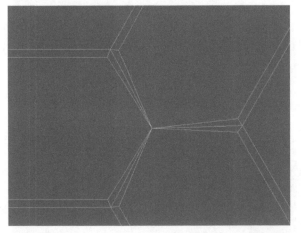

图3-182

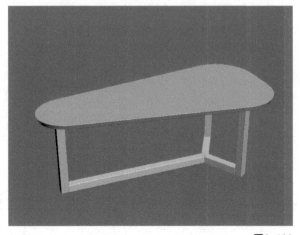

图3-183

3.3.3 沙发床

场景位置	无
实例位置	实例文件>CH03>沙发床.max
视频名称	沙发床.mp4
技术掌握	多边形建模、样条线建模

扫码看视频

建模思路

沙发床是由床架、隔板和床垫3部分组成的。床
架上的造型是由样条线建模而成，抽屉则是在原有的
基础上进行多边形建模修改而来。

1.制作床架

01 使用"长方体"工具 长方体 在场景中创建一个长方
体，然后在"参数"卷展栏修改参数，如图3-184所示，模型
效果如图3-185所示。

图3-184

图3-185

02 在前视图中使用"矩形"工具 矩形 创建一个矩形，参数如图3-186所示，效果如图3-187所示。

图3-186   图3-187

03 将上一步创建的矩形转换为"可编辑样条线"，然后修改顶点的造型，如图3-188所示。

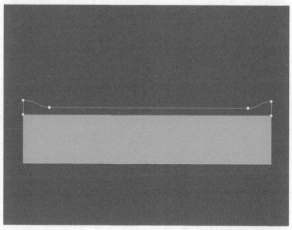

图3-188

04 为修改后的样条线加载一个"挤出"修改器，然后设置"数量"为20mm，如图3-189所示，效果如图3-190所示。

图3-189

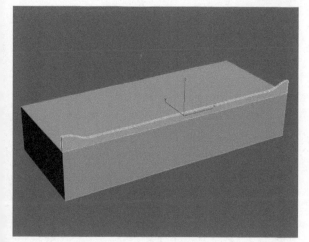

图3-190

05 选中步骤01中创建的长方体，然后转换为"可编辑多边形"，接着选中图3-191所示的多边形。

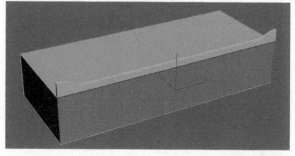

图3-191

06 保持选中的多边形不变，单击"插入"按钮 插入 后的"设置"按钮，然后在弹出的对话框中设置"数量"为40mm，如图3-192所示。

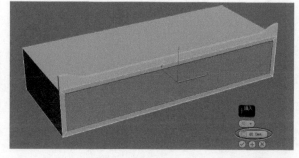

图3-192

07 进入"边" 层级，然后单击"连接"按钮 连接 后的"设置"按钮，设置"连接数"为4，并调整造型，如图3-193所示。

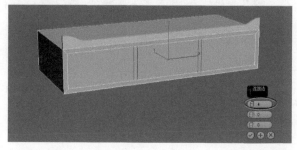

图3-193

08 进入"多边形" 层级，然后选中图3-194所示的多边形，接着单击"挤出"按钮 挤出 后的"设置"按钮，设置"数量"为25mm，如图3-195所示。

图3-194

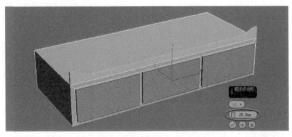

图3-195

09 进入"边"☑层级，然后选中挤出长方体的边，接着使用"切角"工具 切角 设置"边切角量"为6mm、"连接分段"为3，如图3-196所示。

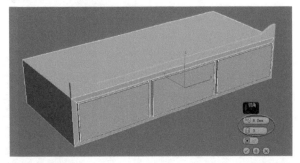

图3-196

2.制作隔板和床垫

01 使用"长方体"工具 长方体 在场景中创建一个长方体，然后设置参数，如图3-197所示，其位置如图3-198所示。

图3-197

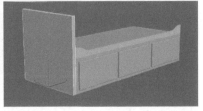

图3-198

02 将上一步创建的长方体转换为"可编辑多边形"，然后进入"边"☑层级，接着使用"连接"工具 连接 为其添加一条边，如图3-199所示。

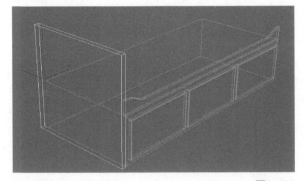

图3-199

03 选中右侧的边，然后使用"挤出"工具 挤出 挤出"数量"为2140mm的多边形，如图3-200所示。

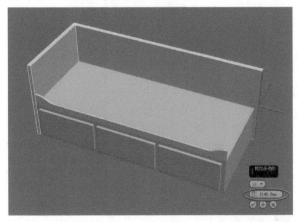

图3-200

04 进入"边"☑层级，然后使用"连接"工具 连接 为新挤出的多边形添加一圈边，如图3-201所示。

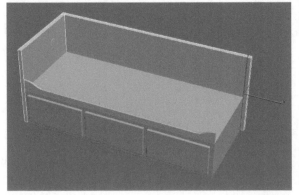

图3-201

05 选中图3-202所示的多边形，然后单击"插入"按钮 插入 后的"设置"按钮◻，并设置"类型"为"按多边形"、"数量"为40mm，如图3-203所示。

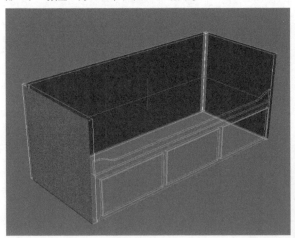

图3-202

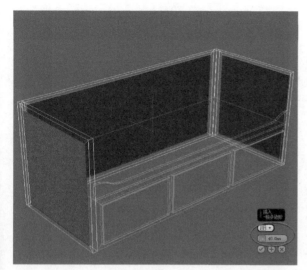

图3-203

 提示

"按多边形"类型会按照每一个多边形的方向进行插入。默认的"组"类型会将选中的多边形视为一个整体进行插入。

06 保持选中的多边形不变,然后单击"挤出"按钮 挤出 后的"设置"按钮□,接着在弹出的对话框中设置"类型"为"按多边形"、"高度"为-15mm,如图3-204所示。

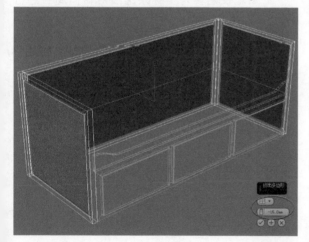

图3-204

07 保持选中的多边形不变,然后单击"轮廓"按钮 轮廓 后的"设置"按钮□,接着设置"数量"为-20mm,如图3-205所示。

08 进入"边" 层级,然后选中图3-206所示的边,接着单击"切角"按钮 切角 后的"设置"按钮□,并设置"边切角量"为2mm,如图3-207所示。

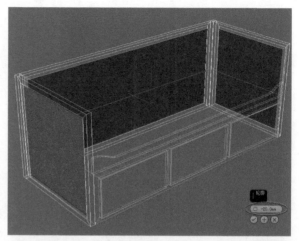

图3-205

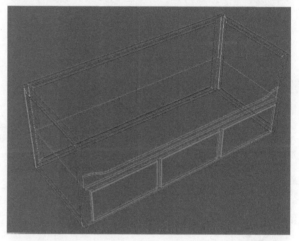

图3-206

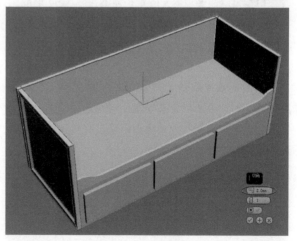

图3-207

09 使用"切角长方体"工具 切角长方体 在场景中创建一个切角长方体,然后设置参数,如图3-208所示,接着将修改好的切角长方体放置于床架内,效果如图3-209所示。

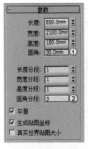

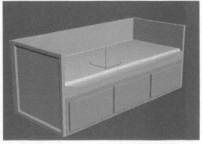

图3-208　　　　　　　　　　　　　图3-209

两条线间距较小

？ 建模疑难问答

在建模的过程中，或多或少会遇到一些意外情况，初学者不知如何解决。下面为大家介绍几种摄影机创建时的常见问题。

单击循环按钮无法选取一圈

循环按钮只能选取四边形关系延续的线段，当几何体出现三角面时，线段的选取会在此处截止。

建模时为什么要对模型切角？

切角后的模型在棱角边缘会有圆滑的过渡，在渲染时才会产生棱角处的反光效果。

使用缩放工具和FFD修改器缩放有何不同？

FFD修改器缩放改变的是物体的实际尺寸；缩放工具是改变模型在视觉上的大小，但会导致贴图的拉伸。

使用平滑类修改器不能达到理想效果

平滑的效果取决于两条线之间的距离。当两条线距离小时，平滑后会有棱角；当两条线间距大时，平滑后会更加圆润。如果平滑后模型在转角处过于圆润，就需要在转角处添加线。

两条线间距较大

建筑类建模需要注意的事项

建筑建模时需要注意场景单位是mm。

在没有明确的CAD提供尺寸的情况下，室内空间的高度为2800mm~3000mm；普通窗台的高度为800mm；飘窗台的高度为400mm~450mm。

家具类建模需要注意的事项

符合现实家具的尺寸，绝大多数的家具类型都有国家标准，可以去网络上查找相关参数。

缩放模型最好使用FFD修改器，不要使用缩放工具。

模型的面数必须控制在合理的范围内。远离摄影机的模型制作简单，不需要过多细节。

灵活地使用参考坐标系选项对物体局部进行编辑。

第2篇
效果图的构图

篇前语

构图是指在二维平面中用三维的透视关系进行表现。构图需要控制画面中各个元素之间所占比例大小、前后位置等关系。有构图的画面区别于人眼视角，前者是有意识地去表现和赋予画面的视觉美感。构图的画面具体表现在点线面的构成、形态的固定、光影明暗以及色彩冷暖对比。无论是摄影、绘画，还是计算机图像，都需要构图来增加画面的美感。

构图可以分为一点透视、两点透视和三点透视，如下图所示。

工装效果图由于场景空间较大，首先要表现场景的空间关系，在平面上基本使用强透视的广角镜头；对于局部特写，则需要使用弱透视的长焦镜头，并穿插虚实变化，用来表现场景前后关系突出空间感，如下图所示。

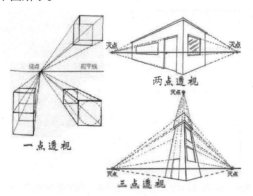

在构图前需要先明确画面要表达的主题。例如，建筑效果图以表现建筑为主体，室内效果图以表现室内装潢为主体，如下图所示。

第 4 章·效果图的构图常识

○ 构图比例 ○ 近焦与远焦 ○ 长焦与短焦 ○ 全景构图

4.1 构图比例

构图比例是指以成图的长与宽的尺寸定义的画面构图关系。构图分为两种，一种是横向构图，另一种是纵向构图。

4.1.1 横向构图

横向构图是效果图中最常用的构图。横向构图有常用的3种画面比例，分别是4∶3、16∶9和16∶10，其中4∶3是3ds Max默认的画面比例，而另外两种则是全屏展示图片的比例，如图4-1~图4-3所示。若没有固定的输出要求，画面比例可按照场景表现的重点来设定任意尺寸。

图4-1

图4-2

图4-3

4∶3的画面比例常用的输出尺寸有640×480、1024×768和1280×960；16∶9的画面比例常用的输出尺寸有720×405、1280×720和1920×1080；16∶10的画面比例相对于前两种用得较少，常用的输出比例为1920×1200。

4.1.2 纵向构图

纵向构图适用于表现高度较高或纵深较大的空间。纵向构图不同于横向构图，没有固定的输出比例，只是根据画面表现的重点自由设定输出比例，如图4-4~图4-6所示。

图4-4

图4-5

图4-6

4.2 近焦与远焦

近焦和远焦是利用景深效果突出效果图表达的主体，降低次要陪衬部分。

4.2.1 近焦构图

近焦构图是指画面的焦点在近处的主体对象上,超出目标前后的一定范围的对象都会被虚化,如图4-7所示。

图4-7

4.2.2 远焦构图

远焦构图与近焦构图相反,是指画面的焦点在远处的主体对象上,近处的对象会被虚化,如图4-8所示。

图4-8

4.3 长焦与短焦

长焦与短焦决定了效果图透视的强弱。透视强时,能展现更多的画面内容;透视弱时,画面展现的内容减少,但主体更明确。

4.3.1 长焦构图

长焦构图用于展示场景的主体对象,透视较弱且画面有构成感,如图4-9所示。

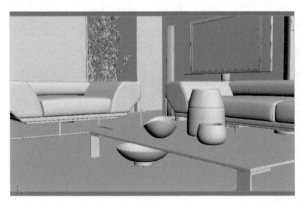

图4-9

4.3.2 短焦构图

短焦构图用于展示大空间场景。短焦也就是广角,可以在画面中尽量展示更多的内容,但广角不宜过度,否则会在画面四周产生畸形形变,如图4-10所示。

图4-10

4.4 全景构图

全景构图是将场景的360°内容完全展示在画面中。全景构图可以方便后期制作三维的VR视觉世界,如图4-11所示。

图4-11

第5章 效果图的构图工具

○ 目标摄影机 ○ VRay物理摄影机 ○ 安全框 ○ 图像纵横比

5.1 摄影机工具

在效果图制作中，经常使用3ds Max自带的"目标摄影机"和VRay渲染器自带的"VRay物理摄影机"作为摄影机工具。

"目标摄影机"操作简单易懂，且渲染速度较快，但渲染效果不如"VRay物理摄影机"，适合新手学习。"VRay物理摄影机"的操作参数较多，原理更接近于真实的照相机，渲染的效果也最真实，适合入门后的进阶提高。

5.1.1 目标摄影机

在"创建"面板中单击"摄影机"按钮，然后在"标准"选项下单击"目标"按钮 **目标** ，接着在场景中拖曳鼠标左键即可创建一台"目标摄影机"，如图5-1所示。

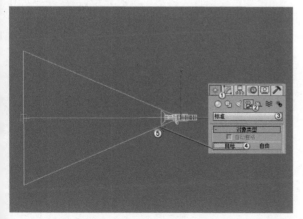

图5-1

> 提示
>
> 除了在"创建"面板中创建摄影机外，还可以在菜单栏中执行"创建>摄影机>目标摄影机"命令，然后在视图中拖曳鼠标创建；按快捷键Ctrl+C也可以直接创建。

选中摄影机，然后切换到"修改"面板，显示"标准"摄影机的参数面板如图5-2所示。

重要参数解析

镜头：真实摄影机的焦距。人眼的视野是在35mm~45mm，模拟人眼视觉，就要将摄影机焦距设置在35mm~45mm。

视野：入视的角度。

备用镜头：系统预置的摄影机焦距镜头。

图5-2

类型：切换摄影机的类型，包含"目标摄影机"和"自由摄影机"两种。

显示圆锥体：显示摄影机视野定义的锥形光线（实际上是一个四棱锥）。锥形光线出现在其他视口，但是显示在摄影机视口中。

显示地平线：在摄影机视图中的地平线上显示一条深灰色的线条。

手动剪切：启用该选项可定义剪切的平面。

近距/远距剪切：设置近距和远距平面。对于摄影机，比"近距剪切"平面近或比"远距剪切"平面远的对象是不可见的。

目标距离：当使用"目标摄影机"时，该选项用来设置摄影机与其目标之间的距离。

5.1.2 VRay物理摄影机

在"创建"面板中单击"摄影机"按钮，然后在VRay选项下单击"VRay物理摄影机"按钮 VR·物理摄影机，接着在场景中拖曳鼠标左键即可创建一台"VRay物理摄影机"，如图5-3所示。

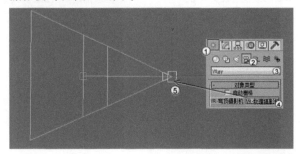

图5-3

选中摄影机，然后切换到"修改"面板，显示"VRay物理摄影机"的参数面板如图5-4所示。

重要参数解析

目标：勾选该选项后，摄影机会出现目标点。

胶片规格（mm）：控制摄影机所看到的景象范围。值越大，看到的景象就越多。

图5-4

焦距（mm）：控制视野范围。数值越大，视野越小，透视越弱，如图5-5和图5-6所示。

焦距45

图5-5

焦距60

图5-6

缩放因子：控制摄影机视图的缩放。值越大，摄影机视图拉得越近。

光圈数：设置摄影机的光圈大小，主要用来控制渲染图像的最终亮度。值越小，图像越亮；值越大，图像越暗，图5-7~图5-9所示分别是"光圈数"值为6、8和10的对比渲染效果。注意，光圈和景深也有关系，大光圈的景深小，小光圈的景深大。

光圈数6

图5-7

光圈数8

图5-8

光圈数10

图5-9

目标距离：摄影机到目标点的距离，默认情况下是关闭的。当关闭摄影机的"目标"选项时，就可以用"目标距离"来控制摄影机的目标点的距离。

水平/垂直移动：控制摄影机在水平/垂直方向上的变形，主要用于纠正三点透视到两点透视。

猜测垂直倾向/猜测水平倾向：用于校正垂直/水平方向上的透视关系。

曝光：当勾选这个选项后，VRay物理摄影机中的"光圈数""快门速度（s^-1）"和"胶片速度（ISO）"设置才会起作用。

光晕：模拟真实摄影机里的光晕效果，图5-10和图5-11所示分别是勾选"光晕"和关闭"光晕"选项时的渲染效果。

勾选光晕

图5-10

取消勾选光晕

图5-11

白平衡：和真实摄影机的功能一样，用来控制图像的色偏。

快门角度（度）：当摄影机选择"摄影机（电影）"类型的时候，该选项才被激活，其作用和上面的"快门速度（s˘-1）"的作用一样，主要用来控制图像的明暗。

胶片速度（ISO）：控制图像的亮暗，值越大，表示ISO的感光系数越强，图像也越亮。一般白天效果比较适合用较小的ISO，而晚上效果比较适合用较大的ISO，图5-12~图5-14所示分别是"胶片速度（ISO）"值为200、300和400时的渲染效果。

ISO=200
图5-12

ISO=300
图5-13

ISO=400
图5-14

散景特效：也叫"甜甜圈"效果，在摄影中常见，主要用于制作景深效果，使光源产生光斑。

采样：包含"景深"和"运动模糊"两个选项，需要在"渲染设置"面板的"摄影机"卷展栏中勾选相对应的"启用"选项，才能产生的效果。

5.2 其他辅助工具

效果图的构图除了摄影机，还需要一些辅助工具，本节将讲解"渲染安全框"和"图像纵横比"这两个辅助工具。

5.2.1 渲染安全框

"渲染安全框"可以通俗地理解为相框，只要在

框内显示的对象都可以被渲染出来。渲染安全框可以直观地体现渲染输出的尺寸比例。

设置渲染的输出比例时，按快捷键F10打开渲染面板，然后在"公用"选项卡中可以设置图像的"宽度"和"高度"，如图5-15所示。

图5-15

当场景中创建了摄像机之后，在摄像机视图中按快捷键Shift+F就可以显示渲染安全框，此时安全框内的对象即为渲染所看到的对象，这样便能直观地对场景摄像机进行调整。

安全框的打开方法有以下两种。

第1种，用鼠标右键单击视图左上角的名称，弹出快捷菜单，选择"显示安全框"选项，如图5-16所示。

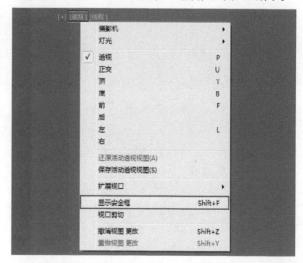
图5-16

第2种，按快捷键Shift+F可以直接打开。

设置渲染安全框的属性时，用鼠标右键单击视图左上角视口类型的名称，然后在弹出的快捷菜单里选择"配置"选项，接着在弹出的对话框中选择"安全框"选项卡，就可以对安全框进行设置，如图5-17和图5-18所示。

图5-17

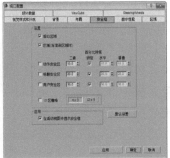

图5-18

勾选"动作安全区""标题安全区"和"用户安全区"3个选项后，单击"确定"按钮，会观察到视口中的安全框变成了4条线，如图5-19和图5-20所示。通常在制作效果图时会打开"动作安全区"和"标题安全区"这两个选项，用户可根据实际情况与自身习惯选择需要打开的选项。

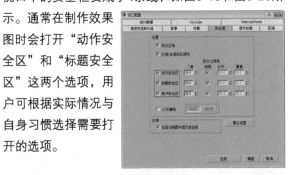

图5-19

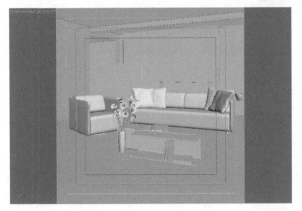

图5-20

5.2.2 图像纵横比

"图像纵横比"是控制图像输出的长宽比例。当设置完图片输出大小的"宽度"和"高度"之后，单击下方的"图像纵横比"后的按钮，可以锁定"宽度"与"高度"的比例，如图5-21所示。

图5-21

无论怎样修改图片的尺寸大小，"宽度"与"高度"的比例都不会变，如果修改其中一个参数，另一个参数就会随之改变，对于渲染十分方便。

4：3图像的纵横比是1.3333；16：9图像的纵横比是1.7778；16：10图像的纵横比是1.6。

实例

用目标摄影机拍摄室内空间

场景位置	场景文件>CH05>01.max
实例位置	实例文件>CH05>实例：用目标摄影机拍摄室内空间.max
视频名称	实例：用目标摄影机拍摄室内空间.mp4
技术掌握	目标摄影机的使用方法

扫码看视频

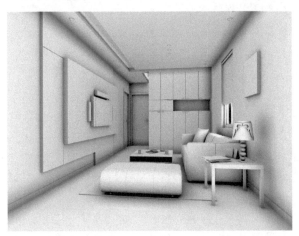

01 打开本书学习资源中的"场景文件>CH05>01.max"文件，如图5-22所示。

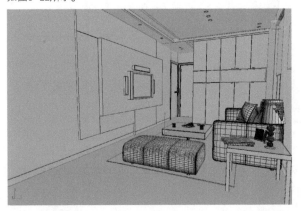

图5-22

02 进入顶视图，然后使用"目标摄影机"工具在场景中创建一台摄影机，如图5-23所示。

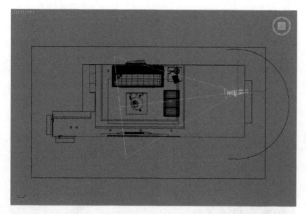

图5-23

03 进入前视图，移动摄影机的高度如图5-24所示。

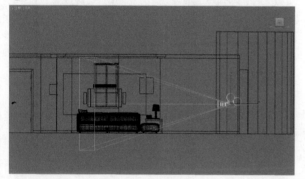

图5-24

⏱ 疑难问答

摄影机的高度设定多少合适？

室内摄影机的高度以人的视觉高度为准，即设定1.6m到1.7m为宜。

04 按C键进入摄影机视图，如图5-25所示，观察发现摄影机距离家具较近，且画面看到的物体较少。切换到"修改"面板，然后设置"镜头"为24mm，摄影机视图如图5-26所示。

图5-25

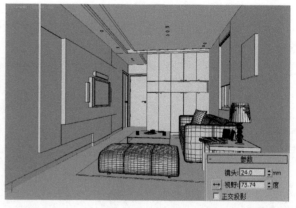

图5-26

05 按F10键打开"渲染设置"面板，然后设置"宽度"为1500、"高度"为1125，如图5-27所示。

图5-27

06 在摄影机视图中，按快捷键Shift＋F打开渲染安全框，场景最终效果如图5-28所示。

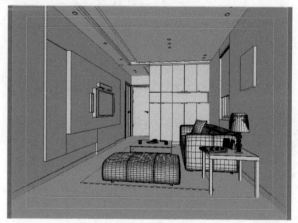

图5-28

实例
用VRay物理摄影机拍摄室外建筑

场景位置	场景文件>CH05>02.max
实例位置	实例文件>CH05>实例：用VRay物理摄影机拍摄室外建筑.max
视频名称	实例：用VRay物理摄影机拍摄室外建筑
技术掌握	VRay物理摄影机的使用方法

扫码看视频

01 打开本书学习资源中的"场景文件>CH05>02.max"文件，如图5-29所示。

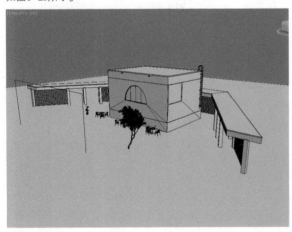

图5-29

02 进入顶视图，然后使用"VRay物理摄影机"在场景中创建一台摄影机，如图5-30所示。

03 进入前视图，然后移动摄影机的高度形成一个仰视效果，如图5-31所示。

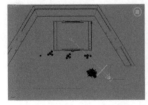

图5-30

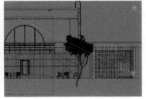

图5-31

⛵ 提示

　　室外建筑在人视高度下，基本使用仰视的角度进行拍摄，这样会使建筑物看起来更高大。

04 按C键进入摄影机视图，切换到"修改"面板，然后设置"焦距"为27.6mm，摄影机视图如图5-32所示。

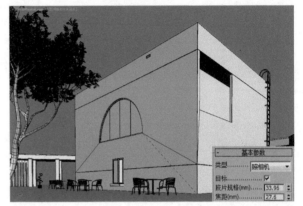

图5-32

05 按F10键打开"渲染设置"面板，然后设置"宽度"为1200、"高度"为900，如图5-33所示。

图5-33

06 在摄影机视图中，按快捷键Shift＋F打开渲染安全框，场景最终效果如图5-34所示。

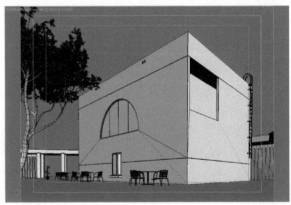

图5-34

第 6 章 · 效果图构图与景深实训

○ 效果图构图　○ 景深的制作

6.1 典型效果图的构图

横向构图和竖向构图是效果图常用的构图方式，尤其是横向构图尤为常见；除此以外，产品概念图的构图多数采用1:1的比例构图；鸟瞰构图根据场景灵活地设定构图类型。本节将以实例的形式为大家演示这4种构图的应用方法。

6.1.1 客厅横向构图

场景位置	场景文件>CH06>01.max
实例位置	实例文件>CH06>客厅横向构图.max
视频名称	客厅横向构图.mp4
技术掌握	横向构图、标准摄影机的用法

扫码看视频

场景分析

打开学习资源中的"场景文件>CH06>01.max"文件，切换到顶视图，如图6-1所示。在客厅场景中，主要表现沙发和茶几，餐桌及其他对象为陪衬，所以摄影机的目标一定是沙发一侧。创建摄影机的方向如图6-2所示。

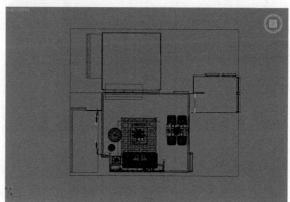

图6-1

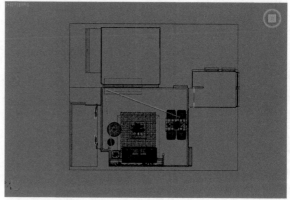

图6-2

1.创建摄影机

① 用"目标摄影机"工具在顶视图中创建一台摄影机,如图6-3所示。

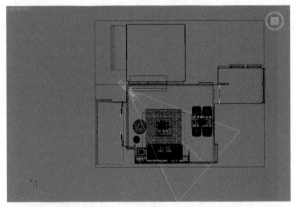

图6-3

② 切换到前视图,然后调整摄影机的高度,如图6-4所示。

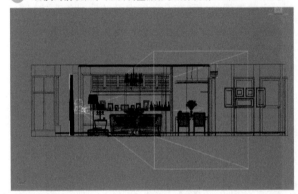

图6-4

2.调整摄影机

① 按C键进入摄影机视图,效果如图6-5所示。可以观察到画面过于饱满,客厅许多对象都看不见,所以需要增大视野,让更多的对象进入画面中。

图6-5

② 按F10键打开"渲染设置"面板,设置图像的"宽度"为1400、"高度"为1140,如图6-6所示。

③ 按快捷键Shift+F打开渲染安全框,然后选中摄影机,切换到"修改"面板,接着设置"镜头"为24mm,如图6-7所示,摄影机视图如图6-8所示。

图6-6   图6-7

图6-8

⚓ 提示

摄影机的镜头最好不要设置小于20mm,否则会在画面四周产生严重变形。

④ 按F9键渲染当前场景,效果如图6-9所示。

图6-9

6.1.2　会议室竖向构图

场景位置	场景文件>CH06>02.max
实例位置	实例文件>CH06>会议室竖向构图.max
视频名称	会议室竖向构图.mp4
技术掌握	竖向构图、标准摄影机的用法

扫码看视频

场景分析

打开学习资源中的"**场景文件>CH06>02.max**"文件，切换到顶视图，如图6-10所示。在会议室场景中，主要表现会议桌椅、吊顶和地面。因为从桌椅两侧创建摄影机都不能看到整体空间，所以只能从画面左侧创建摄影机才能看到整体空间。创建摄影机的方向如图6-11所示。

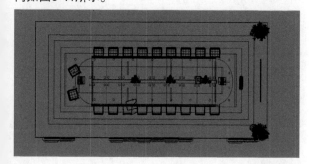

图6-10

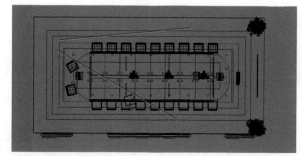

图6-11

1.创建摄影机

① 使用"目标摄影机"工具在顶视图中创建一台摄影机，如图6-12所示。

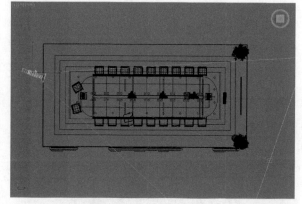

图6-12

② 切换到前视图，然后调整摄影机的高度，如图6-13所示。

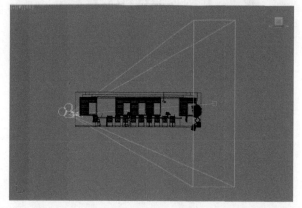

图6-13

2.调整摄影机

① 按C键进入摄影机视图，效果如图6-14所示。可以观察到画面过于饱满，会议室许多对象都看不见，所以需要增大视野，调整画面为竖向构图，让更多的对象进入画面中。

图6-14

02 按F10键打开"渲染设置"面板,设置图像的"宽度"为800、"高度"为1000,如图6-15所示。

03 按快捷键Shift+F打开渲染安全框,然后选中摄影机,切换到"修改"面板,接着设置"镜头"为30mm,如图6-16所示,摄影机视图如图6-17所示。

图6-15   图6-16

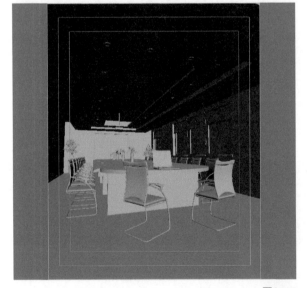

图6-17

04 观察画面可以发现,竖向的墙面有透视畸变,需要对摄影机进行校正。选中摄影机,然后单击鼠标右键,在弹出的菜单中选择"应用摄影机校正修改器"选项,如图6-18所示,系统会自动设置校正参数,如图6-19所示,摄影机视图如图6-20所示。

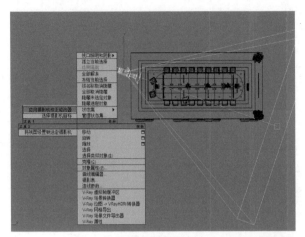

图6-18

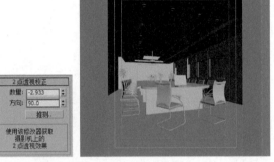

图6-19   图6-20

05 按F9键渲染当前场景,最终效果如图6-21所示。

图6-21

技术专题：剪切平面工具的运用

在创建摄影机时，如果遇到摄影机位置已经合适不能再移动，但摄影机前方有物体遮挡的情况，就需要使用"剪切平面"工具剪出前方遮挡的物体。

在"目标摄影机"的"参数"卷展栏中，勾选"手动剪切"选项，就可激活该功能，如图6-22所示。

激活该功能后，会出现"近距剪切"和"远距剪切"两个选项。这两个选项可以设定渲染范围，并且在视图中会出现两条红线，即这两个数值包含的范围，如图6-23所示。

只有包含在这两条红线范围内的对象才能被渲染，红线以外的对象都不能被渲染。

在"VRay物理摄影机"的"其他"卷展栏中，勾选"剪切"选项，就可激活该功能，如图6-24所示。

图6-22   图6-23   图6-24

"近端裁剪平面"和"远端裁剪平面"的用法与"目标摄影机"中的"近距剪切"和"远距剪切"相同。

6.1.3 产品概念图构图

场景位置	场景文件>CH06>03.max
实例位置	实例文件>CH06>产品概念图构图.max
视频名称	产品概念图构图.mp4
技术掌握	产品构图、VRay物理摄影机的用法

扫码看视频

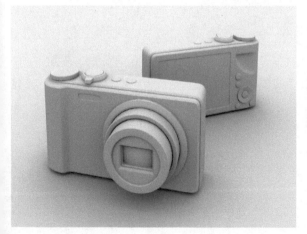

场景分析

打开学习资源中的"场景文件>CH06>03.max"文件，如图6-25所示，场景中是一台数码照相机模型。产品概念图的构图要充分展示产品的各个角度，因此需要将模型复制一个并旋转到背面，如图6-26所示。

图6-25

图6-26

切换到顶视图，摄影机创建的方向如图6-27所示。这样可以最大限度地展示出模型的各个部分。

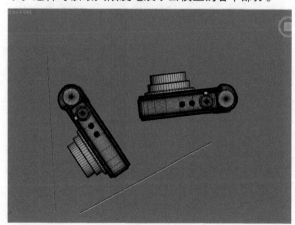

图6-27

1.创建摄影机

01 使用"VRay物理摄影机"工具在顶视图中创建一台摄影机,如图6-28所示。

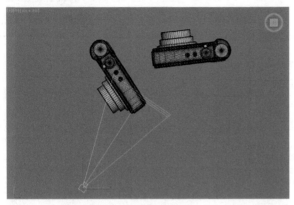

图6-28

02 切换到前视图,然后调整摄影机的高度,如图6-29所示。

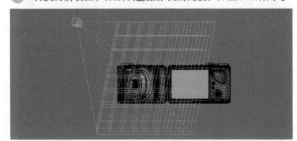

图6-29

⚓ 提示

产品概念图的摄影机大多数使用俯视视角,这样能展示产品的更多细节。

2.调整摄影机

01 按C键进入摄影机视图,效果如图6-30所示。可以观察到画面过于饱满,需要将摄影机向后移动,并使模型居于画面正中,效果如图6-31所示。

图6-30

图6-31

02 按F10键打开"渲染设置"面板,设置图像的"宽度"为1000、"高度"为1000,如图6-32所示。

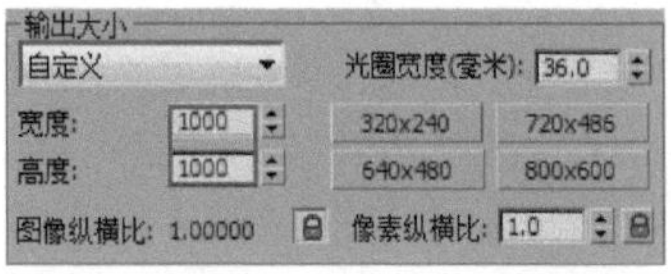

图6-32

03 按快捷键Shift+F打开渲染安全框,摄影机视图如图6-33所示。

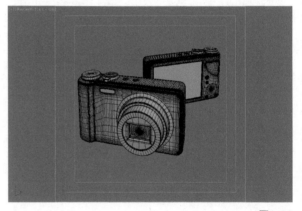

图6-33

04 按F9键渲染当前场景,最终效果如图6-34所示。

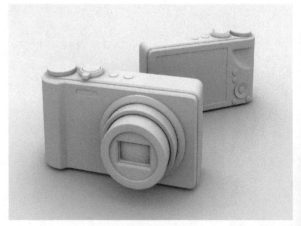

图6-34

6.1.4 大厦鸟瞰构图

场景位置　场景文件>CH06>04.max
实例位置　实例文件>CH06>大厦鸟瞰构图.max
视频名称　大厦鸟瞰构图.mp4
技术掌握　鸟瞰构图、VRay物理摄影机的用法

扫码看视频

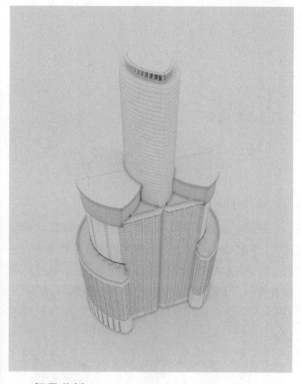

场景分析

打开学习资源中的"场景文件>CH06>04.max"文件，如图6-35所示，这是一个大厦模型。在构图中，大厦模型要在画面的中心。鸟瞰镜头必须让摄影机建立的高度远高于建筑物，且呈俯视。

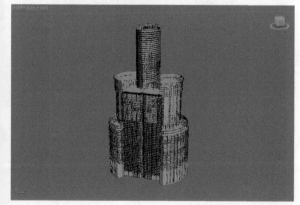
图6-35

1.创建摄影机

01　使用"VRay物理摄影机"工具在顶视图中创建一台摄影机，如图6-36所示。

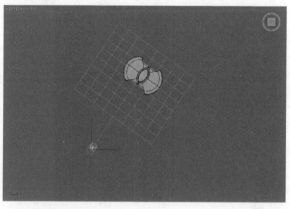
图6-36

02　切换到前视图，然后移动摄影机的高度，如图6-37所示。

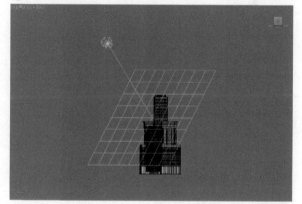
图6-37

2.调整摄影机

01　按C键进入摄影机视图，效果如图6-38所示。可以观察到画面过于饱满，需要将摄影机向后移动，并使大厦模型居于画面正中，效果如图6-39所示。

图6-38

127

图6-39

⚠ 提示

线框模式显示模型会占用更少的内存，使场景操作更加流畅。

02 按F10键打开"渲染设置"面板，设置图像的"宽度"为800、"高度"为1000，如图6-40所示。

图6-40

03 按快捷键Shift+F打开渲染安全框，继续调整摄影机的位置，如图6-41所示。

04 按F9键渲染当前场景，最终效果如图6-42所示。

 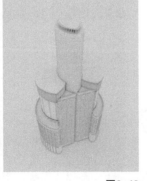

图6-41   图6-42

6.2 景深的制作

在效果图中增加景深效果，可以体现空间的距离和层次感，也可以体现画面的表现重点。无论是"目标摄影机"还是"VRay物理摄影机"，都可以制作景深。下面将通过两个实例分别介绍这两种景深的制作方法。

6.2.1 目标摄影机的景深制作

场景位置	场景文件>CH06>05.max
实例位置	实例文件>CH06>目标摄影机的景深制作.max
视频名称	目标摄影机的景深制作.mp4
技术掌握	目标摄影机的景深制作的方法

扫码看视频

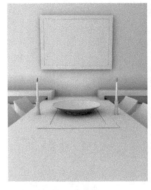 

场景分析

打开学习资源中的"场景文件>CH06>05.max"文件，如图6-43所示。场景重点表现餐桌和墙上的挂画，将摄影机的目标点放在餐桌的盘子上，远处的挂画会模糊。场景中摄影机创建的方向如图6-44所示。

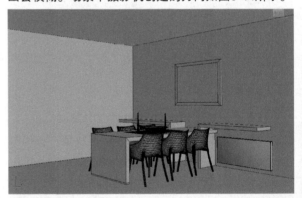

图6-43

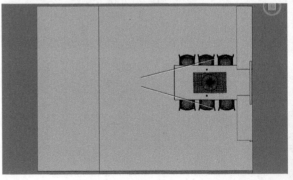

图6-44

1.创建摄影机

01 使用"目标摄影机"工具在顶视图中创建一台摄影机，并将目标点放置于餐桌的盘子上，如图6-45所示。

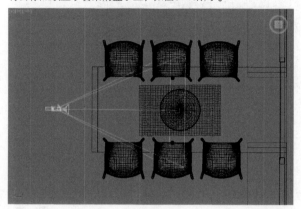

图6-45

02 切换到前视图，移动摄影机的高度，使其稍稍呈俯视的状态，如图6-46所示。

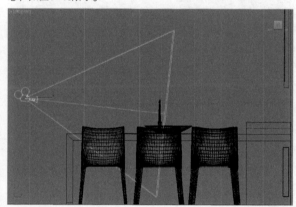

图6-46

2.调整摄影机

01 按F10键打开"渲染设置"面板，设置图像的"宽度"为960、"高度"为1200，如图6-47所示。

02 按快捷键Shift+F打开渲染安全框，继续调整摄影机的位置，如图6-48所示。

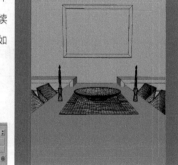

图6-47 **图6-48**

03 按F9键渲染当前场景，此时画面没有添加景深，如图6-49所示。

图6-49

3.添加景深

01 按F10键打开"渲染设置"面板，然后切换到VRay选项卡，接着展开"摄影机"卷展栏，如图6-50所示。

02 在"摄影机"卷展栏中勾选"景深"选项，然后勾选"从摄影机获得焦点距离"选项，接着设置"光圈"为5cm，如图6-51所示。

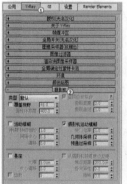

提示

"光圈"数值的大小可以控制景深模糊的程度，数值越大，景深模糊程度越大。

图6-50 **图6-51**

03 按F9键渲染当前场景，效果如图6-52所示。观察渲染后的效果，画面添加了景深效果后，图片的距离感增强，图片看起来更有意境了。

129

图6-52

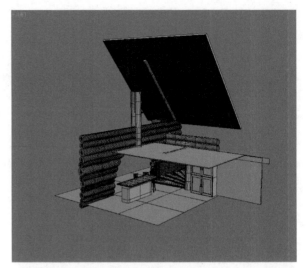

图6-53

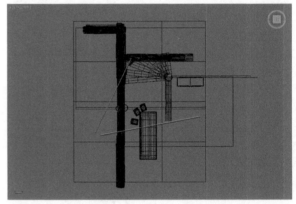

图6-54

6.2.2 VRay物理摄影机的景深制作

场景位置	场景文件>CH06>06.max
实例位置	实例文件>CH06> VRay物理摄影机的景深制作.max
视频名称	VRay物理摄影机的景深制作.mp4
技术掌握	VRay物理摄影机的景深制作的方法

扫码看视频

1.创建摄影机

01 使用 "VRay物理摄影机" 工具在顶视图中创建一台摄影机，并将目标点放置于吧台的椅子上，如图6-55所示。

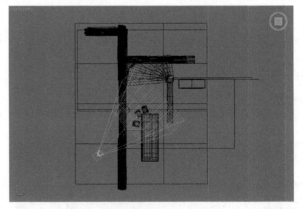

图6-55

场景分析

打开学习资源中的 "场景文件>CH06>06.max" 文件，如图6-53所示。通过模型的精细程度可以发现，原木隔断、吧台、楼梯和柜子的模型是精模，其余物体较为简单，因此可以确定场景中摄影机创建的方向如图6-54所示。

02 切换到左视图，移动摄影机的高度，使其稍稍呈俯视的状态，如图6-56所示。

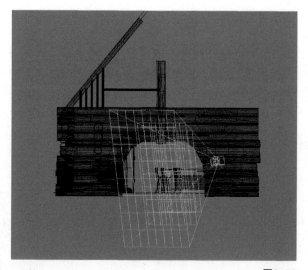

图6-56

2.调整摄影机

01 按F10打开"渲染设置"面板，设置图像的"宽度"为800、"高度"为1200，如图6-57所示。

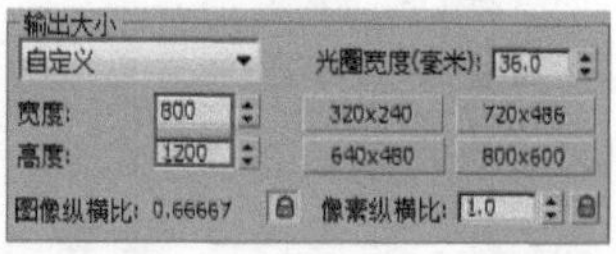

图6-59

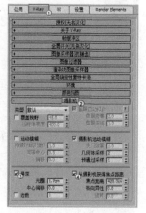

图6-57

02 按快捷键Shift+F打开渲染安全框，继续调整摄影机的位置，如图6-58所示。

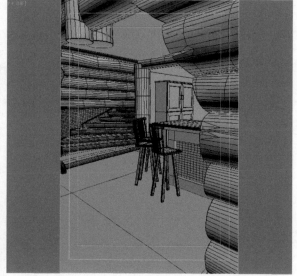

图6-58

03 选中摄影机，然后切换到"修改"面板，接着设置参数，如图6-59所示。

04 按F9键渲染当前场景，此时画面没有添加景深，如图6-60所示。

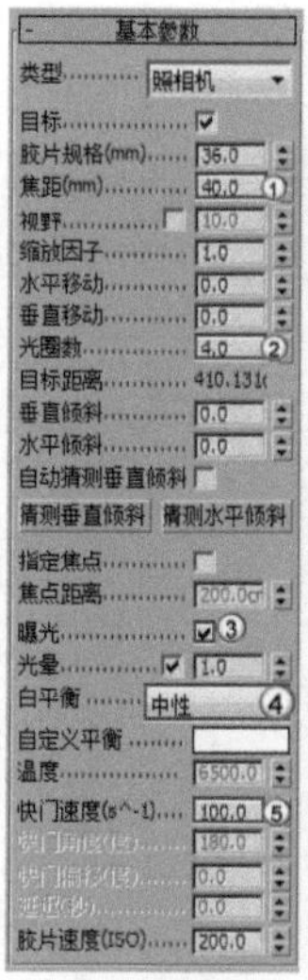

图6-60

3.添加景深

01 按F10键打开"渲染设置"面板，然后切换到VRay选项卡，接着在"摄影机"卷展栏中勾选"景深"和"从摄影机获得焦点距离"选项，如图6-61所示。

02 选中摄影机，然后切换到"修改"面板，在"采样"卷展栏中勾选"景深"选项，如图6-62所示。

图6-61

03 切换到顶视图，可以观察到摄影机的焦点附近有两个网格平面，如图6-63所示的红线区域。红线区域内的对象成像清晰，远离这个区域的对象成像模糊。

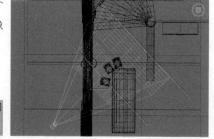

图6-62   图6-63

⚓ 提示

摄影机"参数"卷展栏中的"光圈"数值可以控制该区域的大小，且"光圈"数值越小，景深模糊程度越大，相应渲染的图像也越明亮。

04 选中摄影机，然后切换到"修改"面板，设置"光圈数"为1，其余参数不变，如图6-64所示。

05 按F9键渲染当前场景，最终效果如图6-65所示。

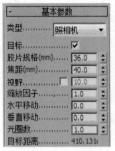

图6-64   图6-65

构图疑难问答

构图阶段遇到的问题大多数是摄影机创建过程中碰到的，当遇到这些问题时，初学者不知如何解决。下面为大家介绍几种摄影机创建时的常见问题。

VRay物理摄影机与目标摄影机成图颜色有差异

VRay物理摄影机默认开启D65颜色滤镜，如果不需要，需手动改成中性。

VRay物理摄影机景深效果不明显

VRay物理摄影机的景深效果只能通过"修改"面板中的"光圈"数值控制。"光圈"数值越小，景深的模糊程度越大。"光圈"数值还会影响画面的亮度，在"快门速度"和"胶片速度ISO"数值不变的情况下，"光圈"数值越小，画面越亮。

光圈=2   光圈=1

能否让物体在摄影机中不渲染

如果不希望某些物体在成图中渲染出来，可以选中该物体，然后单击鼠标右键，接着选择"对象属性"选项，最后在"常规"面板下勾选"对摄影机可见"选项。

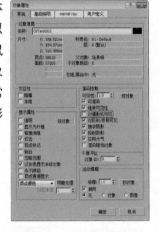

多个摄影机是否可以同时渲染

可以，使用渲染面板下的"批处理渲染"即可。

第3篇
效果图的灯光

篇前语

灯光是效果图表现的重要一环。灯光能表现效果图的细节和空间感，通过照射物体产生的高光和阴影，能更好地表现效果图的立体感。

效果图的灯光是非常灵活的。根据不同的场景、不同的需求，所使用的灯光类型和参数都是不固定的。初次学习灯光系统会觉得难以掌握，熟悉灯光的常用参数的意义就是十分重要的。除了熟悉灯光的常用参数，掌握灯光创建的规律也是重要的一步。在创建灯光时，要明确主光与辅助光，确定重点表现的对象，不能漫无目的地把场景中所有东西都照亮。

灯光也分为人造光源和自然光源。人造光源是指各种灯具的灯光，自然光源是指太阳光、天光和环境反射的光源，如下图所示。

创建场景的灯光时，首先要确定主光源是自然光源还是人造光源，然后确定光源之间的大小关系。这样不仅使光源之间主次分明有层次感，也会让光源创建过程更加有规律可循。通过观察生活中的光源可以发现，在晴天，室内光和天光都会弱于太阳光；在多云情况下，室内光和天光比例相差不大。

在场景中创建光源时，一定要考虑现实情况，采光不足就应该增加人造光源，但人造光源也是有上限的，不能一盏灯光照亮一个大空间，应根据房间里的布置情况合理增加人造光源的数量和类型。

第 7 章 · 效果图的光影常识

○ 明暗对比　○ 冷暖对比　○ 虚实对比　○ 硬柔对比

7.1 明暗对比

明暗对比是光影关系中最直观的表现，一张优秀的效果图一定有非常好的明暗对比。将彩色的效果图去色转化为黑白灰效果，最暗部分接近于纯黑色，最亮部分接近于纯白色，那么这张效果图就具有明显的明暗对比。

在设置效果图的灯光时，通过多个点光源的分布，可以让画面具有跳跃感，如图7-1所示。利用灯光与物体间的遮挡关系，让画面产生最暗和最亮的部分，从而构成画面的明暗对比，如图7-2所示。

图7-1　　　　　　　　　　图7-2

当画面出现光源本身时，光源所在的区域是画面的最亮部分，而最暗部分则是阴影部分，如图7-3所示。

图7-3

7.2 冷暖对比

在制作效果图时，画面需要有冷暖对比。冷暖对比可以通过对象的材质，也可以通过灯光来进行控制。

自然界的天光是蓝色或深蓝色的冷色光源，而人造光源大多是黄色或橙色的暖色光源，当这两类结合运用时，就可以构成画面的冷暖对比，如图7-4所示。

图7-4

画面的冷暖光源构成是存在主次关系的。当室内开窗较大时，可以让室外天光为主，室内人工光源为辅；当室内开窗较小时，可以让室内人工光源为主，室外天光为辅，如图7-5和图7-6所示。

图7-5

图7-6

7.3 虚实对比

虚实对比是指光源照射物体之后，所形成的阴影边缘的明显程度。光源本身越小，所形成的阴影边缘就越锐利；光源本身越大，所形成的阴影边缘就越模糊。

图7-7中的①所示的阴影是小光源的射灯产生的阴影，边缘清晰锐利；图中②所示的阴影是大光源的吊灯产生的阴影，边缘较模糊。

图7-7

阴影的虚实还会因为直接光与间接光照射而产生不同的效果，直接光产生的阴影会更清晰锐利。

7.4 光源的层次

光源的层次包括光源强度的层次，还包括体现空间感的层次。

图7-8所示的场景，主光源是室外的天光，照亮整个场景，因此整个场景的背光是最暗的部分；次要光源是室内的台灯，起到照亮暗部的作用。

图7-8

图7-9所示的场景，光源体现了空间的纵深关系。近处的书房和远处的客厅位置较亮，中间的走廊部分较暗，增强了纵深感；近处的书房添加了暖色光源，突出了画面主体。

图7-9

第 **8** 章 · 效果图的常用灯光

○ 3ds Max灯光　○ VRay灯光

8.1 3ds Max灯光

在效果图制作中，经常使用3ds Max灯光系统中的灯光进行现实模拟。本节将重点介绍效果图中常用的"目标灯光""目标平行光"和"目标聚光灯"，请读者务必熟练掌握这3种灯光。

8.1.1 目标灯光

"目标灯光"常用于模拟效果图中的筒灯或射灯灯光，需要搭配不同的IES光域网文件，用于实现现实中不同射灯光束散射的形状。参数面板如图8-1所示。

图8-1

重要参数解析

启用：控制是否开启灯光。

目标：启用该选项后，目标灯光才有目标点；如果禁用该选项，目标灯光没有目标点，将变成自由灯光。

阴影启用：控制是否开启阴影。

阴影类型列表：设置渲染器渲染场景时使用的阴影类型，包括"高级光线跟踪""mental ray阴影贴图""区域阴影""阴影贴图""光线跟踪阴影""VRay阴影"和"VRay阴影贴图"7种类型，如图8-2所示。

排除 排除... ：将选定的对象排除于灯光效果之外。单击该按钮可以打开"排除/包含"对话框，如图8-3所示。

图8-2 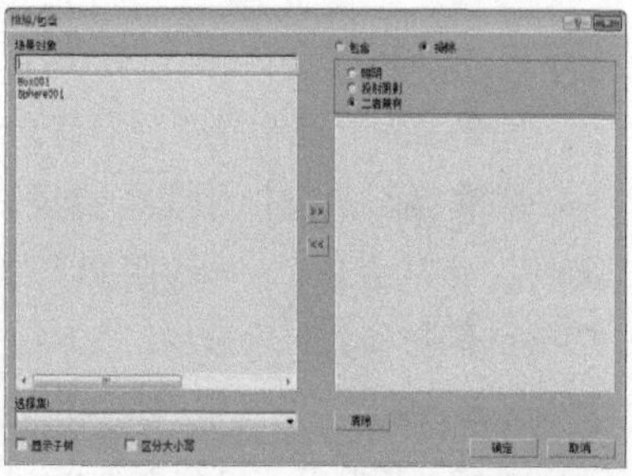　　　　　　　　　　　　　图8-3

灯光分布类型列表：设置灯光的分布类型，包括"光度学Web""聚光灯""统一漫反射"和"统一球形"4种类型。选择"光度学Web"选项会自动加载"分布（光度学Web）"卷展栏，如图8-4所示。在"选择光度学文件"选项中可加载IES文件。

图8-4

过滤颜色：使用颜色过滤器来模拟置于灯光上的过滤色效果。

lm（流明）：测量整个灯光（光通量）的输出功率。100瓦的通用灯炮约有1750 lm的光通量。

cd（坎德拉）：用于测量灯光的最大发光强度，通常沿着瞄准发射。100瓦通用灯炮的发光强度约为139 cd。

lx（lux）：测量由灯光引起的照度，该灯光以一定距离照射在曲面上，并面向灯光的方向。

8.1.2 目标平行光

"目标平行光"常用于模拟效果图中的太阳光，相比于"VRay太阳"参数更加简单直观，且易于操作，但效果会弱于"VRay太阳"。参数面板如图8-5所示。

重要参数解析

启用：控制是否开启灯光。

灯光类型列表：选择灯光的类型，包括"聚光灯""平行光"和"泛光"3种类型。

图8-5

目标：如果启用该选项后，灯光将成为目标平行光；如果关闭该选项，灯光将变成自由平行光。

阴影启用：控制是否开启灯光阴影。

阴影类型：切换阴影的类型来得到不同的阴影效果。通常选择"VRay阴影"选项，并自动加载"VRay阴影参数"卷展栏。

排除：将选定的对象排除于灯光效果之外。

倍增：控制灯光的强弱程度。

颜色：用来设置灯光的颜色。

聚光区/光束：用来调整灯光圆柱体的直径。

衰减区/区域：设置灯光衰减区的圆柱体的直径。

区域阴影：勾选后阴影边缘会产生模糊效果。

长方体：阴影以长方体的形式投射。

球体：阴影以球体的方式投射。

U/V/W大小：控制阴影边缘的模糊程度，数值越大，阴影模糊边缘越大。

细分：控制阴影模糊的细腻程度。数值越大，阴影产生的噪点越小。

漫反射：开启该选项后，灯光将影响曲面的漫反射属性。

高光反射：开启该选项后，灯光将影响曲面的高光属性。

8.1.3 目标聚光灯

"目标聚光灯"常用于模拟舞台、手电筒、吊灯等发射出的灯光。参数面板如图8-6所示。

重要参数解析

启用：控制是否开启灯光。

图8-6

灯光类型列表：选择灯光的类型，包括"聚光灯""平行光"和"泛光"3种类型，如图8-7所示。

图8-7

目标：如果启用该选项，灯光将成为目标聚光灯；如果关闭该选项，灯光将变成自由聚光灯。

启用：控制是否开启灯光阴影。

使用全局设置：如果启用该选项，该灯光投射的阴影将影响整个场景的阴影效果；如果关闭该选项，则必须选择渲染器使用哪种方式来生成特定的灯光阴影。

阴影类型：切换阴影的类型来得到不同的阴影效果。

排除：将选定的对象排除于灯光效果之外。

倍增：控制灯光的强弱程度。

颜色：用来设置灯光的颜色。

显示光锥：控制是否在视图中开启聚光灯的圆锥显示效果，如图8-8所示。

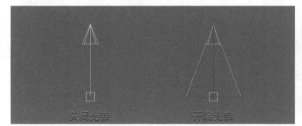

图8-8

泛光化：开启该选项时，灯光将在各个方向投射光线。

聚光区/光束：用来调整灯光圆锥体的角度。

衰减区/区域：设置灯光衰减区的角度，图8-9所示是不同"聚光区/光束"和"衰减区/区域"的光锥对比。

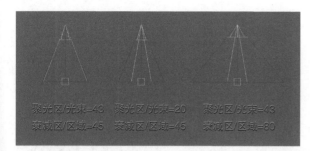

聚光区/光束=43　聚光区/光束=20　聚光区/光束=43
衰减区/区域=45　衰减区/区域=45　衰减区/区域=80

图8-9

圆/矩形：选择聚光区和衰减区的形状。

纵横比：设置矩形光束的纵横比。

位图拟合 位图拟合 ：如果灯光的投影纵横比为矩形，应设置纵横比以匹配特定的位图。

对比度：调整漫反射区域和环境光区域的对比度。

柔化漫反射边：增加该选项的数值，可以柔化曲面的漫反射区域和环境光区域的边缘。

漫反射：开启该选项后，灯光将影响曲面的漫反射属性。

高光反射：开启该选项后，灯光将影响曲面的高光属性。

仅环境光：开启该选项后，灯光仅影响照明的环境光。

实例

用目标灯光模拟射灯

场景位置	场景文件>CH08>01.max
实例位置	实例文件>CH08>实战：用目标灯光模拟射灯.max
视频名称	实例：用目标灯光模拟射灯.mp4
技术掌握	目标灯光的使用方法

扫码看视频

① 打开本书学习资源中的"场景文件>CH08>01.max"文件，场景如图8-10所示。

图8-10

② 下面创建射灯。设置灯光类型为"光度学"，然后在左视图中创建一盏目标灯光，其位置如图8-11所示。

图8-11

③ 选择上一步创建的目标灯光，然后切换到"修改"面板，具体参数设置如图8-12所示。

设置步骤

① 展开"常规参数"卷展栏，然后在"阴影"选项组下勾选"启用"选项，接着设置阴影类型为"VRay阴影"，最后在"灯光分布（类型）"选项组下设置灯光分布类型为"光度学Web"。

② 展开"分布（光度学Web）"卷展栏，然后在其通道中加载一个学习资源中的"实例文件>CH08>实战：用目标灯光模拟射灯>006.ies"光域网文件。

③ 展开"强度/颜色/衰减"卷展栏，然后设置"过滤颜色"为（红:255，绿:202，蓝:154），接着设置"强度"为30。

④ 展开"VRay阴影参数"卷展栏，然后勾选"区域阴影"选项，并选择"球体"，接着设置"U/V/W大小"都为5mm。

04 按F9键渲染当前场景，效果如图8-13所示。

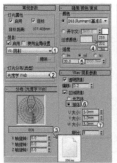 

图8-12 图8-13

实例

用目标平行光模拟阳光

场景位置	场景文件>CH08>02.max
实例位置	实例文件>CH08>实战：用目标平行光模拟阳光.max
视频名称	实例：用目标平行光模拟阳光.mp4
技术掌握	目标平行光的使用方法

扫码看视频

01 打开学习资源中的"场景文件>CH08>02.max"文件，如图8-14所示。

图8-14

02 下面创建阳光。设置灯光类型为"标准"，然后在室外创建一盏目标平行光，接着调整好目标点的位置，如图8-15所示。

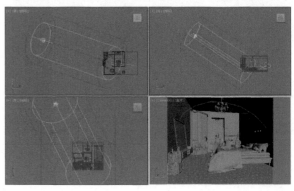

图8-15

03 选择上一步创建的目标平行光，然后进入"修改"面板，具体参数设置如图8-16所示。

设置步骤

① 展开"常规参数"卷展栏，然后在"阴影"选项组下勾选"启用"选项，接着设置阴影类型为"VRay阴影"。

② 展开"强度/颜色/衰减"卷展栏，然后设置"倍增"为1，接着设置"颜色"为(红:255，绿:212，蓝:178)。

③ 展开"平行光参数"卷展栏，然后设置"聚光区/光束"为256cm、"衰减区/区域"为389cm。

④ 展开"VRay阴影参数"卷展栏，然后勾选"区域阴影"选项，接着设置"U大小""V大小"和"W大小"都为50cm。

图8-16

⚠ 提示

"目标平行光"的"聚光区/光束"数值要设置为可以覆盖房间的大小，这样房间整体才会处于照亮状态；"衰减区/区域"的数值略大于"聚光区/光束"的数值即可。

04 按F9键渲染当前场景，效果如图8-17所示。

图8-17

提示

本例讲解"目标平行光"的使用方法，对于本场景中屋顶黑色部分应在室内创建补光的方法未作讲解。

实例

用目标聚光灯模拟吊灯

场景位置	场景文件>CH08>03.max
实例位置	实例文件>CH08>实战：用目标聚光灯模拟吊灯.max
视频名称	实例：用目标聚光灯模拟吊灯.mp4
技术掌握	目标聚光灯的使用方法

扫码看视频

① 打开本书学习资源中的"场景文件>CH08>03.max"文件，如图8-18所示。

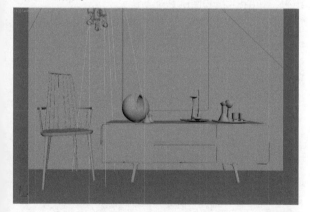

图8-18

② 下面创建吊灯。设置灯光类型为"标准"，然后在吊灯模型旁边创建一盏目标聚光灯，接着调整好目标点的位置，如图8-19所示。

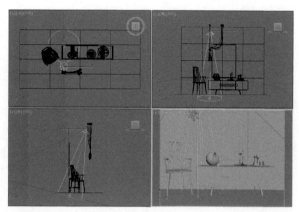

图8-19

③ 选择上一步创建的目标聚光灯，然后进入"修改"面板，具体参数设置如图8-20所示。

设置步骤

① 展开"常规参数"卷展栏，然后在"阴影"选项组下勾选"启用"选项，接着设置阴影类型为"VRay阴影"。

② 展开"强度/颜色/衰减"卷展栏，然后设置"倍增"为3，接着设置"颜色"为（红:255,绿:196,蓝:143）。

③ 展开"聚光灯参数"卷展栏，然后设置"聚光区/光束"为21.2、"衰减区/区域"为101.2。

④ 展开"VRay阴影参数"卷展栏，然后勾选"区域阴影"选项，接着设置"U大小""V大小"和"W大小"都为20mm。

图8-20

提示

"衰减区/区域"数值所控制的区域是灯光光线照射的最大范围。

④ 按F9键渲染当前场景，效果如图8-21所示。

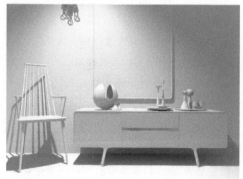

图8-21

8.2 VRay灯光

在效果图制作中，VRay灯光系统是使用最频繁的灯光系统，它可以模拟现实中绝大部分的灯光效果。本节将重点讲解VRay灯光，请读者务必熟练掌握此节内容。

8.2.1 VRay灯光

VRay灯光系统中最重要的就是VRay灯光，无论光源的大小或是形状，都可以灵活调节。常用于模拟反光板、灯泡、灯管、异形灯带等常见光源。参数面板如图8-22所示。

图8-22

重要参数解析

开：控制是否开启灯光。

类型列表：设置VRay灯光的类型，共有"平面""穹顶""球体""网格"和"圆形"5种类型，如图8-23所示。

图8-23

平面：将VRay灯光设置成平面形状。

穹顶：将VRay灯光设置成边界盒形状。

球体：将VRay灯光设置成穹顶状，类似于3ds Max的天光，光线来自于位于灯光z轴的半球体状圆顶。

网格：这种灯光是一种以网格为基础的灯光。

圆形：将VRay灯光设置成圆环形状。

目标：控制是否开启目标点。

1/2长：设置灯光的长度。

1/2宽：设置灯光的宽度。

半径：当前这个参数还没有被激活（即不能使用）。另外，"1/2长""1/2宽"和"半径"这3个参数会随着VRay灯光类型的改变而发生变化。

单位：指定VRay灯光的发光单位，共有"默认（图像）""发光率（lm）""亮度（lm/ m?/sr）""辐射率（W）"和"辐射（W/m?/sr）"5种。

默认（图像）：VRay默认的单位，依靠灯光的颜色和亮度来控制灯光的最后强弱，如果忽略曝光类型的因素，灯光色彩将是物体表面受光的最终色彩。

发光率（lm）：当选择这个单位时，灯光的亮度将和灯光的大小无关（100W的亮度大约等于1500LM）。

亮度（lm/ m? /sr）：当选择这个单位时，灯光的亮度和它的大小有关系。

辐射率（W）：当选择这个单位时，灯光的亮度和灯光的大小无关。注意，这里的瓦特和物理上的瓦特不一样，比如这里的100W大约等于物理上的2瓦特~3瓦特。

辐射量（W/m? /sr）：当选择这个单位时，灯光的亮度和它的大小有关系。

倍增：设置VRay灯光的强度。

模式：设置VRay灯光的颜色模式，共有"颜色"和"色温"两种。

颜色：指定灯光的颜色。

温度：以温度模式来设置VRay灯光的颜色。

纹理：控制是否给VRay灯光添加纹理贴图。

分辨率：控制添加贴图的分辨率大小。

定向：使用"平面"和"圆形"灯光时，控制灯光照射的方向，0为180°照射，1为光源大小的面片照射，如图8-24和图8-25所示。

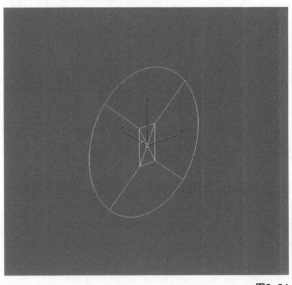

图8-24

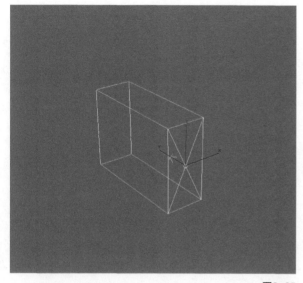

图8-28

不可见：这个选项用来控制最终渲染时是否显示VRay灯光的形状，图8-29和图8-30所示分别是关闭与开启该选项时的灯光效果。

图8-25

预览：观察灯光定向的范围，有"选定""从不"和"始终"3种选项，如图8-26所示。

图8-26

排除 ▨▨▨▨ **排除** ▨▨▨▨：用来排除灯光对物体的影响。

投射阴影：控制是否对物体的光照产生阴影。

双面：用来控制是否让灯光的双面都产生照明效果（当灯光类型设置为"平面"和"圆形"时有效，其他灯光类型无效），图8-27和图8-28所示分别是关闭和开启该选项时的灯光效果。

图8-29

图8-27

图8-30

不衰减：在物理世界中，所有的光线都是有衰减的。如果勾选这个选项，VRay将不计算灯光的衰减效果，图8-31和图8-32所示分别是关闭与开启该选项时的灯光效果。

关闭

图8-31

开启

图8-32

天光入口：这个选项是把VRay灯光转换为天光，这时的VRay灯光就变成了"间接照明（GI）"，失去了直接照明。当勾选这个选项时，"投射阴影""双面""不可见"等参数将不可用，这些参数将被VRay的天光参数所取代。

存储发光图：勾选这个选项，同时将"间接照明（GI）"里的"首次反弹"引擎设置为"发光图"时，VRay灯光的光照信息将保存在"发光图"中。在渲染光子的时候将变得更慢，但是在渲染出图时，渲染速度会提高很多。当渲染完光子的时候，可以关闭或删除这个VRay灯光，它对最后的渲染效果没有影响，因为它的光照信息已经保存在了"发光贴图"中。

影响漫反射：该选项决定灯光是否影响物体材质属性的漫反射。

影响高光：该选项决定灯光是否影响物体材质属性的高光。

影响反射：勾选该选项时，灯光将对物体的反射区进行光照，物体可以将灯光进行反射。

细分：这个参数控制VRay灯光的采样细分。当设置比较低的值时，会增加阴影区域的杂点，但是渲染速度比较快，如图8-33所示；当设置比较高的值时，会减少阴影区域的杂点，但是会减慢渲染速度，如图8-34所示。

细分=8

图8-33

细分=16

图8-34

阴影偏移：这个参数用来控制物体与阴影的偏移距离，较高的值会使阴影向灯光的方向偏移。

中止：设置采样的最小阈值，小于这个数值采样将结束。

8.2.2 VRayIES灯光

VRayIES灯光的原理与目标灯光相似，都是通过IES文件模拟不同的射灯光束。参数面板如图8-35所示，因为很多参数与VRay灯光相同，所以这里仅对关键参数加以说明。

图8-35

重要参数解析

启用：控制是否开启灯光。

IES文件：载入光域网文件的通道。

图形细分：控制阴影的质量。

强度值：控制灯光的照射强度。

颜色：控制灯光产生的颜色。

8.2.3 VRay太阳与天空

VRay太阳主要用来模拟现实中的太阳光。在创建VRay太阳的同时，会弹出是否自动添加VRay天空到"环境"面板，通常选择"是"选项，如图8-36所示。这时场景中就有两个光源：VRay太阳模拟太阳光，VRay天空模拟环境天光。VRay太阳参数面板如图8-37所示，VRay天空参数面板如图8-38所示。

VRay天空与VRay太阳参数基本相同，这里重点讲解VRay太阳参数。

图8-36　　图8-37　　　　　　　图8-38

重要参数解析

启用：控制是否开启灯光。

不可见：勾选后太阳将在反射中不可见。

浊度：决定天光的冷暖，并受到太阳与地面夹角的控制。当太阳与地面夹角不变时，浊度数值越小，天光越冷，如图8-39和图8-40所示。

浊度2.5

图8-39

浊度10

图8-40

臭氧：这个参数是指空气中臭氧的含量，较小的值的阳光比较黄，较大的值的阳光比较蓝，图8-41和图8-42所示分别是"臭氧"值为0.35和1时的阳光效果。

臭氧0.35

图8-41

臭氧1

图8-42

强度倍增：这个参数是指阳光的亮度，默认值为1。

大小倍增：这个参数是指太阳的大小，它的作用主要表现在阴影的模糊程度上，较大的值可以使阳光阴影比较模糊。

过滤颜色：用于自定义太阳光的颜色。

阴影细分：这个参数是指阴影的细分，较大的值可以使模糊区域的阴影产生比较光滑的效果，并且没有杂点。

阴影偏移：用来控制物体与阴影的偏移距离，较高的值会使阴影向灯光的方向偏移。

光子发射半径：这个参数和"光子贴图"计算引擎有关。

天空模型：选择天空的模型，可以选晴天，也可以选阴天。

间接水平照明：该参数目前不可用。

地面反照率：通过颜色控制画面的反射颜色，图8-43和图8-44所示分别是白色和红色的反射效果。

白色

图8-43

红色

图8-44

排除 ：将物体排除于阳光照射范围之外。

实例

用VRay灯光模拟台灯灯光

场景位置	场景文件>CH08>04.max
实例位置	实例文件>CH08>实例：用VRay灯光模拟台灯灯光.max
视频名称	实例：用VRay灯光模拟台灯灯光.mp4
技术掌握	VRay灯光的使用方法

扫码看视频

01 打开本书学习资源中的"场景文件>CH08>04.max"文件，如图8-45所示。

图8-45

02 设置灯光类型为VRay，然后在台灯中创建一盏VRay灯光，其位置如图8-46所示。

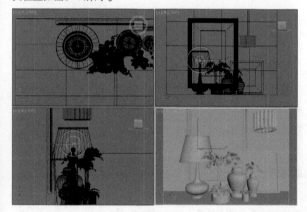

图8-46

03 选择上一步创建的VRay灯光，然后进入"修改"面板，接着展开"参数"卷展栏，具体参数设置如图8-47所示。

设置步骤

① 在"常规"选项组下设置"类型"为"球体"、"半径"为8cm、"倍增"为100，然后设置"颜色"为（红:255，绿:167，蓝:96）。

② 在"选项"选项组下勾选"不可见"选项。

③ 在"采样"选项组下设置"细分"为16。

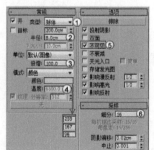

图8-47

疑难问答

细分选项为灰色无法修改怎么办？

当"采样"卷展栏中的"细分"选项显示为灰色时，无法设置，如图8-48所示。

图8-48

遇到此种情况时，可按F10键打开"渲染设置"面板，然后展开"全局确定性蒙特卡洛"卷展栏，接着勾选"使用局部细分"选项，如图8-49所示，这时灯光"采样"卷展栏下的"细分"选项便可设置了，如图8-50所示。

图8-49 图8-50

此功能是VRay3.4渲染器新加入的功能，老版本的VRay渲染器不存在此问题。

04 设置灯光类型为VRay，然后在吊灯中创建一盏VRay灯光，其位置如图8-51所示。

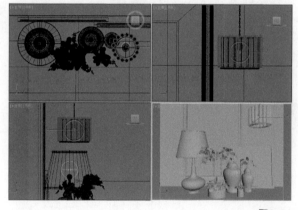

图8-51

05 选择上一步创建的VRay灯光，然后进入"修改"面板，接着展开"参数"卷展栏，具体参数设置如图8-52所示。

设置步骤

① 在"常规"选项组下设置"类型"为"球体"、"半径"为5cm、"倍增"为50，然后设置"颜色"为（红:255，绿:167，蓝:96）。

② 在"选项"选项组下勾选"不可见"选项。

③ 在"采样"选项组下设置"细分"为16。

06 按F9键渲染当前场景，最终效果如图8-53所示。

图8-52　　　　　　　　　　　　图8-53

实例

用VRay灯光模拟天光

场景位置	场景文件>CH08>05.max
实例位置	实例文件>CH08>实战：用VRay灯光模拟天光.max
视频名称	实例：用VRay灯光模拟天光.mp4
技术掌握	VRay灯光的使用方法

扫码看视频

01 打开本书学习资源中的"场景文件>CH08>05.max"文件，如图8-54所示。

图8-54

02 设置灯光类型为VRay，然后在窗外创建一盏VRay灯光，其位置如图8-55所示。

图8-55

03 选择上一步创建的VRay灯光，然后进入"修改"面板，接着展开"参数"卷展栏，具体参数设置如图8-56所示。

设置步骤

① 在"常规"选项组下设置"类型"为"平面"、"1/2长"为1717.297mm、"1/2宽"为1384.303mm、"倍增"为10，然后设置"颜色"为（红:146，绿:202，蓝:255）。

② 在"选项"选项组下勾选"不可见"选项。

③ 在"采样"选项组下设置"细分"为16。

图8-56

⚠ 提示

蓝色灯光模拟大气反射的天空蓝色。

04 将创建的灯光复制一盏，在弹出的对话框中选择"复制"选项，如图8-57所示，灯光位置如图8-58所示。

图8-57　　　　　　　　　　　　图8-58

05 选择上一步复制的VRay灯光，然后进入"修改"面板，接着展开"参数"卷展栏，具体参数设置如图8-59所示。

设置步骤

① 在"常规"选项组下设置"类型"为"平面"、"1/2长"为1717.297mm、"1/2宽"为1384.303mm、"倍增"为8，然后设置"颜色"为（红:255，绿:255，蓝:255）。

② 在"选项"选项组下勾选"不可见"选项。

③ 在"采样"选项组下设置"细分"为16。

图8-59

⚠ 提示

白色灯光模拟阳光反射云层散发的光线。

06 按F9键渲染当前场景，最终效果如图8-60所示。

图8-60

实例

用VRay太阳模拟阳光

场景位置	场景文件>CH08>06.max
实例位置	实例文件>CH08>实例：用VRay太阳模拟阳光.max
视频名称	实例：用VRay太阳模拟阳光.mp4
技术掌握	VRay太阳的使用方法

扫码看视频

01 打开学习资源中的"场景文件>CH08>06.max"文件，如图8-61所示。

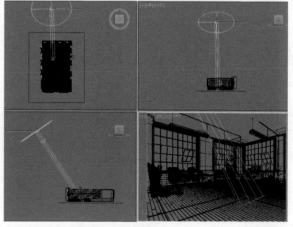

图8-61

02 设置灯光类型为VRay，然后在窗外创建一盏VRay太阳，其位置如图8-62所示。

图8-62

图8-63

按F9键渲染当前场景，最终效果如图8-67所示。

图8-67

03 选择上一步创建的VRay太阳，然后在"VRay太阳参数"卷展栏下设置"臭氧"为0.6、"强度倍增"为0.01、"大小倍增"为5、"阴影细分"为8，具体参数设置如图8-64所示。

图8-64

04 按8键打开"环境和效果"面板，然后按M键打开"材质球编辑器"，接着将"环境贴图"通道中的"VRay天空"贴图以"实例"的形式复制到空白材质球上，如图8-65所示。

图8-65

05 选中"VRay天空"贴图的材质球，然后勾选"指定太阳节点"选项，接着设置参数，如图8-66所示。

图8-66

第 **9** 章 · 典型效果图的打光实训 ....

○产品布光 ○室内场景布光 ○室外建筑布光

9.1 产品布光

产品布光是渲染产品模型时建立的灯光系统，重点表现产品本身的质感、光泽等物理属性，背景都是很简单的纯色。产品布光方式常见的有两大类，一类是模拟U型摄影棚的布光方式；另一类是模拟自然环境下的布光方式。本节将为大家以实例的形式讲解这两种布光方式。

9.1.1 影棚布光法

场景位置	场景文件>CH09>01.max
实例位置	实例文件>CH09>影棚布光法.max
视频名称	影棚布光法.mp4
技术掌握	U型棚模型创建、VRay灯光

扫码看视频

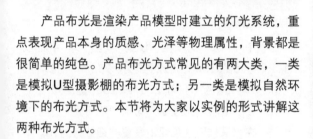

布光原理

在摄影行业中，为了特写某个对象，通常会在影

棚进行拍摄工作，真实的影棚结构如图9-1所示，这是一个U型棚的真实结构，其灯光结构如图9-2所示。

图9-1

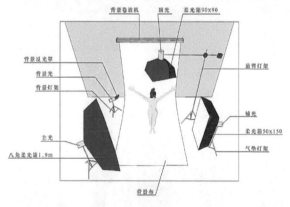

图9-2

因此，在使用3ds Max进行产品渲染的时候，我们只需要根据真实的影棚结构来模拟灯光系统就可以了。见图9-3，这就是灯光系统的结构。在3ds Max中，我们主要通过平面光来模拟前后左右的光源（反光板也可通过灯光来模拟），通过U形平面来模拟背景布，如图9-4所示。

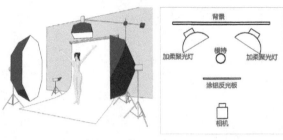

图9-3　　　　　　　　图9-4

1.制作U形背景布

① 用"矩形"工具创建一个矩形,然后删除一条边,如图9-5所示。

② 将两个角点转换为圆角,如图9-6所示。

图9-5　　　　　　　　图9-6

③ 给编辑后的样条线添加"挤出"修改器,挤出厚度,U型棚效果如图9-7所示。

图9-7

2.布置灯光

① 将本书学习资源中的"场景文件>CH09>01.max"文件导入到前面创建的U形背景布中,如图9-8所示,这是一个耳机模型。下面,我们使用VRay的"平面光"来模拟灯光。

图9-8

② 设置灯光类型为VRay,然后在U型棚左侧创建一盏VRay灯光,其位置如图9-9所示。该灯光模拟真实影棚的加柔聚光灯。

图9-9

③ 选择上一步创建的VRay灯光,然后进入"修改"面板,接着展开"参数"卷展栏,具体参数设置如图9-10所示。

设置步骤

① 在"常规"选项组下设置"类型"为"平面"、"1/2长"为8.783mm、"1/2宽"为9.08mm、"倍增"为3,然后设置"颜色"为(红:255,绿:255,蓝:255)。

② 在"选项"选项组下勾选"不可见"选项。

③ 在"采样"选项组下设置"细分"为16。

④ 按F9键渲染当前场景,效果如图9-11所示。

图9-10　　　　　　　　图9-11

⑤ 设置灯光类型为VRay,然后在U型棚右侧创建一盏VRay灯光,其位置如图9-12所示。该灯光原理同上一步创建的灯光一样。

图9-12

06 选择上一步创建的VRay灯光，然后进入"修改"面板，接着展开"参数"卷展栏，具体参数设置如图9-13所示。

设置步骤

① 在"常规"选项组下设置"类型"为"平面"、"1/2长"为8.783mm、"1/2宽"为9.08mm、"倍增"为3，然后设置"颜色"为（红:255，绿:255，蓝:255）。

② 在"选项"选项组下勾选"不可见"选项。

③ 在"采样"选项组下设置"细分"为16。

07 按F9键渲染当前场景，效果如图9-14所示。

图9-13　　　　　　　　　　　　　　图9-14

08 设置灯光类型为VRay，然后在U型棚前方创建一盏VRay灯光，其位置如图9-15所示。该灯光模拟真实影棚的涂铝反光板。

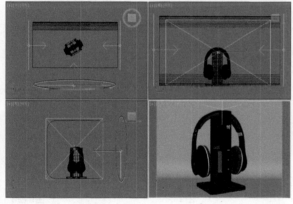

图9-15

09 选择上一步创建的VRay灯光，然后进入"修改"面板，接着展开"参数"卷展栏，具体参数设置如图9-16所示。

设置步骤

① 在"常规"选项组下设置"类型"为"平面"、"1/2长"为13.437mm、"1/2宽"为8.22mm、"倍增"为1.5，然后设置"颜色"为（红:255，绿:255，蓝:255）。

② 在"选项"选项组下勾选"不可见"选项。

③ 在"采样"选项组下设置"细分"为16。

10 按F9键渲染当前场景，效果如图9-17所示。

图9-16　　　　　　　　　　　　　　图9-17

9.1.2 环境布光法

场景位置　场景文件>CH09>02.max
实例位置　实例文件>CH09>环境布光法.max
视频名称　环境布光法.mp4
技术掌握　环境贴图、衰减贴图和VRayHDRI贴图

扫码看视频

布光原理

环境布光法是一种简单、快速、高效的产品渲染的方法，在渲染白底、黑底背景等产品的时候，其效果特别好。环境布光法的核心工具是VRayHDRI环境贴图和环境光的使用。环境布光法与影棚布光法的区别在于：用VRayHDRI环境贴图所产生的灯光更加柔和，同时产品会带有贴图的反射，可以自由控制高光产品的反射效果。下面具体介绍环境布光法的操作方法。

01 打开本书学习资源中的"场景文件>CH09>02.max"文件，如图9-18所示。

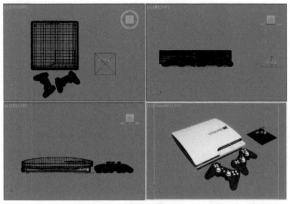

图9-18

02 按8键打开"环境和效果"面板，然后单击"环境贴图"通道，接着在弹出的"材质/贴图浏览器"对话框中选择VRayHDRI贴图，如图9-19所示。

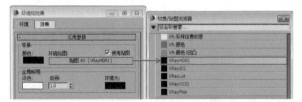

图9-19

03 按M键打开"材质球编辑器"，然后将"环境贴图"通道中的VRayHDRI贴图以"实例"的形式复制到空白材质球上，如图9-20所示。

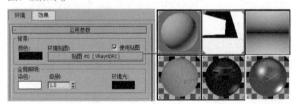

图9-20

04 选中VRayHDRI材质球，然后在"位图"通道中加载一张学习资源中的"实例文件>CH09>环境布光法>studio setup002.hdr"文件，如图9-21所示。

05 设置"贴图类型"为"球形"，如图9-22所示。

图9-21　　　　　　　　　图9-22

📍 知识链接

关于VRayHDRI贴图的具体参数含义，请参阅"12.1.7 VRayHDRI贴图"的讲解。

06 按8键再次打开"环境和效果"面板，然后移除"环境贴图"通道中的VRayHDRI贴图，接着加载一张"衰减"贴图，如图9-23所示。

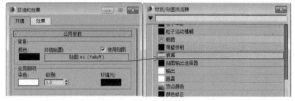

图9-23

07 按M键打开"材质球编辑器"，然后将"环境贴图"通道中的"衰减"贴图以"实例"的形式复制到空白材质球上，如图9-24所示。

图9-24

08 选中"衰减"贴图的材质球，然后单击"交换颜色/贴图"按钮，切换"前"通道和"侧"通道的颜色，如图9-25所示。

09 选中一个空白材质球并用"吸管"工具吸取模型的材质，然后展开"贴图"卷展栏，接着将设置好的VRayHDRI贴图复制到"环境"通道中，如图9-26所示。

图9-25　　　　　　　　　图9-26

10 依次为每一个材质添加"环境"贴图，然后按F9键渲染当前场景，最终效果如图9-27所示。

图9-27

技术专题：如何使用环境布光法制作黑底渲染

使用环境布光法制作黑底的渲染方法与白色背景大同小异。

第1步：按M键打开"材质球编辑器"，然后按8键打开"环境和效果"面板，接着将"环境贴图"通道中的"衰减"贴图以"实例"的形式复制到空白材质球上。

第2步：在"衰减参数"卷展栏中设置"前"通道颜色为黑色、"侧"通道颜色为白色，如图9-28所示。

图9-28

第3步：按F9键渲染当前场景，效果如图9-29所示。可以观察到纯黑色的背景与模型融为一体，不容易区分。

图9-29

第4步：调整"衰减"贴图的"前"通道颜色为灰黑色，其余保持不变，再次渲染场景，效果如图9-30所示。通过观察可以发现，"前"通道的颜色是控制背景渲染出的颜色。

图9-30

9.2 室内场景布光

室内场景是效果图重要的组成部分。室内场景的布光可以根据场景的空间结构进行划分，也可以根据场景所处的时间段进行划分。本节将讲解常见的两种空间结构布光方式和3种非日光段的布光方式。读者在学习的同时，要理解并掌握布光的步骤，总结出适合自己的布光方法。

9.2.1 半封闭餐厅空间布光

场景位置　场景文件>CH09>03.max
实例位置　实例文件>CH09>半封闭餐厅空间布光.max
视频名称　半封闭餐厅空间布光.mp4
技术掌握　VRay太阳、VRay灯光

扫码看视频

布光原理

半封闭空间是室内最常见，也是最常规的空间结构，客厅、卧室、书房、餐厅等带窗户的空间都属于这一类空间。图9-31所示的①处是太阳光照射产生的效果，太阳光是场景的主光，起到照亮整体场景的作用；②处是射灯产生的照射效果，射灯是场景的辅助光，起到点缀场景的作用。

图9-31

这类空间开窗面积较大，受室外自然光源和室内人工光源的双重影响。在布光上首先需要明确空间的主光是室外的自然光源还是室内的人工光源，确定好灯光的主次之后，根据"从外到内、从大到小"的顺序进行场景布光。

1.创建太阳光

01 打开本书学习资源中的"场景文件>CH09>03.max"文件，如图9-32所示。观察场景，和参考图一样有较多的开窗部分，用太阳光作为场景的主光源，通过天窗照射进室内。

图9-32

02 下面创建阳光。设置灯光类型为VRay，然后在窗外创建一盏VRay太阳，其位置如图9-33所示。

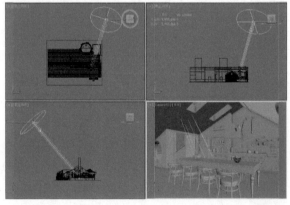

图9-33

> ⚓ **提示**
>
> 创建"VRay太阳"时，自动弹出询问是否添加"VRay天空"环境贴图，这里选择"是"选项。

03 选择上一步创建的"VRay太阳"，然后在"VRay太阳参数"卷展栏下设置"强度倍增"为0.15、"大小倍增"为5、"阴影细分"为8，具体参数设置如图9-34所示。

04 按F9键渲染当前场景，效果如图9-35所示。观察渲染后的

效果，可以发现室内环境仍然较暗，但太阳光的强度已经合适，不能再继续增大。要解决这一问题，就需要给场景创建天光。

图9-34　　　　　　　　　　　　图9-35

2.创建天光

场景的天光是通过VRay平面灯光进行模拟。在场景的门窗外创建VRay平面灯光，然后设置颜色为天光的蓝色，这样就可以使室内环境不会太暗。

01 下面创建天光，模拟天光从窗口照射的灯光效果。设置灯光类型为VRay，然后在门外创建一盏VRay灯光，其位置如图9-36所示。

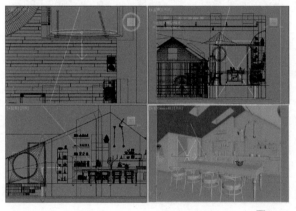

图9-36

02 选择上一步创建的VRay灯光，然后进入"修改"面板，接着展开"参数"卷展栏，具体参数设置如图9-37所示。

设置步骤

① 在"常规"选项组下设置"类型"为"平面"、"1/2长"为120.333cm、"1/2宽"为172.04cm、"倍增"为25，然后设置"颜色"为（红:173，绿:210，蓝:255）。

② 在"选项"选项组下勾选"不可见"选项。

③ 在"采样"选项组下设置"细分"为16。

图9-37

03 设置灯光类型为VRay,然后在镜头后的窗口外创建一盏VRay灯光,其位置如图9-38所示。

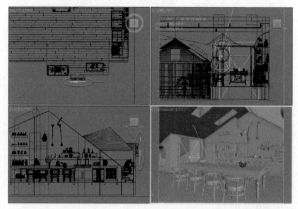

图9-38

04 选择上一步创建的VRay灯光,然后进入"修改"面板,接着展开"参数"卷展栏,具体参数设置如图9-39所示。

设置步骤

① 在"常规"选项组下设置"类型"为"平面"、"1/2长"为43.036cm、"1/2宽"为80.579cm、"倍增"为40,然后设置"颜色"为(红:173,绿:210,蓝:255)。

② 在"选项"选项组下勾选"不可见"选项。

③ 在"采样"选项组下设置"细分"为12。

图9-39

05 设置灯光类型为VRay,然后在屋顶的窗口外创建一盏VRay灯光,其位置如图9-40所示。

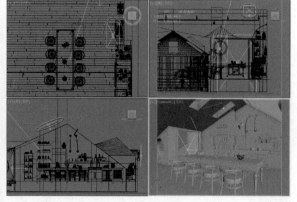

图9-40

06 选择上一步创建的VRay灯光,然后进入"修改"面板,接着展开"参数"卷展栏,具体参数设置如图9-41所示。

设置步骤

① 在"常规"选项组下设置"类型"为"平面"、"1/2长"为35.156cm、"1/2宽"为76.988cm、"倍增"为40,然后设置"颜色"为(红:173,绿:210,蓝:255)。

② 在"选项"选项组下勾选"不可见"选项。

③ 在"采样"选项组下设置"细分"为16。

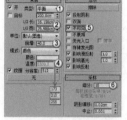

图9-41

07 选中创建的灯光,以"实例"的形式复制2个到左侧天窗外部,位置如图9-42所示。

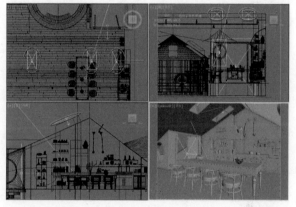

图9-42

08 按F9键渲染当前场景,效果如图9-43所示。观察渲染后的效果,室内明暗强度合适,但橱柜一侧的明暗变化不大,不能完全表现该处的模型结构,需要创建光源。

图9-43

157

3.创建室内光源

在橱柜上方的吊灯中创建两盏灯光，颜色选择暖色，使画面有冷暖对比。

①下面创建室内光源。设置灯光类型为VRay，然后在橱柜上方的吊灯内创建一盏VRay灯光，然后以"实例"的形式再复制一盏到旁边的吊灯内，其位置如图9-44所示。

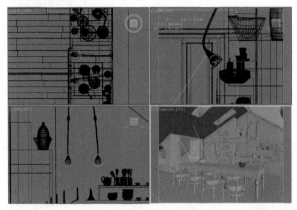

图9-44

②选择上一步创建的VRay灯光，然后进入"修改"面板，接着展开"参数"卷展栏，具体参数设置如图9-45所示。

设置步骤

① 在"常规"选项组下设置"类型"为"球体"、"半径"为3.236cm、"倍增"为150，然后设置"颜色"为（红:255，绿:163，蓝:81）。

② 在"选项"选项组下勾选"不可见"选项。

③ 在"采样"选项组下设置"细分"为8。

③ 按F9键渲染当前场景，最终效果如图9-46所示。

图9-45   图9-46

9.2.2 全封闭浴室空间布光

场景位置	场景文件>CH09>04.max
实例位置	实例文件>CH09>全封闭浴室空间布光.max
视频名称	全封闭浴室空间布光.mp4
技术掌握	全封闭空间布光的方法

扫码看视频

布光原理

全封闭空间是效果图中较常见的一种空间结构，浴室、视听室、衣帽间等都属于这一类空间，如图9-47所示。这类空间在布光上依赖于室内人工光源，室外环境光只是起到辅助作用。对于室内人工光源，通过颜色和强度区分不同光源间的主次关系，使得画面看起来更具有空间感和立体感。

图9-47

1.创建环境光

①打开本书学习资源中的"场景文件>CH09>04.max"文件，场景如图9-48所示。场景中没有窗户，无法使环境光直接照射到室内照亮场景，这里使用VRay灯光建立一个虚拟的环境光照亮场景。

图9-48

02 下面创建环境光。设置灯光类型为VRay，然后在摄影机后方创建一盏VRay灯光，其位置如图9-49所示。

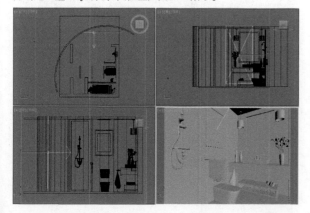

图9-49

03 选择上一步创建的VRay灯光，然后切换到"修改"面板，具体参数设置如图9-50所示。

设置步骤

① 在"常规"选项组下设置"类型"为"平面"、"1/2长"为1270.397mm、"1/2宽"为869.473mm、"倍增"为3，然后设置"颜色"为（红:105，绿:109，蓝:188）。

② 在"选项"选项组下勾选"不可见"选项，取消勾选"影响高光"和"影响反射"选项。

③ 在"采样"选项组下设置"细分"为16。

04 按F9键渲染当前场景，效果如图9-51所示。观察渲染后的效果，室内环境很暗，需要在室内创建主光源。

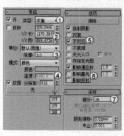

图9-50 图9-51

⛵ 提示

将环境光设置为深蓝色，是用来照亮场景的阴影部分，不会使场景产生"死黑"部分。

2.创建室内主光

在室内顶部创建主光，照亮整个场景。

---

01 下面创建室内主光。设置灯光类型为VRay，然后在房间顶部创建一盏VRay灯光，其位置如图9-52所示。

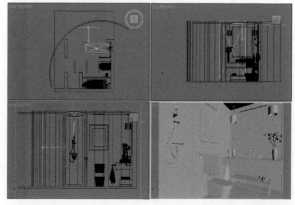

图9-52

02 选择上一步创建的VRay灯光，然后切换到"修改"面板，具体参数设置如图9-53所示。

设置步骤

① 在"常规"选项组下设置"类型"为"平面"、"1/2长"为680.245mm、"1/2宽"为1228.357mm、"倍增"为2，然后设置"颜色"为（红:255，绿:227，蓝:190）。

② 在"选项"选项组下勾选"不可见"选项，取消勾选"影响高光"和"影响反射"选项。

③ 在"采样"选项组下设置"细分"为16。

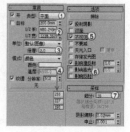

图9-53

03 选中创建的灯光，然后复制1盏到另一侧，并使用"选择并均匀缩放"放大灯光，位置如图9-54所示。

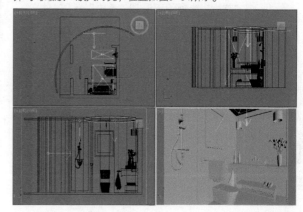

图9-54

04 按F9键渲染当前场景，效果如图9-55所示。观察渲染后的效果，主光的强度合适，但画面整体的明暗强度不够，显得画面很平。

图9-55

3.创建吊灯

在镜子前的吊灯模型内创建光源，使画面有强烈的明暗对比，颜色比主光要偏暖，这样出来的画面会产生视觉的焦点。

01 下面创建吊灯灯光。设置灯光类型为VRay，然后在吊灯内创建一盏VRay灯光，其位置如图9-56所示。

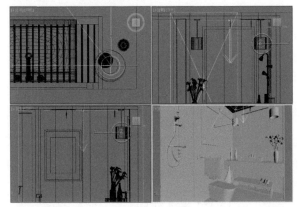

图9-56

02 选择上一步创建的VRay灯光，然后切换到"修改"面板，具体参数设置如图9-57所示。

设置步骤

① 在"常规"选项组下设置"类型"为"球体"、"半径"为60mm、"倍增"为30，然后设置"颜色"为（红:255，绿:156，蓝:59）。

② 在"选项"选项组下勾选"不可见"选项，取消勾选"影响高光"和"影响反射"选项。

③ 在"采样"选项组下设置"细分"为16。

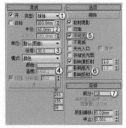

图9-57

03 选中创建的VRay灯光，然后以"实例"的形式复制到另一个吊灯内，位置如图9-58所示。

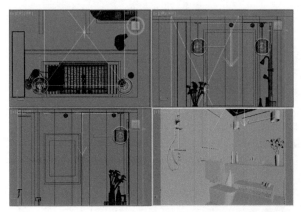

图9-58

04 按F9键渲染当前场景，效果如图9-59所示。观察渲染后的效果，马桶、淋浴器和洗手盆这3个模型并没有重点展示出来，画面也显得不平衡。

图9-59

4.创建筒灯

筒灯的灯光具有强烈的明暗对比，在马桶、淋浴器和洗手盆这3个模型的上方创建灯光模拟筒灯灯光，可以提亮这3个模型，平衡画面。

01 下面创建筒灯。设置灯光类型为"光度学"，然后在场景内创建一盏"自由灯光"，其位置如图9-60所示。

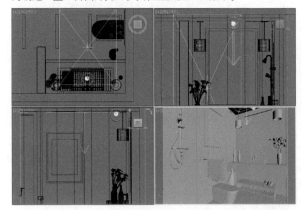

图9-60

02 选中上一步创建的"自由灯光"，然后切换到"修改"面板，具体参数设置如图9-61所示。

设置步骤

① 在"常规参数"卷展栏下勾选"阴影"的"启用"选项，并设置阴影类型为"VRay阴影"，然后设置"灯光分布（类型）"为"光度学Web"。

② 在"分布（光度学Web）"卷展栏下加载本书学习资源中的"实例文件>CH09>全封闭浴室空间布光>SD-116.ies"文件。

③ 在"强度/颜色/衰减"卷展栏下设置"过滤颜色"为（红:255，绿:223，蓝:198），然后设置"强度"为13800。

图9-61

> **疑难问答**
>
> "自由灯光"与"目标灯光"有何区别？
>
> "自由灯光"与"目标灯光"最大的区别是"自由灯光"没有灯光的目标点，不能明确指定灯光的照射方向。其余参数设定与使用方法和"目标灯光"一致。

03 选中创建的"自由灯光"，然后以"实例"的形式复制到其余位置，如图9-62所示。

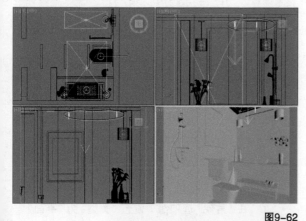

图9-62

04 按F9键渲染当前场景，最终效果如图9-63所示。

图9-63

9.2.3 卧室空间夜晚布光

场景位置	场景文件>CH09>05.max
实例位置	实例文件>CH09>卧室空间夜晚布光.max
视频名称	卧室空间夜晚布光.mp4
技术掌握	场景空间夜晚布光的方法

扫码看视频

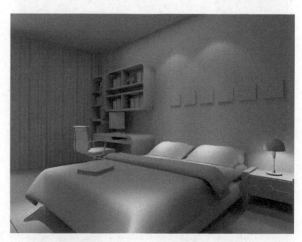

布光原理

场景空间的夜晚布光方式与日景的布光方式大同小异。区别在于场景的室外光源是深蓝色或蓝灰色，用以模拟夜晚的天光。室内光源则是人工光源，为了突出场景的温馨气氛，室内光源以暖黄色为主，这样画面就有了冷暖对比。室内光源要区分光源的主次，通过颜色和强度使画面更有明暗对比，不会让画面产生"灰蒙蒙"的效果。夜晚灯光的真实效果如图9-64所示。

图9-64

1.创建环境光

01 打开学习资源中的"场景文件>CH09>05.max"文件，如图9-65所示。观察场景，卧室空间有开窗，在窗外创建一盏冷色的VRay灯光来模拟环境光。

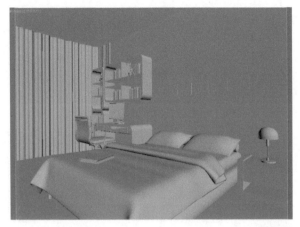

图9-65

02 下面创建环境光。设置灯光类型为VRay，然后在窗外创建一盏VRay灯光，如图9-66所示。

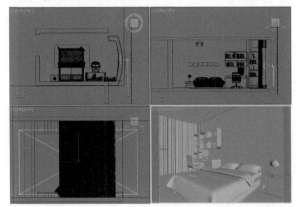

图9-66

03 选择上一步创建的VRay灯光，然后进入"修改"面板，具体参数设置如图9-67所示。

设置步骤

① 在"常规"选项组下设置"类型"为"平面"、"1/2长"为1270.397mm、"1/2宽"为869.473mm、"倍增"为6，然后设置"颜色"为（红:95，绿:111, 蓝:192）。

② 在"选项"选项组下勾选"不可见"选项。

③ 在"采样"选项组下设置"细分"为16。

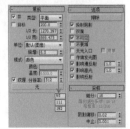

图9-67

04 按F9键渲染当前场景，效果如图9-68所示。观察渲染后的效果，深蓝色的环境光照亮场景的暗部，但场景整体很暗，需要在场景中创建室内主光。

图9-68

2.创建室内光源

室内主光模拟室内的顶灯，目的是照亮整个场景。场景内没有顶灯的模型，这是一个虚拟的灯光。

01 下面创建室内光源。设置灯光类型为VRay，然后在房间顶部创建一盏VRay灯光，如图9-69所示。

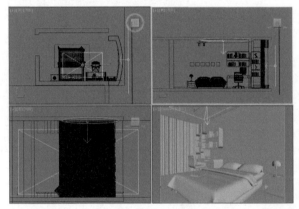

图9-69

02 选择上一步创建的VRay灯光，然后进入"修改"面板，具体参数设置如图9-70所示。

设置步骤

① 在"常规"选项组下设置"类型"为"平面"、"1/2长"为1362.488mm、"1/2宽"为822.191mm、"倍增"为1，然后设置"颜色"为（红:255，绿:239，蓝:221）。

② 在"选项"选项组下勾选"不可见"选项。

③ 在"采样"选项组下设置"细分"为8。

图9-70

03 按F9键渲染当前场景，效果如图9-71所示。观察渲染效果，场景整体亮度合适，但画面明暗对比不明显，画面显得很平。

图9-71

3.创建台灯

台灯灯光可以突出画面的重点，使画面明暗对比更加强烈。暖黄色的灯光明显区别于室内主光的浅黄色，不会使画面看起来发灰，使画面产生冷暖对比。

01 下面创建台灯。设置灯光类型为VRay，然后在台灯灯罩内创建一盏VRay灯光，如图9-72所示。

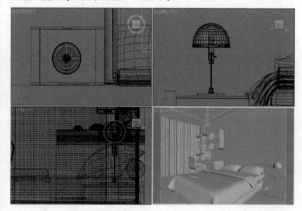
图9-72

02 选择上一步创建的VRay灯光，然后进入"修改"面板，具体参数设置如图9-73所示。

设置步骤

① 在"常规"选项组下设置"类型"为"球体"、"半径"为45.108mm、"倍增"为80，然后设置"颜色"为（红:255，绿:132，蓝:23）。

② 在"选项"选项组下勾选"不可见"选项。

③ 在"采样"选项组下设置"细分"为16。

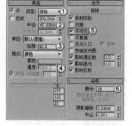
图9-73

03 按F9键渲染当前场景，效果如图9-74所示。观察渲染后的效果，画面有了明显的明暗对比和冷暖对比，但床和写字台的模型亮度仍然不够。

图9-74

4.创建筒灯

筒灯灯光强烈的明暗对比，可以使床和写字台的模型质感更加突出。通常在枕头和床脚处添加筒灯灯光，不仅使床头有筒灯照射的效果，床脚处的锐利的阴影部分也会让模型更加立体。

01 下面创建筒灯灯光。设置灯光类型为"光度学"，然后在场景内创建一盏"自由灯光"，其位置如图9-75所示。

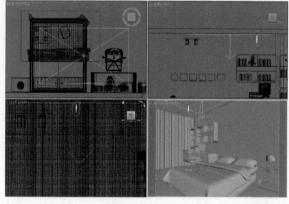
图9-75

02 选中上一步创建的"自由灯光"，然后切换到"修改"面板，具体参数设置如图9-76所示。

设置步骤

① 在"常规参数"卷展栏下勾选"阴影"的"启用"选项，并设置阴影类型为"VRay阴影"，然后设置"灯光分布（类型）"为"光度学Web"。

② 在"分布（光度学Web）"卷展栏下加载本书学习资源中的"实例文件>CH09>卧室空间夜晚布光>TD-029.ies"文件。

③ 在"强度/颜色/衰减"卷展栏下设置"过滤颜色"为（红:255，绿:170，蓝:86），然后设置"强度"为20000。

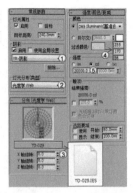

图9-76

布光原理

场景空间的阴天布光，是用VRay灯光模拟天光和阳光。不同于日光场景中太阳光照射所产生的明暗对比，阴天的阳光更多是呈散射状态，颜色偏白。整个场景的明暗对比也不如日光场景那样明显，阴影大多属于软阴影。图9-79所示是一幅阴天场景的参考图，阴天的环境光是接近于白色的浅蓝色，这和日光场景中的蓝色不同。阴天的环境光更多是反射的云层的光线，不是晴朗的蓝天所反射的光线。阳光也经过云层的反射，以散射的形式照射空间，颜色不同于日光场景中明显的暖色，而是更接近于白色，整个场景的冷暖对比不会很突出。

03 选中创建的"自由灯光"，然后以"实例"的形式复制到其余位置，如图9-77所示。

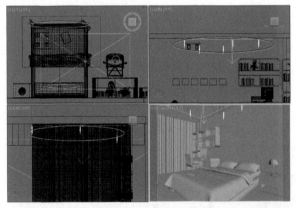

图9-77

04 按F9键渲染当前场景，最终效果如图9-78所示。

图9-78

9.2.4 办公室空间阴天布光

场景位置	场景文件>CH09>06.max
实例位置	实例文件>CH09>办公室空间阴天布光.max
视频名称	实战：用目标聚光灯模拟吊灯.mp4
技术掌握	场景空间阴天布光的方法

扫码看视频

图9-79

1.创建环境光

01 打开本书学习资源中的"场景文件>CH09>06.max"文件，如图9-80所示。场景有很多开窗，由于环境光是很均匀的，因此在每一个窗外都要创建一盏完全相同的VRay灯光来模拟环境光。

图9-80

02　下面创建环境光。设置灯光类型为VRay，然后在窗外创建一盏VRay灯光，如图9-81所示。

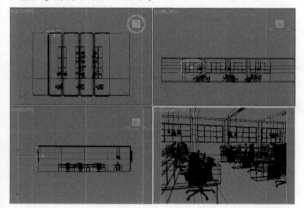

图9-81

03　选择上一步创建的VRay灯光，然后进入"修改"面板，具体参数设置如图9-82所示。

设置步骤

①　在"常规"选项组下设置"类型"为"平面"、"1/2长"为1.206m、"1/2宽"为0.724m、"倍增"为5，然后设置"颜色"为（红:193，绿:221，蓝:255）。

②　在"选项"选项组下勾选"不可见"选项。

③　在"采样"选项组下设置"细分"为16。

图9-82

04　选中创建的VRay灯光，然后以"实例"的形式复制到其余窗外，如图9-83所示。

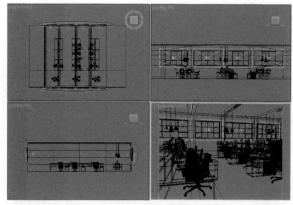

图9-83

05　按F9键渲染当前场景，效果如图9-84所示。观察渲染效果，整个场景已经被环境光完全照亮，但整体画面偏冷，与参考图有所区别。

图9-84

2.创建太阳光

即便是阴天，仍然有太阳光存在。阴天的太阳光是太阳反射云层所散射出的光线，因此没有一个固定的方向，颜色也不同于晴天的日光颜色。

01　下面创建阳光。将摄影机方向的VRay灯光进行复制，如图9-85所示。

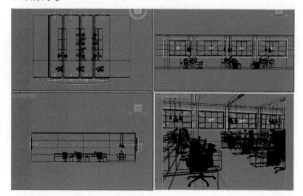

图9-85

⓶ 选中复制出的VRay灯光，然后进入"修改"面板，具体参数设置如图9-86所示。

设置步骤

① 在"常规"选项组下设置"类型"为"平面"、"1/2长"为1.206m、"1/2宽"为0.724m、"倍增"为8，然后设置"颜色"为（红:255，绿:231，蓝:211）。

② 在"选项"选项组下勾选"不可见"选项。

③ 在"采样"选项组下设置"细分"为16。

图9-86

 提示

浅黄色的灯光模拟太阳在云层中散射的太阳光。

⓷ 按F9键渲染当前场景，效果如图9-87所示。观察渲染效果，窗口部分曝白，与参考图的效果一样，整体画面也没有特别偏冷，更接近于阴天的效果。室内则显得有些冷暖对比不足，需要创建人工光源。

图9-87

3.创建台灯

在台灯内创建暖黄色的灯光，点缀整个画面，使画面产生冷暖对比。随机挑选台灯模型，然后在内部创建灯光。不规则的灯光会使画面更加生动。

⓵ 下面创建台灯。设置灯光类型为VRay，然后在台灯灯罩内创建一盏VRay灯光，如图9-88所示。

图9-88

⓶ 选中复制出的VRay灯光，然后进入"修改"面板，具体参数设置如图9-89所示。

设置步骤

① 在"常规"选项组下设置"类型"为"球体"、"半径"为0.013m、"倍增"为250，然后设置"颜色"为（红:255，绿:159，蓝:57）。

② 在"选项"选项组下勾选"不可见"选项。

③ 在"采样"选项组下设置"细分"为16。

图9-89

⓷ 选择创建的VRay灯光，然后以"实例"的形式复制2个到旁边的台灯内，如图9-90所示。

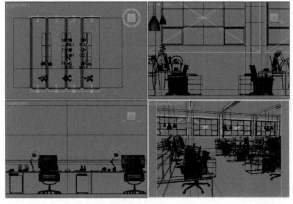

图9-90

⓸ 按F9键渲染当前场景，最终效果如图9-91所示。

图9-91

9.2.5 咖啡厅空间黄昏布光

场景位置	场景文件>CH09>07.max
实例位置	实例文件>CH09>咖啡厅空间黄昏布光.max
视频名称	咖啡厅空间黄昏布光.mp4
技术掌握	场景空间黄昏布光的方法

扫码看视频

布光原理

黄昏的阳光颜色多为橙色或黄色，由于离地平线较近，阳光投影很长。傍晚时的天光更接近于夜晚的天光，颜色是深蓝色，如图9-92所示。黄昏的场景无论是明暗对比还是冷暖对比都十分明显，整体场景的颜色也很浓郁，与阴天场景的表现效果完全相反。

图9-92

1.创建太阳光

01 打开本书学习资源中的"场景文件>CH09>07.max"文件，如图9-93所示。场景的右侧有大面积开窗，在窗外创建阳光。黄昏的太阳使用VRay太阳进行模拟，VRay太阳的优点是可以根据灯光的高度自动调整灯光的颜色。

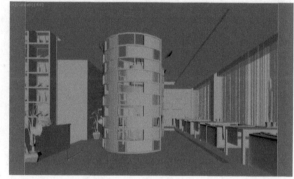

图9-93

02 下面创建太阳光。设置灯光类型为VRay，然后在窗外创建一盏VRay太阳，其位置如图9-94所示。夕阳与地平线的夹角要小于正午太阳与地平线的夹角，因此在创建夕阳时，灯光角度与地平线的夹角在30°到45°较为合适，不可过小。

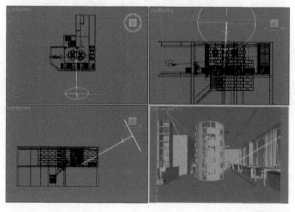

图9-94

创建"VRay太阳"时，会自动弹出询问是否添加"VRay天空"环境贴图，这里选择"否"选项。

03 选中上一步创建的"VRay太阳"，然后在"VRay太阳参数"卷展栏下设置"浊度"为12、"强度倍增"为0.05、"大小倍增"为6、"阴影细分"为10，具体参数设置如图9-95所示。较低的太阳光所投射的阴影要长，适当增大阴影细分可以减少噪点。

04 按F9键渲染当前场景，效果如图9-96所示。观察渲染完的效果，太阳光的颜色和强度都合适，但是环境光并不像参考图中的那样是深蓝色。

图9-95   图9-96

2.创建环境光

使用VRay灯光模拟环境光，颜色是和参考图一样的深蓝色。

01 下面创建环境光。设置灯光类型为VRay，然后在窗外创建一盏VRay灯光，其位置如图9-97所示。

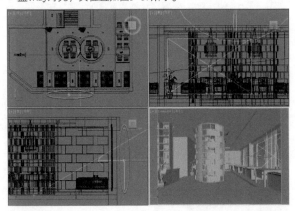

图9-97

02 选择上一步创建的VRay灯光，然后进入"修改"面板，具体参数设置如图9-98所示。

设置步骤

① 在"常规"选项组下设置"类型"为"平面"、"1/2长"为2086.983mm、"1/2宽"为1323.268mm、"倍增"为3，然后设置"颜色"为（红:121，绿:159，蓝:255）。

② 在"选项"选项组下勾选"不可见"选项。

③ 在"采样"选项组下设置"细分"为16。

图9-98

03 选中创建的VRay灯光，然后以"实例"的形式复制到另一面窗户外，位置如图9-99所示。

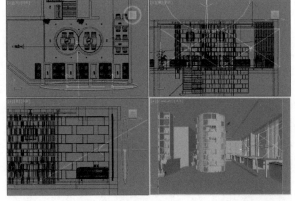

图9-99

04 设置灯光类型为VRay，然后在摄影机后创建一盏VRay灯光，其位置如图9-100所示。在摄影机后创建VRay灯光，可以使天光更加均匀地照亮空间。

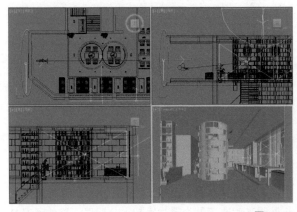

图9-100

05 选择上一步创建的VRay灯光，然后进入"修改"面板，具体参数设置如图9-101所示。

设置步骤

① 在"常规"选项组下设置"类型"为"平面"、"1/2长"为2848.449mm、"1/2宽"为1528.436mm、"倍增"为1.5，然后设置"颜色"为（红:121，绿:159，蓝:255）。

② 在"选项"选项组下勾选"不可见"选项。

③ 在"采样"选项组下设置"细分"为16。

图9-101

⚓ **提示**

傍晚的天光接近于夜晚的天光，颜色为纯色的深蓝，配合暖黄色的夕阳，表现出强烈的冷暖对比。

相较于夜晚饱和度较低的蓝色天光，饱和度高的蓝色的天光会使画面更加干净。

06 按F9键渲染当前场景，效果如图9-102所示。观察渲染后的效果，黄昏的氛围已经体现出来，但室内场景仍然显得有些单调。

图9-102

3.创建灯槽灯光

观察渲染好的测试图，室内环境偏冷，需要补充暖色的人工光源。在灯槽位置创建暖色的灯带，既可以使画面产生冷暖对比，也可以使画面的空间更加立体。

01 下面创建灯槽灯光。设置灯光类型为VRay，然后在顶部灯槽创建一盏VRay灯光，并以"实例"的形式复制到其余两侧的灯槽内，其位置如图9-103所示。

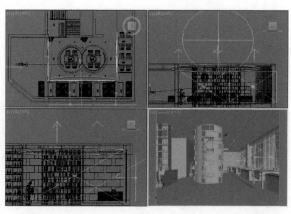

图9-103

02 选中上一步创建的VRay灯光，然后进入"修改"面板，具体参数设置如图9-104所示。

设置步骤

① 在"常规"选项组下设置"类型"为"平面"、"1/2长"为3424.464mm、"1/2宽"为48.368mm、"倍增"为10，然后设置"颜色"为黄色（红:255，绿:168，蓝:75）。

② 在"选项"选项组下勾选"不可见"选项。

③ 在"采样"选项组下设置"细分"为8。

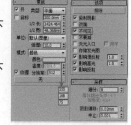

图9-104

03 设置灯光类型为VRay，然后在顶部圆形灯槽创建一盏VRay灯光，并设置灯光类型为"网格"，然后拾取圆形灯槽内的"可编辑网格"模型，模型自动转化为VRay灯光，其位置如图9-105所示。

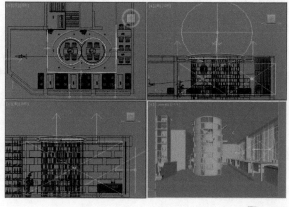

图9-105

⚠ 提示

VRay网格灯光是创建非规则灯光的工具，像霓虹灯光、不规则形状的灯槽等灯光，都可以通过VRay网格灯光加载模型来创建该样式的灯光。

④ 选中上一步创建的VRay灯光，然后进入"修改"面板，具体参数设置如图9-106所示。

设置步骤

① 在"常规"选项组下设置"类型"为"网格"、"倍增"为10，然后设置"颜色"为（红：255，绿：168，蓝：75）。

② 在"选项"选项组下勾选"不可见"选项。

③ 在"采样"选项组下设置"细分"为8。

图9-106

⑤ 按F9键渲染当前场景，最终效果如图9-107所示。

图9-107

技术专题：异形灯光的创建方法

创建异形灯光，一种方法是赋予要发光的模型"VRay自发光"材质，另一种方法就是创建VRay网格灯光。

创建VRay网格灯光后，会在场景中出现一个方块，不能调整大小，如图9-108所示。

选中灯光后，切换到"修改"面板，然后展开"网格灯光"卷展栏，单击"拾取网格"按钮，再单击场景中的模型，就可以将网格灯光与模型链接，如图9-109所示。

技术专题：异形灯光的创建方法（续）

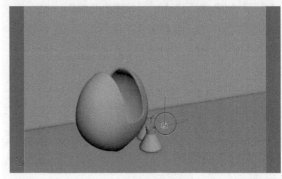

图9-108

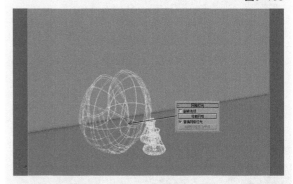

图9-109

链接了模型后，模型本身就是一个VRay灯光的光源，按照设置VRay灯光的方法设置参数即可，图9-110所示是渲染的灯光效果。

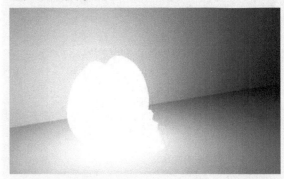

图9-110

9.3 室外建筑布光

室外建筑的布光主要分为日景和夜景两大类。日景布光很简单，通过VRay太阳照亮场景；夜景布光稍微复杂一些，通过VRay灯光模拟室内散发出的光源。

9.3.1 室外建筑日景布光

场景位置	场景文件>CH09>08.max
实例位置	实例文件>CH09>室外建筑日景布光.max
视频名称	室外建筑日景布光.mp4
技术掌握	室外建筑日景布光的方法

扫码看视频

布光原理

室外建筑日景布光，是用VRay太阳模拟太阳光，用VRay天空贴图模拟环境光。

01 打开本书学习资源中的"场景文件>CH09>08.max"文件，如图9-111所示。

图9-111

02 下面创建阳光。设置灯光类型为VRay，然后在窗外创建一盏VRay太阳，其位置如图9-112所示。

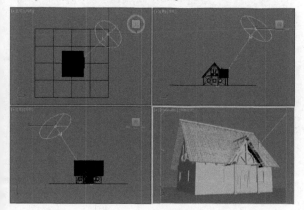

图9-112

提示

创建"VRay太阳"时，会自动弹出询问是否添加"VRay天空"环境贴图，这里选择"是"选项。

03 选中上一步创建的"VRay太阳"，然后在"VRay太阳参数"卷展栏下设置"强度倍增"为0.04、"大小倍增"为5、"阴影细分"为8、"地平线偏移"为10，具体参数设置如图9-113所示。

图9-113

疑难问答

地面与天空交接处的灰色怎么处理？

设置"地平线偏移"可以使地平线位置灰色的部分移动到地面模型以下。当"地平线偏移"位置为0时，效果如图9-114所示。

图9-114

04 按F9键渲染当前场景，效果如图9-115所示。

图9-115

9.3.2 室外建筑夜景布光

场景位置	场景文件>CH09>09.max
实例位置	实例文件>CH09>室外建筑夜景布光.max
视频名称	室外建筑夜景布光.mp4
技术掌握	室外建筑夜景布光的方法

扫码看视频

布光原理

室外建筑的夜景布光，依靠"渲染设置"面板中的环境光控制整体的光照度，再使用VRay灯光模拟建筑内的暖色人工光源。环境光的冷色和人工光源的暖色凸显画面的冷暖对比，营造出温馨的氛围。

① 打开本书学习资源中的"场景文件>CH09>09.max"文件，如图9-116所示。

图9-116

② 下面创建环境光。按F10键打开"渲染设置"面板，然后切换到VRay选项卡，并展开"环境"卷展栏，接着勾选"全局照明（GI）环境"选项，再设置"颜色"为（红:19，绿:21，蓝:71），参数如图9-117所示。

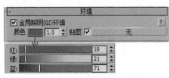

图9-117

③ 按F9键渲染当前场景，如图9-118所示。观察渲染效果，建筑物的每个面都受光均匀，没有明显的明暗对比，建筑物显得不立体。

图9-118

④ 下面创建月光。设置灯光类型为VRay，然后在场景内创建一盏VRay灯光，其位置如图9-119所示。

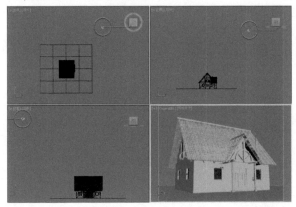

图9-119

⑤ 选择上一步创建的VRay灯光，然后进入"修改"面板，接着展开"参数"卷展栏，具体参数设置如图9-120所示。

设置步骤

① 在"常规"选项组下设置"类型"为"球体"、"半径"为15000mm、"倍增"为200，然后设置"颜色"为（红:255，绿:232，蓝:203）。

② 在"选项"选项组下勾选"不可见"选项。

③ 在"采样"选项组下设置"细分"为16。

图9-120

⑥ 按F9键渲染当前场景，效果如图9-121所示。

图9-121

 提示

创建月光是为场景增加一个带方向的主光，使建筑物的明暗面更加明显，建筑物更加立体。

07 下面创建室内人工光源。设置灯光类型为VRay，然后在场景内创建一盏VRay灯光，其位置如图9-122所示。

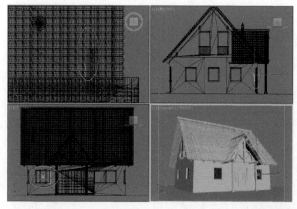

图9-122

08 选择上一步创建的VRay灯光，然后进入"修改"面板，具体参数设置如图9-123所示。

设置步骤

① 在"常规"选项组下设置"类型"为"平面"、"1/2长"为19266.20mm、"1/2宽"为16940.97mm、"倍增"为30，然后设置"颜色"为（红:255，绿:155，蓝:106）。

② 在"采样"选项组下设置"细分"为16。

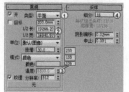

图9-123

⚠ 提示

上一步创建的VRay灯光不勾选"不可见"选项，是为了模拟窗口过度曝光的效果。

09 将创建的VRay灯光以"实例"的形式复制到其余窗口旁，位置如图9-124所示。

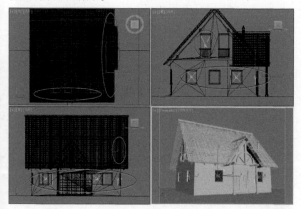

图9-124

10 按F9键渲染当前场景，最终效果如图9-125所示。

图9-125

💡 **灯光疑难问答**

灯光创建的过程中，或多或少会遇到一些意外情况，初学者不知如何解决。下面为大家介绍几种灯光创建时的常见问题。

如何处理灯光阴影处产生的噪点

阴影处产生噪点时，需要提高这盏灯光的细分值，细分越高，阴影处越不容易产生噪点。过高的细分值会增加渲染的时间，渲染的效果并不一定会有肉眼可见的改善。设置合理的细分值可以平衡渲染的质量和效率。

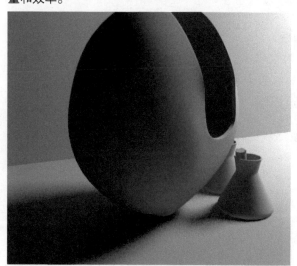

细分为3的阴影

细分为16的阴影

如何处理灯光不亮的问题

首先检查是否有模型遮挡住了灯光,尤其是模拟筒灯的目标灯光和筒灯模型穿插在一起;其次是检查是否开启了该灯光;最后检查是否在灯光中将某些模型排除。

光源勾选"不可见"选项后依然能在反射物体中看见

遇到这种情况,就需要在该灯光的选项中取消勾选"影响反射"选项,这样在渲染时,反射的物体就不会看见光源。

第4篇
效果图的材质

篇前语

材质是体现效果图真实度最直观的表现。无论多么绚丽的灯光都需要搭配材质才能增加效果图画面的感染力，因此材质也是效果图制作中的重要一环。

在真实世界中，许多材质都是由多种材料或元素复合加工而成的，并不是一种单一元素，具有很多随机性。比如玻璃，通常我们认为它是光滑的平面，而真实世界的物体很难找到绝对光滑平整的表面，依然存在凹凸不平。真实世界的材质是具有大量细节的。

对于效果图来说，虽然不用做到细节的面面俱到，但仍然需要善于观察和模拟真实世界的细节特点。只要在时间和技术允许的情况下，做到以假乱真并不是不可能。做生活的有心人，善于观察身边的真实材质，再通过对软件功能的了解，就能做到尽量真实地还原材质。

第10章·物理材质的基本属性

○ 镜面反射 ○ 菲涅耳反射 ○ 材质的折射 ○ 材质的凹凸

10.1 材质的反射

材质的反射是指光线照射在物体上,并反射出来,然后被摄影机捕捉再渲染出来。材质的反射可以分为表面反射和次表面反射。金属等反射强烈的材质,光线都是从物体表面反射出来的,而玉石等材质,光线都是从物体内层反射出来的,如图10-1和图10-2所示。

图10-1

图10-2

10.1.1 镜面反射

镜面反射是指若反射面比较光滑,当平行入射的光线射到这个反射面时,仍会平行地向一个方向反射出来,这种反射就属于镜面反射。在效果图制作中,大多数光滑的物体都被认为是镜面反射,如镜面不锈钢、金属、大理石和镜面等材质。虽然这些材质在真实世界中仍然存在细小的纹理,不是绝对平滑,但在效果图制作中可以忽略这些细节,认定为光滑的平面,如图10-3和图10-4所示。

图10-3

图10-4

10.1.2 菲涅耳反射

菲涅耳反射是指反射强度与视点角度之间的关系。当视线垂直于反射物体表面时，反射较弱；视线与反射物体表面的夹角越小，反射越强烈。自然界中的对象几乎都存在菲涅耳反射，金属也不例外，只是这种菲涅耳反射的现象很弱。如图10-5所示的湖面，靠近视线的位置反射最弱，远离视线的位置反射最强。

图10-5

10.2 材质的折射

材质的折射是指光线穿过物体而产生的光线，光线的方向会产生改变，颜色也会产生改变，还会在其他物体上产生光斑，如图10-6~图10-8所示。

图10-6

图10-7 图10-8

10.3 材质的凹凸

材质的凹凸是作为软件单独列出来的一项功能，并不能算是严格意义上的物理属性。某些材质的表面存在细小且不规则的凹凸，为了得到正确的渲染计算结果，从建模角度去模拟这些凹凸很难实现，因此使用凹凸属性来描述这些表面起伏不大却又复杂的纹理。

木纹表面存在许多不规则的凹凸，为了表现这种纹理感，通常使用漫反射贴图和凹凸贴图进行处理，如图10-9和图10-10所示。

图10-9 图10-10

由于这些细小的凹凸纹理需要经过大量的光影计算，增加了时间成本，降低了工作效率。因此我们在漫反射贴图中保留这些微弱的光影信息，可以提高制作的效率，更好地计算出真实的光影效果。

第11章 效果图的常用材质

○ 标准材质 ○ VRay材质

11.1 标准材质

在效果图制作中，常用的材质球分为3ds Max自带的标准材质球和VRay材质球两大类。标准材质列表如图11-1所示。本节将主要讲解在效果图制作中常用的"标准材质""混合材质"和"多维/子对象"3种材质球的用法。

图11-1

11.1.1 标准材质

"标准"材质是系统默认的材质球，按M键打开"材质球编辑器"，所展示的便是该种材质。它的用法十分简单，参数面板如图11-2所示。

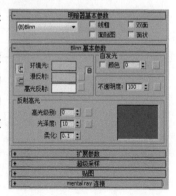

图11-2

重要参数解析

明暗器列表： 在该列表中包含了8种明暗器类型，如图11-3所示。

各向异性： 这种明暗器通过调节两个垂直方向大小不同的高光，可以很好地表现毛发、玻璃和被擦拭过的金属等物体。

图11-3

Blinn： 这种明暗器是以光滑的方式来渲染物体表面，是最常用的一种明暗器。

金属： 这种明暗器适用于金属表面，它能提供金属所需的强烈反光。

多层： "多层"明暗器与"各向异性"明暗器很相似，但"多层"明暗器可以控制两个高亮区，因此"多层"明暗器拥有对材质更多的控制，第1高光反射层和第2高光反射层具有相同的参数控制，可以对这些参数使用不同的设置。

Oren-Nayar-Blinn： 这种明暗器适用于无光表面（如纤维或陶土），与Blinn明暗器几乎相同，通过它附加的"漫反射色级别"和"粗糙度"两个参数可以实现无光效果。

Phong： 这种明暗器可以平滑面与面之间的边缘，也可以真实地渲染有光泽和规则曲面的高光，适用于高强度的表面和具有圆形高光的表面。

Strauss： 这种明暗器适用于金属和非金属表面，与"金属"明暗器十分相似。

半透明明暗器： 这种明暗器与Blinn明暗器类似，它们之间的最大区别在于该明暗器可以设置半透明效果，使光线能够穿透半透明的物体，并且在穿过物体内部时离散。

线框： 以线框模式渲染材质，用户可以在"扩展参数"卷展栏下设置线框的"大小"参数。

双面：将材质应用到选定面，使材质成为双面。

面贴图：将材质应用到几何体的各个面。如果材质是贴图材质，则不需要贴图坐标，因为贴图会自动应用到对象的每一个面。

面状：使对象产生不光滑的明暗效果，把对象的每个面都作为平面来渲染，可以用于制作加工过的钻石、宝石和任何带有硬边的物体表面。

环境光：用于模拟间接光，也可以用来模拟光能传递。

漫反射："漫反射"指在光照条件较好的情况下（比如在太阳光和人工光直射的情况下）物体反射出来的颜色，又被称作物体的"固有色"，也就是物体本身的颜色。

高光反射：指物体发光表面高亮显示部分的颜色。

自发光：使用"漫反射"颜色替换曲面上的任何阴影，从而创建出白炽效果。

不透明度：用于控制材质的不透明度。

高光级别：控制"反射高光"的强度。数值越大，反射强度越强。

光泽度：控制镜面高亮区域的大小，即反光区域的大小。数值越大，反光区域越小。

柔化：设置反光区和无反光区衔接的柔和度。0表示没有柔化效果；1表示应用最大量的柔化效果。

11.1.2 混合材质

"混合"材质可以在模型的单个面上将两种材质通过一定的比例进行混合，混合量可以是由一张贴图来控制，也可以由百分比来控制。控制混合量的贴图无论是否有颜色信息，都会被当作黑白贴图使用，并受贴图坐标的控制，参数面板如图11-4所示。

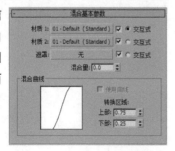

图11-4

重要参数解析

材质1/材质2：可在其后面的材质通道中对两种材质分别进行设置。

遮罩：可以选择一张贴图作为遮罩。利用贴图的灰度值可以决定"材质1"和"材质2"的混合情况。

混合量：控制两种材质混合的百分比。如果使用遮罩，则"混合量"选项将不起作用。

交互式：用来选择哪种材质在视图中以实体着色方式显示在物体的表面。

混合曲线：对遮罩贴图中的黑白色过渡区进行调节。

使用曲线：控制是否使用"混合曲线"来调节混合效果。

上部：用于调节"混合曲线"的上部。

下部：用于调节"混合曲线"的下部。

11.1.3 多维/子对象材质

使用"多维/子对象"材质可以采用几何体的子对象级别分配不同的材质。通过面板上的ID号分别赋予不同的材质，参数面板如图11-5所示。

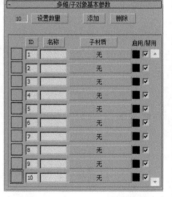

图11-5

重要参数解析

数量：显示包含在"多维/子对象"材质中的子材质的数量。

设置数量 设置数量：单击该按钮可以打开"设置材质数量"对话框，如图11-6所示，在该对话框中可以设置材质的数量。

图11-6

添加 添加：单击该按钮可以添加子材质。

删除 删除：单击该按钮可以删除子材质。

ID **ID**：单击该按钮将对列表进行排序，其顺序开始于最低材质ID的子材质，结束于最高材质ID。

名称 **名称**：单击该按钮可以用名称进行排序。

子材质 **子材质**：单击该按钮可以通过显示于"子材质"按钮上的子材质名称进行排序。

启用/禁用：启用或禁用子材质。

子材质列表：单击子材质后面的"无"按钮 **无**，可以创建或编辑一个子材质。

技术专题：多维/子对象材质的用法及原理解析

很多初学者会觉得"多维/子对象"材质看起来很复杂，难以理解，下面就以图11-7所示的立方体介绍该材质的原理。

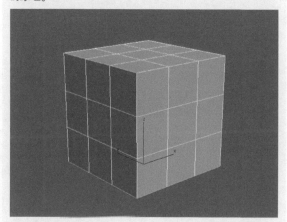

图11-7

首先设置每个多边形的材质ID号，用以区分不同的多边形。选中立方体，进入"多边形"层级，然后选择两个多边形，接着在"多边形:材质ID"卷展栏下将这两个多边形的材质ID设置为1，如图11-8所示。同理，用相同的方法设置其他多边形的材质ID，如图11-9和图11-10所示。

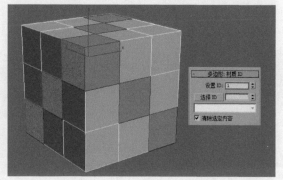

图11-8

技术专题：多维/子对象材质的用法及原理解析（续）

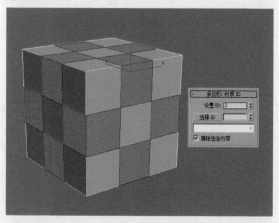

图11-9

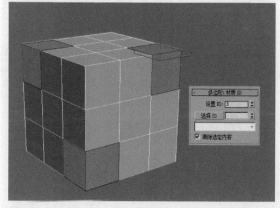

图11-10

然后设置"多维/子对象"材质。由于这里只有3个材质ID号，因此将"多维/子对象"材质的数量设置为3，并分别在各个子材质通道加载一个"标准"材质，分别设置"标准"材质的"漫反射"颜色为红、绿、蓝，如图11-11所示，接着将设置好的"多维/子对象"材质指定给立方体，效果如图11-12所示。

图11-11　　　　　　图11-12

从上图可以观察到，相同ID号的材质会赋予给相同ID号的多边形。

实例

用标准材质制作玻璃餐具

场景位置	场景文件>CH11>01.max
实例位置	实例文件>CH11>用标准材质制作玻璃餐具.max
视频名称	实例：用标准材质制作玻璃餐具.mp4
技术掌握	标准材质的使用方法

扫码看视频

01 打开本书学习资源中的"场景文件>CH11>01.max"文件，场景如图11-13所示。

图11-13

02 选择一个空白材质球，然后设置材质类型为"标准"材质，接着将其命名为"玻璃"，具体参数设置如图11-14所示，制作好的材质球效果如图11-15所示。

设置步骤

① 设置"环境光"颜色为（红:0，绿:0，蓝:0）。

② 设置"漫反射"颜色为（红:3，绿:11，蓝:8）。

③ 在"反射高光"选项组下设置"高光级别"为120、"光泽度"为60。

④ 设置"不透明度"为50。

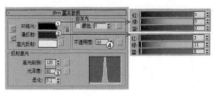

图11-14　　图11-15

03 在视图中选中餐具模型，然后在"材质编辑器"对话框中单击"将材质指定给选定对象"按钮，如图11-16所示。

图11-16

⚓ **提示**

由于本例是材质的第1个实例，因此介绍了如何将材质指定给对象。在后面的实例中，这个步骤会省去。

04 按F9键渲染当前场景，效果如图11-17所示。

图11-17

实例

用混合材质制作花纹镜子

场景位置	场景文件>CH11>02.max
实例位置	实例文件>CH11>用混合材质制作花纹镜子.max
视频名称	实例：用混合材质制作花纹镜子.mp4
技术掌握	混合材质的使用方法

扫码看视频

01 打开学习资源中的"场景文件>CH11>02.max"文件，如图11-18所示。

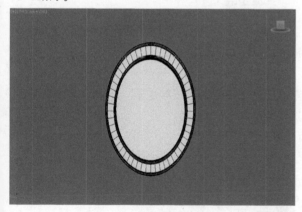

图11-18

02 选择一个空白材质球，然后设置材质类型为"混合"材质，如图11-19所示。

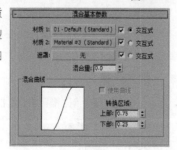

图11-19

疑难问答

"替换材质"对话框怎么处理?

在将"标准"材质切换为"混合"材质时，3ds Max会弹出一个"替换材质"对话框，提示是丢弃旧材质还是将旧材质保存为子材质，用户可根据实际情况进行选择，这里选择"丢弃旧材质"选项（大多数时候都选择该选项），如图11-20所示。

图11-20

03 在"材质1"通道中加载一个VRayMtl材质，具体参数设置如图11-21所示。

设置步骤

① 设置"漫反射"颜色为(红:0, 绿:0, 蓝:0)。

② 设置"反射"颜色为(红:255, 绿:255, 蓝:255)。

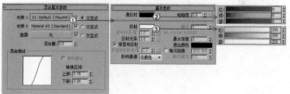

图11-21

04 返回到"混合基本参数"卷展栏，然后在"材质2"通道中加载一个VRayMtl材质，具体参数设置如图11-22所示。

设置步骤

① 设置"漫反射"颜色为(红:49, 绿:23, 蓝:0)。

② 设置"反射"颜色为（红:173, 绿:144, 蓝:121），然后设置"反射光泽"为0.9。

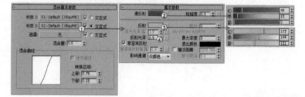

图11-22

疑难问答

如何返回上一层级?

在这里，有些初学者可能会不明白如何返回"混合基本参数"卷展栏。在"材质编辑器"对话框的工具栏上有一个"转换到父对象"按钮，单击该按钮即可返回到父层级，如图11-23所示。

图11-23

⑤ 返回到"混合基本参数"卷展栏，然后在"遮罩"贴图通道中加载一张学习资源中的"实例文件>CH11>用混合材质制作花纹镜子>花1.jpg"文件，如图11-24所示，制作好的材质球效果如图11-25所示。

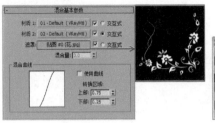

图11-24　　　图11-25

⑥ 将制作好的材质指定给场景中的镜子模型，然后按F9键渲染当前场景，最终效果如图11-26所示。

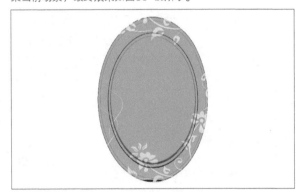

图11-26

实例

用多维/子对象材质制作饰品

场景位置	场景文件>CH11>03.max
实例位置	实例文件>CH11>用多维/子对象材质制作饰品.max
视频名称	实例：用多维/子对象材质制作饰品.mp4
技术掌握	多维/子对象材质的使用方法

扫码看视频

① 打开本书学习资源中的"场景文件>CH11>03.max"文件，如图11-27所示。

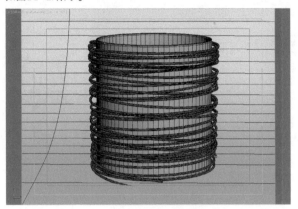

图11-27

② 选择一个空白材质球，然后设置材质类型为"多维/子对象"材质，接着设置"材质数量"为2，最后在ID 1和ID 2材质通道中各加载一个VRayMtl材质，如图11-28所示。

图11-28

③ 单击ID 1材质通道，切换到VRayMtl材质设置面板，具体参数设置如图11-29所示。

设置步骤

① 设置"漫反射"颜色为（红:10，绿:10，蓝:10）。

② 设置"反射"颜色为（红:62，绿:62，蓝:62），然后设置"反射光泽"为0.8，接着取消勾选"菲涅耳反射"选项。

图11-29

④ 单击ID 2材质通道，切换到VRayMtl材质设置面板，具体参数设置如图11-30所示，材质球效果如图11-31所示。

设置步骤

① 设置"漫反射"颜色为（红:128，绿:128，蓝:128）。

② 设置"折射"颜色为（红:156，绿:156，蓝:156），然后设置"折射率"为1.5，接着勾选"影响阴影"选项。

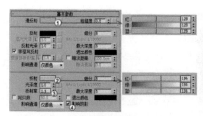

图11-30　　　　　　　图11-31

05 按F9键渲染当前场景，效果如图11-32所示。

图11-32

11.2 VRay材质

在效果图制作中，另一大类材质球就是VRay材质球。VRay材质列表如图11-33所示。本节将主要讲解在效果图制作中常用的VRayMtl材质、"VRay灯光"材质和"VRay混合"材质3种材质球的用法。

图11-33

11.2.1 VRayMtl材质

VRayMtl材质是使用频率最高的一种材质，也是使用范围最广的一种材质，常用于制作室内外效果图。VRayMtl材质除了能完成一些反射和折射效果外，还能出色地表现出SSS以及BRDF等效果。

1.基本参数卷展栏

"基本参数"卷展栏设置面板如图11-34所示。

重要参数解析

漫反射：物体的漫反射用来决定物体的表面颜色。通过单击它的色块，可以调整自身的颜色。单击右边的█按钮可以选择不同的贴图类型。

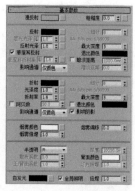

图11-34

粗糙度：数值越大，粗糙效果越明显，可以用该选项来模拟绒布的效果。

反射：这里的反射是靠颜色的灰度来控制，颜色越白反射越亮，越黑反射越弱；而这里选择的颜色则是反射出来的颜色，和反射的强度是分开来计算的。单击旁边的█按钮，可以使用贴图的灰度来控制反射的强弱。

菲涅耳反射：勾选该选项后，反射强度会与物体的入射角度有关系，入射角度越小，反射越强烈。当垂直入射的时候，反射强度最弱。同时，菲涅耳反射的效果也和下面的"菲涅耳折射率"有关。当"菲涅耳折射率"为0或100时，将产生完全反射；而当"菲涅耳折射率"从1变化到0时，反射越强烈；同样，当菲涅耳折射率从1变化到100时，反射也越强烈。

菲涅耳折射率：在"菲涅耳反射"中，菲涅耳现象的强弱衰减率可以用该选项来调节。

高光光泽：控制材质的高光大小，默认情况下和"反射光泽"一起关联控制，可以通过单击旁边的L按钮█来解除锁定，从而单独调整高光的大小。

反射光泽：通常也被称为"反射模糊"。物理世界中所有的物体都有反射光泽度，只是或多或少而已。默认值1表示没有模糊效果，而比较小的值表示模糊效果越强烈，如图11-35所示。单击右边的█按钮，可以通过贴图的灰度来控制反射模糊的强弱。

图11-35

细分：用来控制"反射光泽"的品质，较高的值可以取得较平滑的效果，而较低的值可以让模糊区域产生颗粒效果。注意，细分值越大，渲染速度越慢，如图11-36所示。

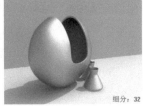

图11-36

使用插值：当勾选该参数时，VRay能够使用类似于"发光贴图"的缓存方式来加快反射模糊的计算。

最大深度：是指反射的次数，数值越高，效果越真实，但渲染时间也更长。

退出颜色：当物体的反射次数达到最大次数时就会停止计算反射，这时由于反射次数不够造成的反射区域的颜色就用退出色来代替。

暗淡距离：勾选该选项后，可以手动设置参与反射计算对象间的距离，与产生反射对象的距离大于设定数值的对象就不会参与反射计算。

暗淡衰减：通过后方的数值设定对象在反射效果中的衰减强度。

影响通道：选择反射效果是否影响对应的图像通道，通常保持默认的设置即可。

折射：和反射的原理一样，颜色越白，物体越透明，进入物体内部产生折射的光线也就越多；颜色越黑，物体越不透明，产生折射的光线也就越少。单击右边的■按钮，可以通过贴图的灰度来控制折射的强弱。

折射率：设置透明物体的折射率。

 提示

常见物体的折射率：

冰＝1.309、水＝1.333、玻璃＝1.517、水晶＝2.000、钻石＝2.417。

光泽度：用来控制物体的折射模糊程度。值越小，模糊程度越明显；默认值1不产生折射模糊。单击右边的■按钮，可以通过贴图的灰度来控制折射模糊的强弱。

最大深度：和反射中的最大深度原理一样，用来控制折射的最大次数。

细分：用来控制折射模糊的品质，较高的值可以得到比较光滑的效果，但是渲染速度会变慢；而较低的值可以使模糊区域产生杂点，但是渲染速度会变快。

退出颜色：当物体的折射次数达到最大次数时就会停止计算折射，这时由于折射次数不够造成的折射区域的颜色就用退出色来代替。

使用插值：当勾选该选项时，VRay能够使用类似于"发光贴图"的缓存方式来加快"光泽度"的计算。

影响阴影：这个选项用来控制透明物体产生的阴影。勾选该选项时，透明物体将产生真实的阴影。注意，这个选项仅对"VRay灯光"和"VRay阴影"有效。

影响通道：设置折射效果是否影响对应的图像通道，通常保持默认的设置即可。

烟雾颜色：这个选项可以让光线通过透明物体后变少，就好像和物理世界中的半透明物体一样。这个颜色值和物体的尺寸有关，厚的物体颜色需要设置淡一点才有效果。

烟雾倍增：可以理解为烟雾的浓度。值越大，雾越浓，光线穿透物体的能力越差。不推荐使用大于1的值，如图11-37所示。

图11-37

烟雾偏移：控制烟雾的偏移，较低的值会使烟雾向摄影机的方向偏移，如图11-38所示。

图11-38

图11-38（续）

色散：勾选该选项后，光线在穿过透明物体时会产生色散现象。

阿贝数：用于控制色散的强度，数值越小，色散现象越强烈。

类型：半透明效果（也叫3S效果）的类型有3种，一种是"硬（蜡）模型"，比如蜡烛；一种是"软（水）模型"，比如海水；还有一种是"混合模型"。

背面颜色：用来控制半透明效果的颜色。

厚度：用来控制光线在物体内部被追踪的深度，也可以理解为光线的最大穿透能力。较大的值，会让整个物体都被光线穿透；较小的值，可以让物体比较薄的地方产生半透明现象。

散布系数：物体内部的散射总量。0表示光线在所有方向被物体内部散射；1表示光线在一个方向被物体内部散射，而不考虑物体内部的曲面。

正/背面系数：控制光线在物体内部的散射方向。0表示光线沿着灯光发射的方向向前散射；1表示光线沿着灯光发射的方向向后散射；0.5表示这两种情况各占一半。

灯光倍增：设置光线穿透能力的倍增值。值越大，散射效果越强。

2.双向反射分布函数卷展栏

"双向反射分布函数"卷展栏的参数面板如图11-39所示。

图11-39

重要参数解析

明暗器列表：包含4种明暗器类型，分别是反射、多面、沃德和微面GTR（GGX），如图11-40所示。

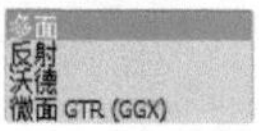

图11-40

多面：适合大多数物体，高光区适中。

反射：适合硬度很高的物体，高光区很小。

沃德：适合表面柔软或粗糙的物体，高光区最大。

微面GTR（GGX）：VRay3.2新增的类型，适合金属类材质。

各向异性（-1..1）：控制高光区域的形状，可以用该参数来设置拉丝效果。

旋转：用于控制高光区的旋转方向。

UV矢量源：控制高光形状的轴向，也可以通过贴图通道来设置。

局部轴：有x、y、z这3个轴可供选择。

贴图通道：可以使用不同的贴图通道与UVW贴图进行关联，从而实现一个物体在多个贴图通道中使用不同的UVW贴图，这样可以得到各自相对应的贴图坐标。

3.选项卷展栏

"选项"卷展栏的参数面板如图11-41所示。

图11-41

重要参数解析

跟踪反射：控制光线是否追踪反射。如果不勾选该选项，VRay将不渲染反射效果。

跟踪折射：控制光线是否追踪折射。如果不勾选该选项，VRay将不渲染折射效果。

中止：中止选定材质的反射和折射的最小阈值。

环境优先：控制"环境优先"的数值。

效果ID：设置ID号，以覆盖材质本身的ID号。

覆盖材质效果ID：勾选该选项后，通过左侧的"效果ID"选项设置的ID号，可以覆盖掉材质本身的ID。

双面：控制VRay渲染的面是否为双面。

背面反射：勾选该选项时，将强制VRay计算反射物体的背面产生反射效果。

使用发光图：控制选定的材质是否使用"发光贴图"。

雾系统单位比例：控制是否使用雾系统单位比例，通常保持默认即可。

视有光泽光线为全局照明光线：该选项在效果图制作中一般都默认设置为"仅全局照明光线"。

能量保存模式：该选项在效果图制作中一般都默认设置为RGB模型，因为这样可以得到彩色效果。

4.贴图卷展栏

"贴图"卷展栏的参数面板如图11-42所示。

图11-42

重要参数解析

漫反射：与"基本参数"卷展栏下的"漫反射"选项相同。

粗糙度：与"基本参数"卷展栏下的"粗糙度"选项相同。

反射：与"基本参数"卷展栏下的"反射"选项相同。

高光光泽：与"基本参数"卷展栏下的"高光光泽"选项相同。

菲涅耳折射率：与"基本参数"卷展栏下的"菲涅耳折射率"选项相同。

各向异性：与"基本参数"卷展栏下的"各向异性（-1..1）"选项相同。

各向异性旋转：与"双向反射分布函数"卷展栏下的"旋转"选项相同。

折射：与"基本参数"卷展栏下的"折射"选项相同。

光泽度：与"基本参数"卷展栏下的"光泽度"选项相同。

折射率：与"基本参数"卷展栏下的"折射率"选项相同。

半透明：与"基本参数"卷展栏下的"半透明"选项相同。

凹凸：主要用于制作物体的凹凸效果，在后面的通道中可以加载一张凹凸贴图。

置换：主要用于制作物体的置换效果，在后面的通道中可以加载一张置换贴图。

不透明度：主要用于制作透明物体，例如窗帘、灯罩等。

环境：主要是针对上面的一些贴图而设定的，比如反射、折射等，只是在其贴图的效果上加入了环境贴图效果。

11.2.2 VRay灯光材质

VRay灯光材质用于模拟自发光物体，如灯箱、霓虹灯、外景贴图等，光源的强度不受环境的影响。参数面板如图11-43所示。

图11-43

重要参数解析

颜色：设置对象自发光的颜色，后面的输入框用来设置自发光的"强度"。通过后面的贴图通道可以加载贴图来代替自发光的颜色。

不透明度：用贴图来指定发光体的透明度。

背面发光：当勾选该选项时，它可以让材质光源双面发光。

补偿摄影机曝光：勾选该选项后，"VRay灯光材质"产生的照明效果可以用于增强摄影机曝光。

倍增颜色的不透明度：勾选该选项后，同时通过下方的"置换"贴图通道加载黑白贴图，可以通过位图的灰度强弱来控制发光强度，白色为最强。

置换：在后面的贴图通道中可以加载贴图来控制发光效果。调整数值输入框中的数值可以控制位图的发光强弱，数值越大，发光效果越强烈。

直接照明：该选项组用于控制"VRay灯光材质"是否参与直接照明计算。

开：勾选该选项后，"VRay灯光材质"产生的光线仅参与直接照明计算，即只产生自身亮度及照明范围，不参与间接光照的计算，如图11-44所示。

图11-44

细分：设置"VRay灯光材质"所产生的光子参与直接照明计算时的细分效果。

中止：设置"VRay灯光材质"所产生的光子参与直接照明时的最小能量值，能量小于该数值时光子将不参与计算。

11.2.3 VRay混合材质

VRay混合材质和"混合"材质用法相同，不同在于VRay混合材质可以最多一次混合10种材质，且每一种材质单独控制。

VRay混合材质还可以开启"虫漆模式"，即将原有的各个材质之间的混合模式变换到加法模式，比如木材表面的清漆是附加在原有材质上的。

VRay混合材质参数面板如图11-45所示。

图11-45

重要参数解析

基本材质：可以理解为最基层的材质。

镀膜材质：表面材质，可以理解为基本材质上面的材质。

混合数量：这个混合数量是表示"镀膜材质"混合多少到"基本材质"上面，如果颜色是白色，那么这个"镀膜材质"将全部混合上去，而下面的"基本材质"将不起作用；如果颜色是黑色，那么这个"镀膜材质"自身就没什么效果。混合数量也可以由后面的贴图通道来代替。

相加（虫漆）模式：选择这个选项，"VRay混合材质"将和3ds Max里的"虫漆"材质效果类似，一般情况下不勾选它。

① 打开本书学习资源中的"场景文件>CH11>04.max"文件，如图11-46所示。

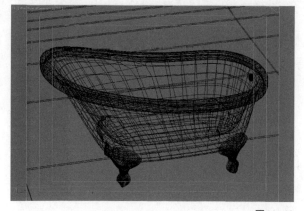

图11-46

② 选择一个空白材质球，然后设置材质类型为VRayMtl材质，并将其命名为"陶瓷1"，具体参数设置如图11-47所示，制作好的材质球效果如图11-48所示。

设置步骤

① 设置"漫反射"颜色为(红:240, 绿:240, 蓝:240)。

② 设置"反射"颜色为（红:255，绿:255，蓝:255），然后设置"反射光泽"为0.9、"细分"为12。

图11-47　　　　图11-48

03 将制作好的材质指定给场景中的模型，然后按F9键渲染当前场景，最终效果如图11-49所示。

图11-49

实例
用VRay灯光材质制作壁灯

场景位置	场景文件>CH11>05.max
实例位置	实例文件>CH11>用VRay灯光材质制作壁灯.max
视频名称	实例：用VRay灯光材质制作壁灯.mp4
技术掌握	VRay灯光材质的使用方法

扫码看视频

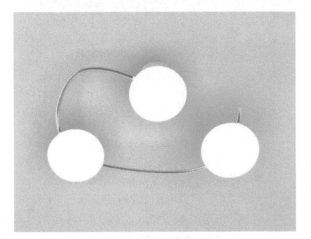

01 打开本书学习资源中的"场景文件>CH11>05.max"文件，如图11-50所示。

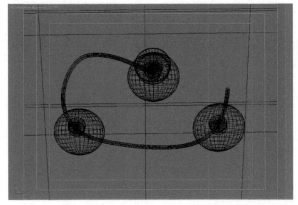

图11-50

02 下面制作灯罩自发光材质。选择一个空白材质球，然后设置材质类型为"VRay灯光材质"，接着在"参数"卷展栏下设置发光的"强度"为2.5，如图11-51所示，制作好的材质球效果如图11-52所示。

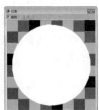

图11-51　　　　图11-52

03 下面制作灯体材质。选择一个空白材质球，然后设置材质类型为VRayMtl材质，具体参数设置如图11-53所示，制作好的材质球效果如图11-54所示。

设置步骤

① 设置"漫反射"颜色为（红:163，绿:114，蓝:70）。

② 设置"反射"颜色为（红:165，绿:162，蓝:133），然后设置"高光光泽"为0.85、"反射光泽"为0.8、"细分"为15，接着取消勾选"菲涅耳反射"选项。

图11-53　　　　图11-54

04 将制作好的材质指定给场景中的模型，然后按F9键渲染当前场景，最终效果如图11-55所示。

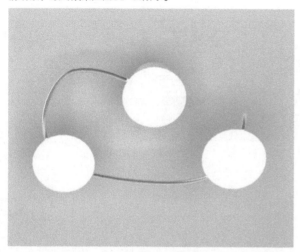

图11-55

实例

用VRay混合材质制作彩陶罐

场景位置	场景文件>CH11>06.max
实例位置	实例文件>CH11>用VRay混合材质制作彩陶罐.max
视频名称	实例：用VRay混合材质制作彩陶罐.mp4
技术掌握	VRay混合材质的使用方法

扫码看视频

01 打开学习资源中的"场景文件>CH11>06.max"文件，如图11-56所示。

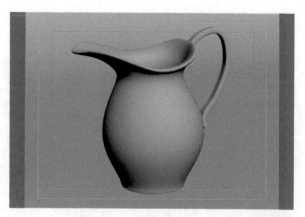

图11-56

02 下面制作蓝色材质。选择一个空白材质球，设置材质类型为"VRay混合材质"，然后在"基本材质"通道中加载一个VRayMtl材质，具体参数设置如图11-57所示。

设置步骤

① 设置"漫反射"颜色为（红:26，绿:53，蓝:120）。

② 设置"反射"颜色为（红:92，绿:92，蓝:92），然后设置"反射光泽"为0.6、"细分"为12。

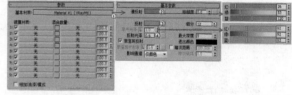

图11-57

⚓ 提示

在加载"VRay混合材质"时，3ds Max会弹出"替换材质"对话框，在这里选择第1个选项。

03 返回到"VRay混合材质"参数设置面板，然后在第1个"镀膜材质"通道中加载一个VRayMtl材质，具体参数如图11-58所示。

设置步骤

① 设置"漫反射"颜色为（红:234，绿:200，蓝:110）。

② 设置"反射"颜色为（红:55，绿:55，蓝:55），然后设置"反射光泽"为0.6、"细分"为12。

④ 返回到"VRay混合材质"参数设置面板，然后在第1个"混合数量"通道中加载一张学习资源中的"实例文件>CH11>用VRay混合材质制作彩陶罐>混合.jpg"贴图，具体参数如图11-59所示，制作好的材质球效果如图11-60所示。

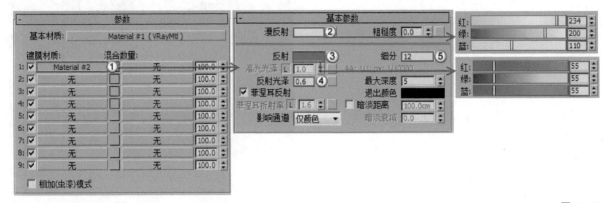

图11-58

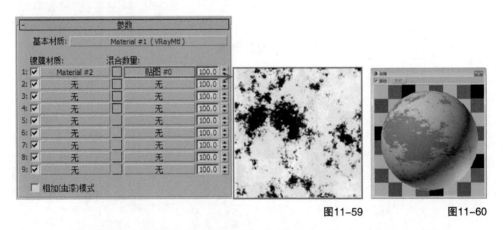

图11-59　　　　　图11-60

⑤ 将制作好的材质指定给场景中的模型，然后按F9键渲染当前场景，最终效果如图11-61所示。

图11-61

第12章 效果图的常用贴图

o 常用贴图　o 贴图坐标

12.1 常用贴图

在效果图制作中，常用的贴图分为3ds Max自带的标准贴图和VRay贴图两大类。贴图列表如图12-1所示。本节将主要讲解在效果图制作中常用的8种贴图的用法。

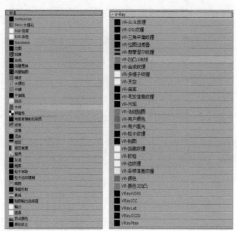

图12-1

12.1.1 位图贴图

位图贴图是最常用的贴图之一，它使用预存的图片素材作为贴图，同时能进行一部分的修改，参数面板如图12-2所示。

图12-2

重要参数解析

瓷砖：将贴图U方向和V方向进行平铺。

偏移：将平铺后的贴图进行位移。

模糊：调节贴图的模糊程度，默认值是1，设置为0.01是不做模糊处理。

查看图像：用于查看素材图像，勾选前方的"应用"选项，可以裁剪原素材。

12.1.2 噪波贴图

噪波贴图可以实现物体的凹凸纹理，其参数面板如图12-3所示。

图12-3

重要参数解析

源：默认选择"对象XYZ"选项，即用对象的x、y、z坐标来生成噪波球。

噪波类型：分为"规则""分形"和"湍流"3种。

规则：生成普通噪波，如图12-4所示。

分形：使用分形算法生成噪波，如图12-5所示。

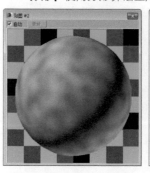

图12-4

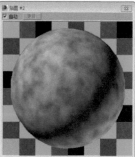

图12-5

湍流：生成应用绝对值函数来制作故障线条的分形噪波，如图12-6所示。

大小：以3ds Max为单位设置噪波函数的比例。

噪波阈值：控制噪波的效果，取值范围是0~1。

级别：决定有多少分形能量用于分形和湍流噪波函数。

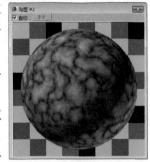
图12-6

相位：控制噪波函数的动画速度。

交换 交换：交换两个颜色或贴图的位置。

颜色#1/2：可以从两个主要噪波颜色中进行选择，将通过所选的两种颜色来生成中间颜色值。

12.1.3 不透明度贴图

"不透明度"贴图是通过在"不透明度"贴图通道中加载一张黑白图像，遵循"黑透、白不透"的原理，即黑白图像中黑色部分为透明，白色部分为不透明，如图12-7所示。

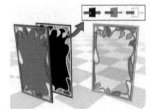
图12-7

12.1.4 衰减贴图

"衰减"贴图可以用来控制材质强烈到柔和的过渡效果，使用频率比较高，其参数设置面板如图12-8所示。

重要参数解析

图12-8

前：通过颜色或贴图控制视线与物体表面法线的角度为0°。

侧：通过颜色或贴图控制视线与物体表面法线的角度为90°。

衰减类型：设置衰减的方式，共有以下5种。

垂直/平行：在与衰减方向相垂直的面法线和与衰减方向相平行的法线之间设置角度衰减范围，如图12-9所示。

朝向/背离：在面向衰减方向的面法线和背离衰减方向的法线之间设置角度衰减范围，如图12-10所示。

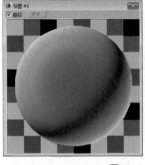 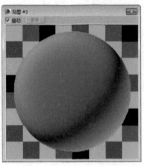
图12-9　　　　　　　　　图12-10

Fresnel：基于IOR（折射率）在面向视图的曲面上产生暗淡反射，而在有角的面上产生较明亮的反射，如图12-11所示。

阴影/灯光：基于落在对象上的灯光，在两个子纹理之间进行调节，如图12-12所示。

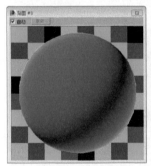 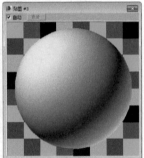
图12-11　　　　　　　　　图12-12

距离混合：基于"近端距离"值和"远端距离"值，在两个子纹理之间进行调节，如图12-13所示。

衰减方向：设置衰减的方向。

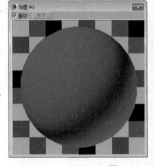

图12-13

12.1.5 混合贴图

"混合"程序贴图可以用来制作材质之间的混合

效果，其参数设置面板如图12-14所示。

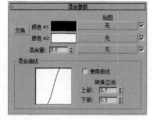

图12-14

重要参数解析

交换 交换 ：交换两个颜色或贴图的位置。

颜色#1/2：设置混合的两种颜色。

混合量：设置混合的比例。

混合曲线：用曲线来确定对混合效果的影响。

转换区域：调整"上部"和"下部"的级别。

12.1.6 法线凹凸贴图

"法线凹凸"程序贴图是使用纹理烘焙的法线贴图，主要用于表现物体表面的真实凹凸效果，其参数设置面板如图12-15所示。

图12-15

重要参数解析

法线：可以在其后面的通道中加载法线贴图。

附加凹凸：包含其他用于修改凹凸或位移的贴图。

翻转红色（X）：翻转红色通道。

翻转绿色（Y）：翻转绿色通道。

红色&绿色交换：交换红色和绿色通道，这样可使法线贴图旋转90°。

切线：从切线方向投射到目标对象的曲面上。

局部XYZ：使用对象局部坐标进行投影。

屏幕：使用屏幕坐标进行投影，即在z轴方向上的平面进行投影。

世界：使用世界坐标进行投影。

12.1.7 VRayHDRI贴图

VRayHDRI可以翻译为高动态范围贴图，主要用来设置场景的环境贴图，即把HDRI当作光源来使用，其参数设置面板如图12-16所示。

图12-16

重要参数解析

位图：单击后面的"浏览"按钮 浏览 可以指定一张HDRI贴图。

贴图类型：控制HDRI的贴图方式，共有以下5种。

角度：主要用于使用了对角拉伸坐标方式的HDRI。

立方：主要用于使用了立方体坐标方式的HDRI。

球形：主要用于使用了球形坐标方式的HDRI。

球状镜像：主要用于使用了镜像球体坐标方式的HDRI。

3ds Max标准：主要用于对单个物体指定环境贴图。

水平旋转：控制HDRI在水平方向的旋转角度。

水平翻转：让HDRI在水平方向上翻转。

垂直旋转：控制HDRI在垂直方向的旋转角度。

垂直翻转：让HDRI在垂直方向上翻转。

全局倍增：用来控制HDRI的亮度。

渲染倍增：设置渲染时的光强度倍增。

伽玛值：设置贴图的伽玛值。

12.1.8 平铺贴图

使用"平铺"程序贴图可以创建类似于瓷砖的贴图，通常在制作有很多建筑砖块图案时使用，其参数设置面板如图12-17所示。

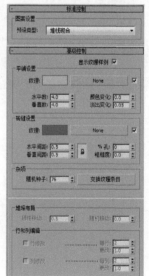

重要参数解析

平铺纹理：通过颜色调节，也可以在后面的贴图通道中加载贴图。

砖缝纹理：通过颜色调节，也可以在后面的贴图通道中加载贴图。

图12-17

水平数/垂直数：设置平铺的数量。

水平间距/垂直间距：设置砖缝的宽度。

预设类型：控制不同的平铺规则，如图12-18所示。

图12-18

12.2 贴图坐标

贴图坐标可以控制贴图在模型上的呈现方式，使贴图更加贴合模型。本节将讲解两种常用的贴图坐标修改器，即"UVW贴图"修改器和"UVW贴图展开"修改器。

12.2.1 UVW贴图修改器

"UVW贴图"修改器是添加贴图坐标的基础方法。选中模型后，切换到"修改"面板，然后在"修改器堆栈"中选择"UVW贴图"选项，参数面板如图12-19所示。

图12-19

重要参数解析

平面：从对象上的一个平面投影贴图，在某种程度上类似于投影幻灯片。在需要贴图对象的一侧时，会使用平面投影。它还用于倾斜地在多个侧面贴图，以及用于贴图对称对象的两个侧面，如图12-20所示。

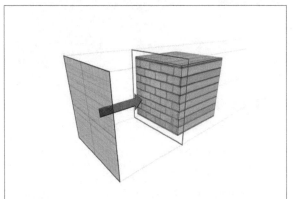

图12-20

柱形：从圆柱体投影贴图，使用它包裹对象。位图接合处的缝是可见的，除非使用无缝贴图。圆柱形投影用于基本形状为圆柱形的对象，如图12-21所示。

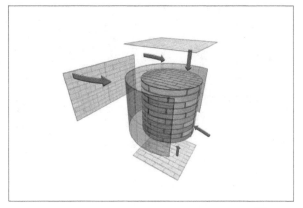

图12-21

球形：通过从球体投影贴图来包围对象。在球体顶部和底部，位图边与球体两极交会处会看到缝和贴图奇点。球形投影用于基本形状为球形的对象，如图12-22所示。

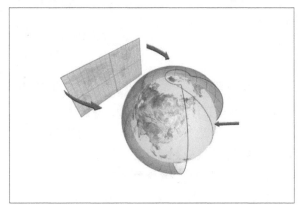

图12-22

收缩包裹：使用球形贴图，但是它会截去贴图的各个角，然后在一个单独极点将它们全部结合在一起，仅创建一个奇点。收缩包裹贴图用于隐藏贴图奇点，如图12-23所示。

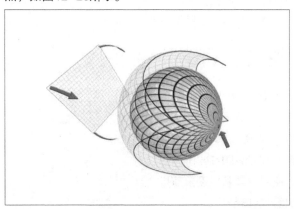

图12-23

长方体：从长方体的六个侧面投影贴图。每个侧面投影为一个平面贴图，且表面上的效果取决于曲面法线。从其法线几乎与其每个面的法线平行的最接近长方体的表面贴图每个面，如图12-24所示。

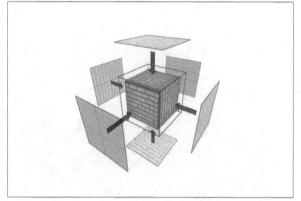

图12-24

面：对对象的每个面应用贴图副本。使用完整矩形贴图来贴图共享隐藏边的成对面。使用贴图的矩形部分贴图不带隐藏边的单个面，如图12-25所示。

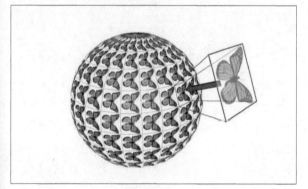

图12-25

XYZ到UVW：将 3D 程序坐标贴图到 UVW 坐标，这会将程序纹理贴到表面。如果表面被拉伸，3D程序贴图也会被拉伸。对于包含动画拓扑的对象，请结合程序纹理（如细胞）使用此选项，如图12-26所示。

图12-26

长度/宽度/高度：指定"UVW 贴图"gizmo 的尺寸。在应用修改器时，贴图图标的默认缩放由对象的最大尺寸定义。

U向平/V向平/W向平：用于指定 UVW 贴图的尺寸，以便平铺图像。

贴图通道：设置贴图通道。"UVW 贴图"修改器默认为通道 1，因此贴图以默认方式工作，除非显示更改为其他通道。默认值为 1，范围为 1 ~ 99。如果指定一个不同的通道，请确保应当使用该贴图通道的对象材质中的所有贴图也都设置为该通道。在修改器堆栈中可使用多个"UVW 贴图"修改器，每个修改器控制材质中不同贴图的贴图坐标。

X/Y/Z：选择其中之一，可翻转贴图 gizmo 的对齐。每项指定 Gizmo 的哪个轴与对象的局部 z 轴对齐。

适配：将 gizmo 适配到对象的范围并使其居中，以使其锁定到对象的范围。在启用"真实世界贴图大小"时不可用。

居中：移动 gizmo，使其中心与对象的中心一致。

重置：删除控制 gizmo 的当前控制器，并插入使用"拟合"功能初始化的新控制器，所有 Gizmo 动画都将丢失。就像所有对齐选项一样，可通过单击"撤消"来重置操作。

12.2.2　UVW展开修改器

"UVW 展开"修改器用于将贴图（纹理）坐标指定给对象和子对象，并手动或通过各种工具来编辑这些坐标。还可以使用它来展开和编辑对象上已有的UVW 坐标。

对于一些复杂的模型和贴图，"UVW贴图"修改器不能很好地解决缝隙拐角等位置的贴图走向，而"UVW展开"修改器可以很好地解决这一问题。

参数面板如图12-27所示。

图12-27

重要参数解析

顶点■/ 边■/ 多边形■：在各自的纹理子对象层级上启用选择。

按元素 XY 切换选择■：当此选项处于启用状态并且修改器的子对象层级处于活动状态时，在修改的对象上单击元素，将选择该元素中活动层级上的所有子对象。

扩大: XY 选择■：通过选择连接到选定子对象的所有子对象来扩展选择。

收缩: XY 选择■：通过取消选择与非选定子对象相邻的所有子对象来减少选择。

循环: XY 边■：在与选中边相对齐的同时，尽可能远地扩展选择。循环仅用于边选择，而且仅沿着偶数边的交点传播。

环形: XY 边■：通过选择所有平行于选中边的边来扩展边选择。圆环只应用于边选择。

忽略背面■：启用时，将不选中视口中不可见的子对象。

打开 UV 编辑器：打开"编辑 UVW"对话框，如图12-28所示。

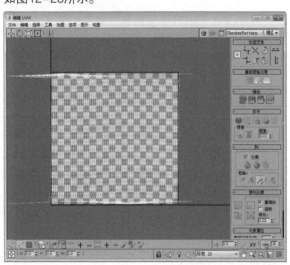

图12-28

视图中扭曲：启用时，通过在视口中的模型上拖动顶点，每次可以调整一个纹理顶点。执行此操作时，顶点不会在视口中移动，但是编辑器中顶点的移动会导致贴图发生变化。要在调整顶点时看到贴图的变化，对象必须使用纹理进行了贴图，并且纹理必须在视口中可见。

重置 UVW：在修改器堆栈上将 UVW 坐标还原为先前的状态，即通过"展开"修改器从堆栈中继承的坐标。

X/Y/Z：将贴图 Gizmo 对齐到对象局部坐标系中的 x、y 或 z轴。

贴图接缝：启用此选项时，贴图簇边界在视口中显示为绿线。可以通过调整显示接缝颜色来更改该颜色。

接缝：此选项处于启用状态时，边和多边形边界在视口中显示为蓝线。

实例

用UVW贴图修改器修改装饰品贴图

场景位置	场景文件>CH12>01.max	
实例位置	实例文件>CH12实战: 用UVW贴图修改器修改装饰品贴图.max	
视频名称	实例: 用UVW贴图修改器修改装饰品贴图.mp4	
技术掌握	位图贴图、UVW贴图修改器的使用方法	扫码看视频

①① 打开本书学习资源中的"场景文件>CH12>01.max"文件，如图12-29所示。

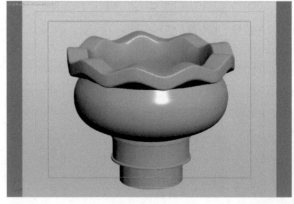

图12-29

02 选择一个空白材质球，然后设置材质类型为VRayMtl材质，具体参数设置如图12-30所示，制作好的材质球效果如图12-31所示。

设置步骤

① 在"漫反射"通道中加载一张学习资源中的"实例文件>CH12>实战：用UVW贴图修改器修改装饰品贴图>16.jpg"文件。

② 设置"反射"颜色为（红:255，绿:255，蓝:255），然后设置"反射光泽"为0.6。

图12-30　　　　图12-31

03 将制作好的材质指定给场景中的模型，模型效果如图12-32所示。观察发现贴图在模型上没有均匀铺开，需要为其加载"UVW贴图"修改器调整贴图坐标。

图12-32

04 选中模型，然后为其加载一个"UVW贴图"修改器，接着设置参数，如图12-33所示，模型效果如图12-34所示。

图12-33　　　　　　　　　图12-34

⚓ **提示**

模型整体呈圆柱体，因此贴图坐标选择相接近的"柱形"。

05 按F9键渲染当前场景，最终效果如图12-35所示。

图12-35

实例
用UVW贴图修改器修改木门贴图

场景位置	场景文件>CH12>02.max
实例位置	实例文件>CH12>用UVW贴图修改器修改木门贴图.max
视频名称	实例：用UVW贴图修改器修改木门贴图.mp4
技术掌握	位图贴图、UVW贴图修改器的使用方法

扫码看视频

01 打开本书学习资源中的"场景文件>CH12>02.max"文件，如图12-36所示。

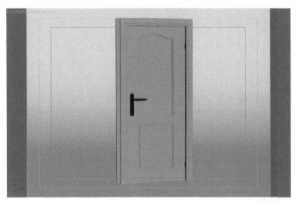

图12-36

02 选择一个空白材质球，然后设置材质类型为VRayMtl材质，具体参数设置如图12-37所示，制作好的材质球效果如图12-38所示。

设置步骤

① 在"漫反射"通道中加载一张学习资源中的"实例文件>CH12>用UVW贴图修改器修改木门贴图>1.jpg"文件。

② 设置"反射"颜色为（红:14，绿:14，蓝:14），然后设置"高光光泽"为0.9、"细分"为16。

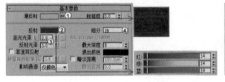

图12-37　　图12-38

03 将制作好的材质指定给场景中的模型，模型效果如图12-39所示。观察发现贴图在模型上没有均匀铺开，需要为其加载"UVW贴图"修改器调整贴图坐标。

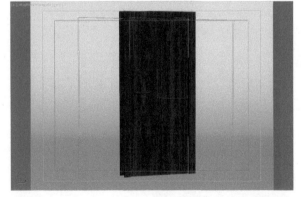

图12-39

04 选中模型，然后为其加载一个"UVW贴图"修改器，接着设置参数，如图12-40所示，模型效果如图12-41所示。

图12-40　　　　　　　　　　　　　　图12-41

⚓ 提示

模型整体呈长方体，因此贴图坐标选择相接近的"长方体"。

05 按F9键渲染当前场景，最终效果如图12-42所示。

图12-42

实例
用UVW展开修改器制作盒子包装

场景位置	场景文件>CH12>03.max
实例位置	实例文件>CH12>用UVW展开修改器制作盒子包装.max
视频名称	实例：用UVW展开修改器制作盒子包装.mp4
技术掌握	位图贴图、UVW展开修改器的使用方法

扫码看视频

01 打开本书学习资源中的"场景文件>CH12>03.max"文件，如图12-43所示。

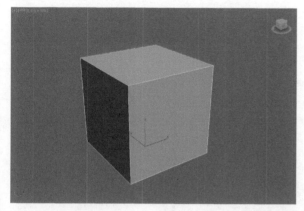

图12-43

02 选择一个空白材质球，然后设置材质类型为VRayMtl材质，具体参数设置如图12-44所示，制作好的材质球效果如图12-45所示。

设置步骤

① 在"漫反射"通道中加载一张学习资源中的"实例文件>CH12>>用UVW展开修改器制作盒子包装>包装.jpg"文件。

② 设置"反射"颜色为（红:171，绿:171，蓝:171），然后设置"反射光泽"为0.88。

图12-44　　　　图12-45

03 将制作好的材质指定给场景中的模型，模型效果如图12-46所示。观察发现贴图在模型上没有按照需要的面显示，需要为其加载"UVW展开"修改器调整贴图坐标。

图12-46

04 选中模型，然后为其加载一个"UVW展开"修改器，然后在修改面板中选中"多边形"层级，接着单击"打开UV编辑器"按钮，如图12-47所示，最后弹出图12-48所示的对话框。

图12-47　　　　　　　　　　图12-48

05 在"编辑UVW"对话框中执行"贴图>展平贴图"菜单命令，如图12-49所示，然后在弹出的对话框中单击"确定"按钮，这时会观察到窗口中出现图12-50所示的效果。

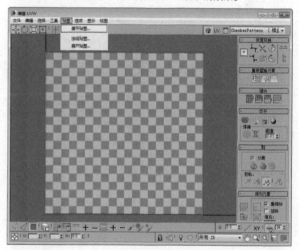

图12-49

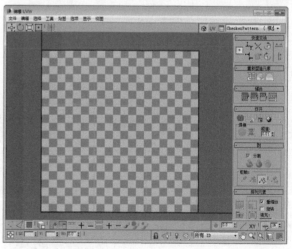

图12-50

06 框选所有的多边形并移动到右侧，如图12-51所示，然后单击右侧的下拉菜单，选择包装贴图，如图12-52所示，效果如图12-53所示。

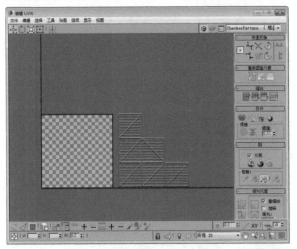

图12-51

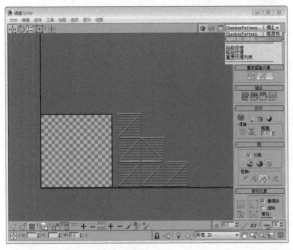

图12-52

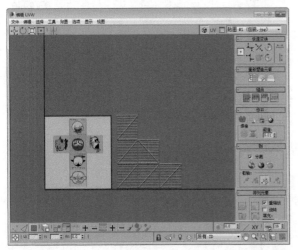

图12-53

提示

在操作视图中显示贴图后，可以将多边形按照位置移动到合适的贴图位置。

07 单击"自由形式模式"按钮，然后参照模型的位置将多边形移动到相应的贴图位置，效果如图12-54所示，此时模型效果如图12-55所示。

图12-54

图12-55

08 按F9键渲染当前场景，最终效果如图12-56所示。

图12-56

第13章 · 效果图的常用材质参数

○ 木纹材质 ○ 金属材质 ○ 玻璃材质 ○ 水材质
○ 布纹材质 ○ 陶瓷材质 ○ 石材材质

13.1 木纹材质

效果图常用的木纹材质主要有"清漆木纹"材质和"木地板"材质。"清漆木纹"材质是在普通木纹材质的基础上添加了清漆的特性。

13.1.1 清漆木纹材质

材质特点

表面光滑

反射较强

没有木质凹凸纹理

按M键打开材质球编辑器，然后选择一个空白材质球转换为VRay材质球，设置参数如图13-1所示。

材质参数

① 在"漫反射"通道中加载一张木纹贴图。

② 设置"反射"颜色为（红:191，绿:191，蓝:191），然后设置"高光光泽"为0.82、"反射光泽"为0.95、"细分"为12。

图13-1

13.1.2 木地板材质

材质特点

表面哑光

反射较强

有木地板纹理

按M键打开材质球编辑器，然后选择一个空白材质球转换为VRay材质球，设置参数如图13-2所示。

材质参数

① 在"漫反射"通道中加载一张木地板贴图。

② 设置"反射"颜色为（红:141，绿:141，蓝:141），然后设置"高光光泽"为0.8、"反射光泽"为0.88、"细分"为12。

③ 展开"贴图"卷展栏，然后将"漫反射"通道中的贴图向下复制到"凹凸"通道中，接着设置"凹凸"强度为15。

图13-2

13.2 石材材质

本节将介绍效果图常用的大理石材质和瓷砖材质。

13.2.1 大理石材质

材质特点

表面光滑

反射较强

按M键打开材质球编辑器，然后选择一个空白材质球转换为VRay材质球，设置参数如图13-3所示。

材质参数

① 在"漫反射"通道中加载一张大理石贴图。

② 设置"反射"颜色为（红:211，绿:211，蓝:211），然后设置"高光光泽"为0.85、"反射光泽"为0.92、"细分"为12。

图13-3

13.2.2 瓷砖材质

材质特点

半哑光

反射较强

有瓷砖的缝隙凹凸纹理

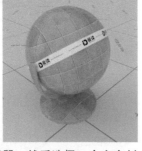

按M键打开材质球编辑器，然后选择一个空白材质球转换为VRay材质球，设置参数如图13-4所示。

材质参数

① 在"漫反射"通道中加载一张瓷砖贴图。

② 设置"反射"颜色为（红:211，绿:211，蓝:211），然后设置"高光光泽"为0.82、"反射光泽"为0.87、"细分"为12。

③ 展开"贴图"卷展栏，然后将"漫反射"通道中的贴图向下复制到"凹凸"通道中，接着设置"凹凸"强度为15。

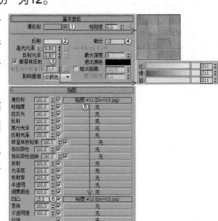

图13-4

13.3 金属材质

本节将介绍效果图常用的不锈钢材质、黄铜材质、黄金材质和铁材质。

13.3.1 不锈钢材质

材质特点

表面光滑

反射较强

有镜面反射

按M键打开材质球编辑器，然后选择一个空白材质球转换为VRay材质球，设置参数如图13-5所示。

材质参数

① 设置"漫反射"颜色为（红:0，绿:0，蓝:0）。

② 设置"反射"颜色为（红:189，绿:203，蓝:221），然后设置"高光光泽"为0.8、"反射光泽"为0.9、"细分"为12，接着取消勾选"菲涅耳反射"选项。

③ 展开"双向反射分布函数"卷展栏，然后设置类型为"微面GTR（GGX）"。

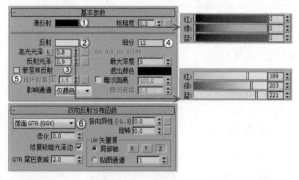

图13-5

技术专题：镜面不锈钢、磨砂不锈钢和拉丝不锈钢的参数区别

镜面不锈钢与磨砂不锈钢最大的参数区别是"高光光泽"和"反射光泽"这两个参数。当降低"高光光泽"与"反射光泽"的参数时，不锈钢材质就会呈现磨砂效果，反射周围环境也会模糊，如图13-6所示。

拉丝不锈钢是在原有不锈钢参数的基础上，在"漫反射"通道和"凹凸"通道中添加拉丝纹理贴图，这样呈现的不锈钢会有凹凸纹理，如图13-7所示。

高光光泽：0.75
反射光泽：0.8

图13-6

图13-7

13.3.2 黄铜材质

材质特点

半哑光

反射较强

按M键打开材质球编辑器，然后选择一个空白材质球转换为VRay材质球，设置参数如图13-8所示。

材质参数

① 设置"漫反射"颜色为（红:62，绿:39，蓝:3）。

② 设置"反射"颜色为（红:157，绿:107，蓝:28），然后设置"反射光泽"为0.82、"细分"为12，接着取消勾选"菲涅耳反射"选项。

③ 展开"双向反射分布函数"卷展栏，然后设置类型为"微面GTR（GGX）"。

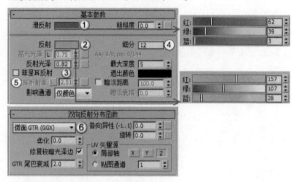

图13-8

13.3.3 黄金材质

材质特点

表面光滑

反射较强

按M键打开材质球编辑器，然后选择一个空白材质球转换为VRay材质球，设置参数如图13-9所示。

材质参数

① 设置"漫反射"颜色为（红:185，绿:124，蓝:52）。

② 设置"反射"颜色为（红:231，绿:192，蓝:131），然后设置"反射光泽"为0.9、"细分"为12，接着取消勾选"菲涅耳反射"选项。

③ 展开"双向反射分布函数"卷展栏，然后设置类型为"微面GTR（GGX）"。

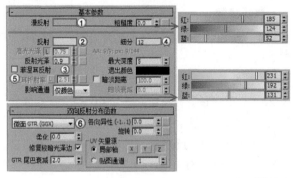

图13-9

13.3.4 铁材质

材质特点

哑光表面

反射较强

按M键打开材质球编辑器，然后选择一个空白材质球转换为VRay材质球，设置参数如图13-10所示。

材质参数

① 设置"漫反射"颜色为（红:35，绿:37，蓝:47）。

② 设置"反射"颜色为（红:100，绿:100，蓝:113），然后设置"反射光泽"为0.6、"细分"为12，接着取消勾选"菲涅耳反射"选项。

③ 展开"双向反射分布函数"卷展栏，然后设置类型为"微面GTR（GGX）"。

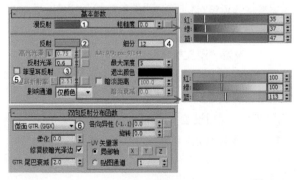

图13-10

13.4 玻璃材质

本节将介绍效果图常用的清玻璃材质、有色玻璃材质和水晶材质。

13.4.1 清玻璃材质

材质特点

表面光滑

反射较强

无色全透明

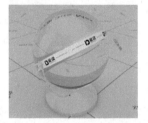

按M键打开材质球编辑器，然后选择一个空白材质球转换为VRay材质球，设置参数如图13-11所示。

材质参数

① 设置"漫反射"颜色为（红:0，绿:0，蓝:0）。

② 设置"反射"颜色为（红:255，绿:255，蓝:255），然后设置"反射光泽"为0.95、"细分"为12。

③ 设置"折射"颜色为（红:250，绿:250，蓝:250），然后设置"折射率"为1.517、"细分"为12。

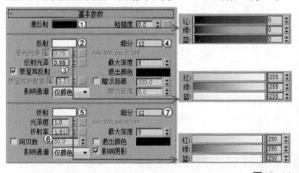

图13-11

技术专题：清玻璃、磨砂玻璃和花纹玻璃的参数区别

磨砂玻璃是在原有清玻璃参数的基础上，降低"折射"中的"光泽度"参数。当"光泽度"小于1时，玻璃带有磨砂质感，且"光泽度"越小，磨砂程度越大，渲染速度也越慢，如图13-12所示。

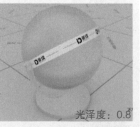

光泽度: 0.8

图13-12

技术专题：清玻璃、磨砂玻璃和花纹玻璃的参数区别（续）

　　花纹玻璃是在原有玻璃的材质基础上增加花纹的材质。"混合"材质和"VRay混合"材质都可以实现花纹效果，材质面板如图13-13所示，材质球效果如图13-14所示。

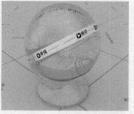

图13-13　　　　　图13-14

13.4.2　有色玻璃

材质特点

表面光滑

反射较强

带颜色半透明

　　按M键打开材质球编辑器，然后选择一个空白材质球转换为VRay材质球，设置参数如图13-15所示。

材质参数

　　① 设置"漫反射"颜色为（红:0，绿:0，蓝:0）。

　　② 设置"反射"颜色为（红:255，绿:255，蓝:255），然后设置"反射光泽"为0.9、"细分"为12。

　　③ 设置"折射"颜色为（红:190，绿:190，蓝:190），然后设置"折射率"为1.517、"细分"为12，接着勾选"影响阴影"选项。

　　④ 设置"烟雾颜色"为（红:238，绿:228，蓝:243），然后设置"烟雾倍增"为0.5。

图13-15

疑难问答

有色玻璃还有哪些设置方法？

　　有色玻璃的另一种设置方法是直接设置折射颜色为玻璃的颜色，如图13-16所示。

图13-16

　　材质球效果如图13-17所示。

　　两种方法都可以设置有色玻璃，用户可根据模型或使用习惯进行操作。

图13-17

13.4.3　水晶材质

材质特点

表面光滑

反射较强

无色全透明

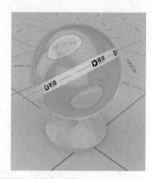

　　按M键打开材质球编辑器，然后选择一个空白材质球转换为VRay材质球，设置参数如图13-18所示。

材质参数

　　① 设置"漫反射"颜色为（红:237，绿:237，蓝:237）。

　　② 设置"反射"颜色为（红:255，绿:255，蓝:255），然后设置"反射光泽"为0.9、"细分"为12。

　　③ 设置"折射"颜色为（红:200，绿:200，蓝:200），然后设置"折射率"为2、"细分"为12，接着勾选"影响阴影"选项。

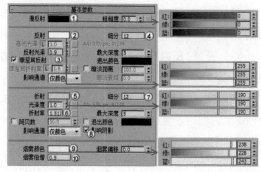

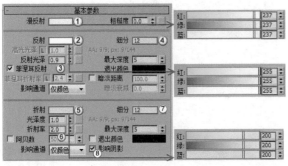

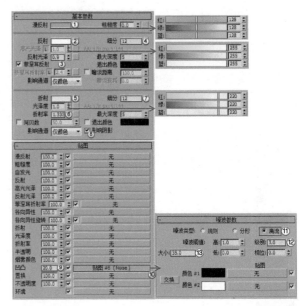

图13-18

13.5 水材质

本节将介绍效果图常用的水材质、牛奶材质和红酒材质。

13.5.1 水材质

材质特点

表面有凹凸纹理

反射较强

无色全透明

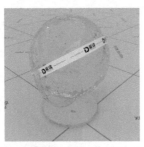

按M键打开材质球编辑器，然后选择一个空白材质球转换为VRay材质球，设置参数如图13-19所示。

材质参数

① 设置"漫反射"颜色为（红:128，绿:128，蓝:128）。

② 设置"反射"颜色为（红:255，绿:255，蓝:255），然后设置"反射光泽"为0.9、"细分"为12。

③ 设置"折射"颜色为（红:220，绿:220，蓝:220），然后设置"折射率"为1.333、"细分"为12，接着勾选"影响阴影"选项。

④ 展开"贴图"卷展栏，然后在"凹凸"通道中加载一张"噪波"贴图，并设置"凹凸"强度为20。

⑤ 设置"噪波类型"为"湍流"，然后设置"级别"为3，接着设置"大小"为35。

图13-19

> **提示**
>
> 噪波贴图是用于模拟水面的波纹，根据材质在场景的实际情况，可以不添加此贴图。

13.5.2 牛奶材质

材质特点

表面光滑

白色半透明

反射较弱

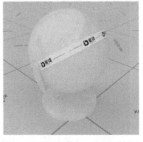

按M键打开材质球编辑器，然后选择一个空白材质球转换为VRay材质球，设置参数如图13-20所示。

材质参数

① 设置"漫反射"颜色为（红:233，绿:233，蓝:218）。

② 设置"反射"颜色为（红:86，绿:86，蓝:86），然后设置"反射光泽"为0.9、"细分"为12。

③ 设置"折射"颜色为（红:52，绿:52，蓝:52），然后设置"折射率"为1.333、"细分"为12，接着勾选"影响阴影"选项。

④ 展开"贴图"卷展栏，然后在"凹凸"通道中加载一张"噪波"贴图，并设置"凹凸"强度为20。

⑤ 设置"噪波类型"为"湍流"，然后设置"级别"为3，接着设置"大小"为35。

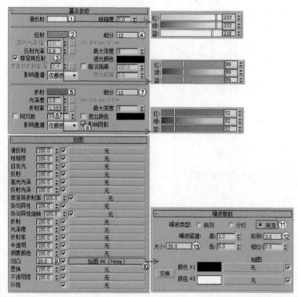

图13-20

⑤ 设置"噪波类型"为"湍流"，然后设置"级别"为3，接着设置"大小"为35。

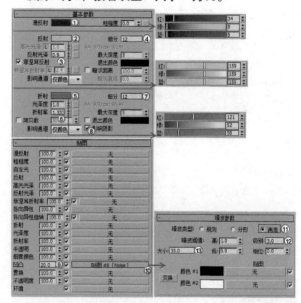

图13-21

⚓ **提示**

红酒材质也可以使用烟雾颜色来控制。

13.5.3 红酒材质

材质特点

表面光滑

红色半透明

反射较弱

按M键打开材质球编辑器，然后选择一个空白材质球转换为VRay材质球，设置参数如图13-21所示。

材质参数

① 设置"漫反射"颜色为（红:34，绿:5，蓝:5）。

② 设置"反射"颜色为（红:159，绿:159，蓝:159），然后设置"反射光泽"为0.9、"细分"为12。

③ 设置"折射"颜色为（红:121，绿:52，蓝:58），然后设置"折射率"为1.333、"细分"为12，接着勾选"影响阴影"选项。

④ 展开"贴图"卷展栏，然后在"凹凸"通道中加载一张"噪波"贴图，并设置"凹凸"强度为20。

13.6 塑料材质

本节将介绍效果图常用的塑料材质和透明塑料材质。

13.6.1 塑料材质

材质特点

反射较强

高光点较大

表面光滑

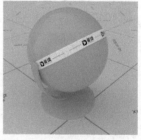

按M键打开材质球编辑器，然后选择一个空白材质球转换为VRay材质球，设置参数如图13-22所示。

材质参数

① 设置"漫反射"颜色为（红:66，绿:109，蓝:220）。

② 设置"反射"颜色为（红:205，绿:205，蓝:205），然后设置"高光光泽"为0.8、"反射光泽"为0.88、"细分"为12。

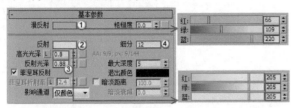

图13-22

 提示

哑光塑料材质是降低"反射光泽"参数。

13.6.2 透明塑料材质

材质特点

反射较强

半透明

表面光滑

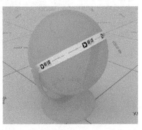

按M键打开材质球编辑器，然后选择一个空白材质球转换为VRay材质球，设置参数如图13-23所示。

材质参数

① 设置"漫反射"颜色为(红:66，绿:109,蓝:220)。

② 设置"反射"颜色为（红:205，绿:205，蓝:205），然后设置"高光光泽"为0.8、"反射光泽"为0.88、"细分"为12。

③ 设置"折射"颜色为（红:101，绿:101，蓝:101），然后设置"折射率"为1.1、"细分"为12，接着勾选"影响阴影"选项。

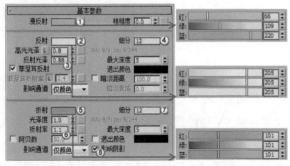

图13-23

13.7 布纹材质

本节将介绍效果图常用的布纹材质、纱帘材质、皮纹材质和绒布材质。

13.7.1 布纹材质

材质特点

表面哑光

反光点范围大

反射较强

布纹凹凸纹理

按M键打开材质球编辑器，然后选择一个空白材质球转换为VRay材质球，设置参数如图13-24所示。

材质参数

① 在"漫反射"通道中加载一张布纹贴图。

② 设置"反射"颜色为（红:218，绿:218，蓝:218），然后设置"高光光泽"为0.6、"反射光泽"为0.55、"细分"为12。

③ 展开"贴图"卷展栏，然后将"漫反射"通道中的贴图向下复制到"凹凸"通道中，接着设置"凹凸"强度为10。

图13-24

13.7.2　纱帘材质

材质特点

表面哑光

反光点范围大

反射较弱

半透明

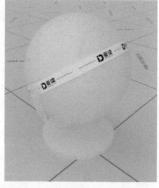

按M键打开材质球编辑器，然后选择一个空白材质球转换为VRay材质球，设置参数如图13-25所示。

材质参数

① 设置"漫反射"颜色为（红:238，绿:238，蓝:238）。

② 设置"反射"颜色为（红:57，绿:57，蓝:57），然后设置"高光光泽"为0.6、"反射光泽"为0.55、"细分"为12。

③ 在"折射"通道中加载一张"衰减"贴图，然后设置"折射率"为1.01、"细分"为12，接着勾选"影响阴影"选项。

④ 进入"衰减"贴图，然后设置"前"通道颜色为（红:50，绿:50，蓝:50）、"侧"通道颜色为（红:188，绿:188，蓝:188），接着设置"衰减类型"为"垂直/平行"。

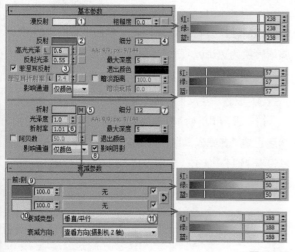

图13-25

技术专题：花纹纱帘材质

花纹纱帘材质最大的特点是花纹处不透明。依据这个特点，可以使用两种方法进行材质制作。

第1种，使用"混合"材质分别设置半透明的纱帘材质和不透明的花纹材质，遮罩部分是花纹的黑白贴图。

第2种，在原有纱帘材质的"不透明度"通道加载花纹的黑白贴图。

13.7.3　皮纹材质

材质特点

表面半哑光

高光点范围大

反射较强

按M键打开材质球编辑器，然后选择一个空白材质球转换为VRay材质球，设置参数如图13-26所示。

材质参数

① 在"漫反射"通道中加载一张皮纹贴图。

② 设置"反射"颜色为（红:216，绿:216，蓝:216），然后设置"高光光泽"为0.75、"反射光泽"为0.85、"细分"为12。

③ 展开"贴图"卷展栏，然后在"反射"通道中加载"漫反射"通道中的皮纹贴图，接着设置"反射"强度为40。

④ 将"反射"通道中的皮纹贴图向下复制到"凹凸"通道中，然后设置"凹凸"强度为5。

图13-26

13.7.4 绒布材质

材质特点

表面哑光

有渐变效果

高光点范围大

反射较强

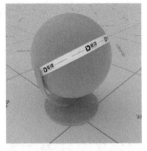

按M键打开材质球编辑器，然后选择一个空白材质球转换为VRay材质球，设置参数如图13-27所示。

材质参数

① 在"漫反射"通道中加载一张"衰减"贴图，然后设置"前"通道颜色为（红:26，绿:60，蓝:4）、"侧"通道颜色为（红:116，绿:138，蓝:102），接着设置"衰减类型"为"垂直/平行"。

② 在"反射"通道中加载一张"衰减"贴图，然后设置"侧"通道颜色为（红:198，绿:198，蓝:198），接着设置"衰减类型"为Fresnel。

③ 设置"高光光泽"为0.6、"反射光泽"为0.55，然后设置"细分"为12。

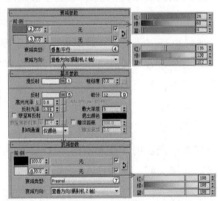

图13-27

> ⚠️ **提示**
>
> 如果反射通道中加载了"衰减类型"为Fresnel的衰减贴图，就要取消勾选反射面板中的"菲涅耳反射"选项。因为两者功能是一样的，重复添加会影响效果。

13.8 陶瓷材质

本节将介绍效果图常用的陶瓷材质和烤漆材质。

13.8.1 陶瓷材质

材质特点

表面哑光

有渐变效果

高光点范围大

反射较强

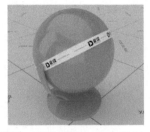

按M键打开材质球编辑器，然后选择一个空白材质球转换为VRay材质球，设置参数如图13-28所示。

材质参数

① 设置"漫反射"颜色为（红:221，绿:66，蓝:18）。

② 设置"反射"颜色为（红:235，绿:235，蓝:235），然后设置"高光光泽"为0.9、"反射光泽"为0.95，接着设置"细分"为12。

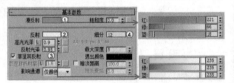

图13-28

13.8.2 烤漆材质

材质特点

表面光滑

高光点范围小

反射较强

按M键打开材质球编辑器，然后选择一个空白材质球转换为VRay材质球，设置参数如图13-29所示。

材质参数

① 设置"漫反射"颜色为（红:0，绿:0，蓝:0）。

② 设置"反射"颜色为（红:82，绿:82，蓝:82），然后设置"高光光泽"为0.85、"反射光泽"为0.92，接着设置"细分"为12，最后设置"菲涅耳折射率"为2。

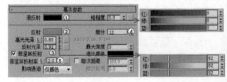

图13-29

第14章· 典型效果图的材质实训

○ 产品材质 ○ 室内场景材质 ○ 室外建筑材质

14.1 产品材质

产品材质更注重表现产品的颜色、光泽度、凹凸纹理等属性，使用户通过效果图便能直观地感受产品的材料和触感。在制作材质时会更加精细。

14.1.1 音乐播放器材质制作

场景位置	场景文件>CH14>01.max
实例位置	实例文件>CH14>音乐播放器材质制作.max
视频名称	音乐播放器材质制作.mp4
技术掌握	VRayMtl材质、混合材质的制作方法

扫码看视频

1.制作机身金属材质

材质特点

表面半哑光

反射较强

磨砂质感

01 打开学习资源中的 "场景文件>CH14>01.max" 文件，这是一组音乐播放器模型，如图14-1所示。首先制作机身的金属材质。

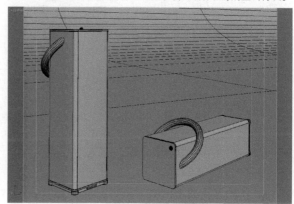

图14-1

02 选择一个空白材质球，然后设置材质类型为VRayMtl材质，具体参数设置如图14-2所示，制作好的材质球效果如图14-3所示。

设置步骤

① 设置 "漫反射" 颜色为（红：40，绿：40，蓝：40）。

② 设置 "反射" 颜色为（红：181，绿：181，蓝：181），然后设置 "高光光泽" 为0.75、"反射光泽" 为0.7、"细分" 为30，接着取消勾选 "菲涅耳反射" 选项。

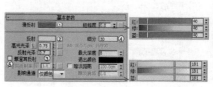

图14-2　　　　　图14-3

03 将设置好的材质球赋予给机身模型，然后按F9键进行渲染，效果如图14-4所示。

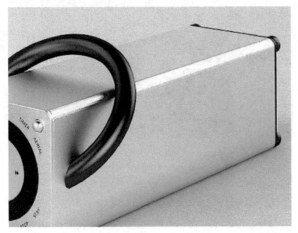

图14-4

2.制作机身网格金属

材质特点

镂空效果

反射较强

磨砂质感

01 机身的音响部分是网格状的金属网，需要使用"混合"材质进行设置。选择一个空白材质球，然后设置材质类型为"混合"材质，"材质1"的具体参数设置如图14-5所示。

设置步骤

① 在"材质1"通道中加载一个VRayMtl材质球。

② 进入VRayMtl材质球，然后设置"漫反射"颜色为（红:2，绿:2，蓝:2）。

③ 设置"反射"颜色为（红:7，绿:7，蓝:7），然后设置"反射光泽"为0.92、"细分"为30、"最大深度"为8。

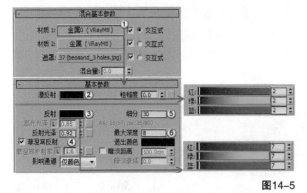

图14-5

02 返回"混合"材质的参数面板，"材质2"的具体参数设置如图14-6所示。

设置步骤

① 在"材质2"通道中加载一个VRayMtl材质球。

② 进入VRayMtl材质球，然后设置"漫反射"颜色为（红:40，绿:40，蓝:40）。

③ 设置"反射"颜色为（红:181，绿:181，蓝:181），然后设置"高光光泽"为0.75、"反射光泽"为0.7、"细分"为30、"最大深度"为8，最后取消勾选"菲涅耳反射"选项。

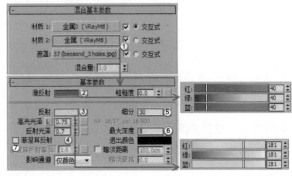

图14-6

03 返回"混合"材质的参数面板，然后在"遮罩"通道中加载一张学习资源中的"实例文件>CH14>音乐播放器材质制作>网格.jpg"文件，如图14-7所示，制作好的材质球效果如图14-8所示。

图14-7   图14-8

04 将设置好的材质球赋予给机身模型，然后按F9键进行渲染，效果如图14-9所示。

图14-9

3.制作把手黑色金属

材质特点

表面半哑光

反射较弱

磨砂质感

01 选择一个空白材质球，然后设置材质类型为VRayMtl材质，具体参数设置如图14-10所示，制作好的材质球效果如图14-11所示。

设置步骤

① 设置"漫反射"颜色为（红：2，绿：2，蓝:2）。

② 设置"反射"颜色为（红:27，绿:27，蓝:27），然后设置"高光光泽"为0.8、"反射光泽"为0.7、"细分"为30、"最大深度"为8，接着取消勾选"菲涅耳反射"选项。

图14-10　　　图14-11

02 将设置好的材质球赋予给机身模型，然后按F9键进行渲染，效果如图14-12所示。

图14-12

4.制作按钮面板

材质特点

两种材质混合

磨砂质感

01 机身的按钮面板有黑色按钮和金属面板两种材质，需要使用"混合"材质进行设置。选择一个空白材质球，然后设置材质类型为"混合"材质，"材质1"的具体参数设置如图14-13所示。

设置步骤

① 在"材质1"通道中加载一个VRayMtl材质球。

② 进入VRayMtl材质球，然后设置"漫反射"颜色为（红:2，绿:2，蓝:2）。

③ 设置"反射"颜色为（红:7，绿:7，蓝:7），然后设置"反射光泽"为0.92、"细分"为30、"最大深度"为8。

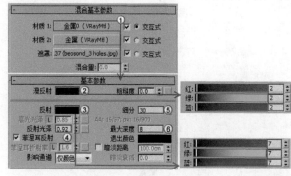

图14-13

02 返回"混合"材质的参数面板，"材质2"的具体参数设置如图14-14所示。

设置步骤

① 在"材质2"通道中加载一个VRayMtl材质球。

② 进入VRayMtl材质球，然后设置"漫反射"颜色为（红:40，绿:40，蓝:40）。

③ 设置"反射"颜色为（红:181，绿:181，蓝:181），然后设置"高光光泽"为0.75、"反射光泽"为0.7、"细分"为30、"最大深度"为8，最后取消勾选"菲涅耳反射"选项。

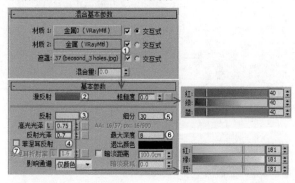

图14-14

03 返回"混合"材质的参数面板,然后在"遮罩"通道中加载一张学习资源中的"实例文件>CH14>音乐播放器材质制作>按钮.jpg"文件,如图14-15所示,制作好的材质球效果如图14-16所示。

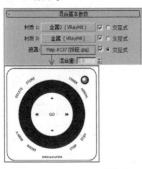
图14-15

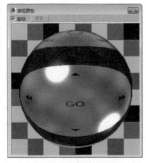
图14-16

04 将设置好的材质球赋予给机身模型,然后按F9键进行渲染,效果如图14-17所示。

图14-17

14.1.2 调料盒材质制作

场景位置　场景文件>CH14>02.max
实例位置　实例文件>CH14>调料盒材质制作.max
视频名称　调料盒材质制作.mp4
技术掌握　环境贴图、衰减贴图和VRayHDRI贴图

扫码看视频

1.制作金属调料架

材质特点

表面半哑光

反射较强

磨砂质感

01 打开学习资源中的"场景文件>CH14>02.max"文件,这是一组调料盒模型,如图14-18所示。首先制作金属调料架。

图14-18

02 选择一个空白材质球,然后设置材质类型为VRayMtl材质,具体参数设置如图14-19所示,制作好的材质球效果如图14-20所示。

设置步骤

① 设置"漫反射"颜色为(红: 0, 绿: 0, 蓝: 0)。

② 设置"反射"颜色为(红:133,绿:133,蓝:133),然后设置"高光光泽"为0.85、"反射光泽"为0.8、"细分"为15,接着取消勾选"菲涅耳反射"选项。

图14-19

图14-20

03 将设置好的材质球赋予给调料架模型,然后按F9键进行渲染,效果如图14-21所示。

图14-21

2.制作玻璃瓶身

材质特点

全透明

反射强

表面光滑

01　选择一个空白材质球，然后设置材质类型为VRayMtl材质，具体参数设置如图14-22所示，制作好的材质球效果如图14-23所示。

设置步骤

① 设置"漫反射"颜色为（红: 0，绿: 0，蓝: 0）。

② 设置"反射"颜色为（红:255，绿:255，蓝:255），然后设置"高光光泽"为0.9、"反射光泽"为1，接着设置"菲涅耳折射率"为2。

③ 设置"折射"颜色为（红:255，绿:255，蓝:255），然后设置"折射率"为2，接着勾选"影响阴影"选项。

④ 设置"烟雾颜色"为（红:242，绿:255，蓝:250）。

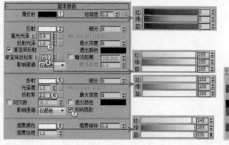

　　　　　　　　图14-22　　　图14-23

02　将设置好的材质球赋予瓶身模型，然后按F9键进行渲染，效果如图14-24所示。

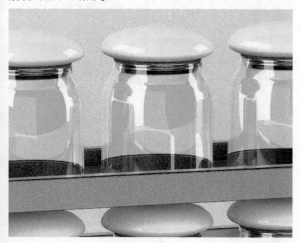

　　　　　　　　　　　　　图14-24

3.制作瓶盖材质

材质特点

塑料质感

反射较弱

表面光滑

高光点细长

01　选择一个空白材质球，然后设置材质类型为VRayMtl材质，具体参数设置如图14-25所示，制作好的材质球效果如图14-26所示。

设置步骤

① 设置"漫反射"颜色为（红:108，绿: 159，蓝:93）。

② 设置"反射"颜色为（红:24，绿:24，蓝:24），然后设置"高光光泽"为0.9，接着取消勾选"菲涅耳反射"选项。

③ 展开"双向反射分布函数"卷展栏，然后设置"各向异性（-1，1）"为0.8。

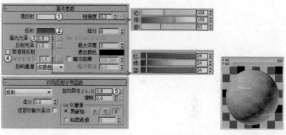

　　　　　　　　图14-25　　　图14-26

02　将设置好的材质球赋予给瓶盖模型，然后按F9键进行渲染，效果如图14-27所示。

　　　　　　　　　　　　　图14-27

14.2 室内场景材质

室内场景的材质会根据模型与镜头的距离，在制作精细程度上有所不同。离镜头近的材质参数会较高，离镜头远的材质则相对简单。这样既可以加快制作的效率，也能提高渲染的效率。

14.2.1 客厅空间材质制作

场景位置	场景文件>CH14>03.max
实例位置	实例文件>CH14>客厅空间材质制作.max
视频名称	客厅空间材质制作.mp4
技术掌握	VRay材质、UVW贴图修改器

扫码看视频

1.制作墙面乳胶漆

材质特点

纯色

几乎无反射

01 打开本书学习资源中的"场景文件>CH14>03.max"文件，如图14-28所示。这是一个简单的客厅空间场景，下面制作空间里面的各种材质，首先制作墙面乳胶漆。

02 选择一个空白材质球，然后设置材质类型为VRayMtl材质，然后设置"漫反射"颜色为（红：198，绿：104，蓝：57），具体参数设置如图14-29所示，制作好的材质球效果如图14-30所示。

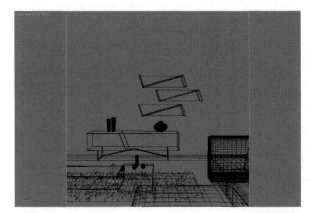

图14-28

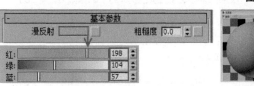

图14-29　　　　图14-30

> **疑难问答**
>
> **乳胶漆材质为什么不设置反射参数？**
>
> 乳胶漆的反射几乎没有，只存在大量的漫反射，因此这里就不设置反射的参数。

03 将设置好的材质球赋予给墙面模型和地毯模型，然后按F9键进行渲染，效果如图14-31所示。

图14-31

 提示

场景中的材质颜色基本为黑白灰，橙色的墙面可以起到点缀画面的作用，地毯与墙面颜色保持一致，使得画面色调统一。

2.制作白漆材质

材质特点

纯色

反射较弱

无菲涅耳反射

表面光滑

01 选择一个空白材质球，然后设置材质类型为VRayMtl材质，具体参数设置如图14-32所示，制作好的材质球效果如图14-33所示。

设置步骤

① 设置"漫反射"颜色为（红:255，绿:255，蓝:255）。

② 设置"反射"颜色为（红:23，绿:23，蓝:23），然后设置"反射光泽"为0.9，接着取消勾选"菲涅耳反射"选项。

图14-32　　　图14-33

02 将设置好的材质球赋予墙面的墙壁挂架模型、柜子模型和茶几模型，然后按F9键进行渲染，效果如图14-34所示。

图14-34

3.创建陶瓷材质

材质特点

纯色

全反射

表面光滑

01 选择一个空白材质球，然后设置材质类型为VRayMtl材质，具体参数设置和材质球效果如图14-35所示。

设置步骤

① 设置"漫反射"颜色为（红:255，绿:255，蓝:255）。

② 设置"反射"颜色为（红:255，绿:255，蓝:255）。

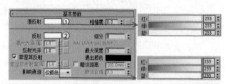

图14-35

02 将设置好的材质球赋予给柜子上的花瓶模型，然后按F9键进行渲染，效果如图14-36所示。

图14-36

⚓ 提示

花瓶模型离镜头较远，且不是画面重点表现的物品，因此参数设置很简单。

4.制作玻璃材质

材质特点

全透明

全反射

表面光滑

01 选择一个空白材质球，然后设置材质类型为VRayMtl材质，具体参数设置如图14-37所示，制作好的材质球效果如图14-38所示。

设置步骤

① 设置"漫反射"颜色为（红:0，绿:0，蓝:0）。

② 设置"反射"颜色为（红:195，绿:195，蓝:195）。

③ 设置"折射"颜色为（红:221，绿:221，蓝:221）。

图14-37　　　　图14-38

图14-40　　　　图14-41

02 将设置好的材质球赋予给柜子上的花瓶模型和茶几模型，然后按F9键进行渲染，效果如图14-39所示。

02 将设置好的材质球赋予地面模型，然后选中地面模型为其加载一个"UVW贴图"修改器，接着设置参数，如图14-42所示。

03 按F9键进行渲染，效果如图14-43所示。

图14-39

图14-42　　　　　　　　图14-43

5.制作地面材质

材质特点

全透明

全反射

表面光滑

01 选择一个空白材质球，然后设置材质类型为VRayMtl材质，具体参数设置如图14-40所示，制作好的材质球效果如图14-41所示。

设置步骤

① 在"漫反射"通道中加载一张学习资源中的"实例文件>CH14>客厅空间材质制作>地面.jpg"文件。

② 设置"反射"颜色为（红:35，绿:35，蓝:35），然后设置"反射光泽"为0.65，接着取消勾选"菲涅耳反射"选项。

6.制作沙发材质

材质特点

全透明

全反射

表面光滑

01 选择一个空白材质球，然后设置材质类型为VRayMtl材质，具体参数设置如图14-44所示，制作好的材质球效果如图14-45所示。

设置步骤

① 在"漫反射"通道中加载一张"噪波"贴图。

② 进入"噪波"贴图，然后设置"噪波类型"为"湍流"、"高"为0.3、"级别"为4、"大小"为0.1，接着设置"颜色#1"为（红:255，绿:240，蓝:215）、"颜色#2"为（红:255，绿:255，蓝:255）。

③ 展开"贴图"卷展栏，然后在"置换"通道加载一张学习资源中的"实例文件>CH14>客厅空间材质制作>沙发Bump.jpg"文件，接着设置"置换"强度为0.5。

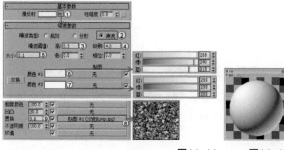

图14-44　　图14-45

02　将设置好的材质球赋予给沙发模型，然后按F9键进行渲染，效果如图14-46所示。

图14-46

7.制作不锈钢材质

材质特点

全反射

表面光滑

01　选择一个空白材质球，然后设置材质类型为VRayMtl材质，具体参数设置如图14-47所示，制作好的材质球效果如图14-48所示。

设置步骤

① 设置"漫反射"颜色为（红:57，绿:57，蓝:57）。

② 设置"反射"颜色为（红:156，绿:156，蓝:156），然后取消勾选"菲涅耳反射"选项。

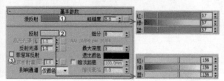

图14-47　　图14-48

02　将设置好的材质球赋予给柜子支架模型，然后按F9键进行渲染，效果如图14-49所示。

图14-49

14.2.2 卧室空间材质制作

场景位置　　场景文件>CH14>04.max
实例位置　　实例文件>CH14>卧室空间材质制作.max
视频名称　　卧室空间材质制作.mp4
技术掌握　　VRay材质、UVW贴图修改器

扫码看视频

1.制作乳胶漆材质

材质特点

纯色

几乎无反射

01　打开本书学习资源中的"场景文件>CH14>04.max"文件，场景如图14-50所示。这是一个卧室空间，下面制作场景中的主要材质，首先制作乳胶漆材质。

图14-50

02 选择一个空白材质球，然后设置材质类型为VRayMtl材质，然后设置"漫反射"颜色为（红:247，绿:236，蓝:187），具体参数设置如图14-51所示，制作好的材质球效果如图14-52所示。

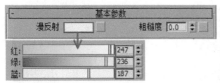

图14-51   图14-52

03 将设置好的材质球赋予给墙面模型，然后按F9键进行渲染，效果如图14-53所示。

图14-53

2.创建家具木材质

材质特点

反射较强

表面光滑

半哑光

01 选择一个空白材质球，然后设置材质类型为VRayMtl材质，具体参数设置如图14-54所示，制作好的材质球效果如图14-55所示。

设置步骤

① 在"漫反射"通道中加载一张学习资源中的"实例文件>CH14>卧室空间材质制作>枫木003.jpg"文件。

② 设置"反射"颜色为（红:50，绿:50，蓝:50），然后设置"高光光泽"为0.65、"反射光泽"为0.85，接着取消勾选"菲涅耳反射"选项。

图14-54   图14-55

⚓ 提示

步骤②中不勾选"菲涅耳反射"选项，是为了表现家具木材质的表面清漆质感。

02 将设置好的材质球赋予给柜子、床头板和床头柜模型，然后选中地面模型为其加载一个"UVW贴图"修改器，接着设置参数，如图14-56所示。

03 按F9键进行渲染，效果如图14-57所示。

图14-56   图14-57

3.创建窗帘材质

材质特点

几乎无反射

表面粗糙

哑光

01 选择一个空白材质球，然后设置材质类型为VRayMtl材质，然后在"漫反射"通道中加载一张学习资源中的"实例文件>CH14>卧室空间材质制作>窗帘布.jpg"文件,具体参数设置如图14-58所示,制作好的材质球效果如图14-59所示。

图14-58　　　　　　　　　图14-59

 提示

窗帘距离镜头较远,不需要添加凹凸纹理。

02 将设置好的材质球赋予给窗帘模型,然后选中地面模型为其加载一个"UVW贴图"修改器,接着设置参数,如图14-60所示。

03 按F9键进行渲染,效果如图14-61所示。

图14-60　　　　　　　　　图14-61

4.创建床品材质

材质特点

有凹凸纹理感

表面粗糙

哑光

01 选择一个空白材质球,然后设置材质类型为VRayMtl材质,具体参数设置如图14-62所示,制作好的材质球效果如图14-63所示。

设置步骤

① 在"漫反射"通道中加载一张学习资源中的"实例文件>CH14>卧室空间材质制作>布6.jpg"文件。

② 展开"贴图"卷展栏,然后将"漫反射"通道中的贴图向下复制到"凹凸"通道,接着设置"凹凸"强度为30。

图14-62　　　　　　　　　图14-63

02 将设置好的材质球赋予给床单和抱枕模型,然后选中地面模型为其加载一个"UVW贴图"修改器,接着设置参数,如图14-64所示。

03 按F9键进行渲染,效果如图14-65所示。

图14-64　　　　　　　　　图14-65

5.创建木地板材质

材质特点

反光较弱

哑光

01 选择一个空白材质球,然后设置材质类型为VRayMtl材质,具体参数设置如图14-66所示,制作好的材质球效果如图14-67所示。

设置步骤

① 在"漫反射"通道中加载一张学习资源中的"实例文件>CH14>卧室空间材质制作>黄色木地板.jpg"文件。

② 设置"反射"颜色为(红:50,绿:50,蓝:50),然后设置"高光光泽"为0.65、"反射光泽"为0.85。

图14-66　　　　　　　　　图14-67

02 将设置好的材质球赋予给地板模型，然后选中地面模型为其加载一个"UVW贴图"修改器，接着设置参数，如图14-68所示。

03 按F9键进行渲染，效果如图14-69所示。

图14-68　　　　　　　　　　图14-69

6.创建地毯材质

材质特点

有凹凸纹理感

表面粗糙

哑光

01 选择一个空白材质球，然后设置材质类型为VRayMtl材质，具体参数设置如图14-70所示，制作好的材质球效果如图14-71所示。

设置步骤

① 在"漫反射"通道中加载一张学习资源中的"实例文件>CH14>卧室空间材质制作>地毯2.jpg"文件。

② 展开"贴图"卷展栏，然后将"漫反射"通道中的贴图向下复制到"凹凸"通道，接着设置"凹凸"强度为30。

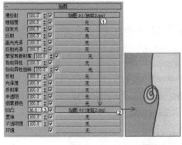

图14-70　　　　　　　　　　图14-71

02 将设置好的材质球赋予给地毯模型，然后选中地面模型为其加载一个"UVW贴图"修改器，接着设置参数，如图14-72所示。

03 按F9键进行渲染，效果如图14-73所示。

图14-72　　　　　　　　　　图14-73

7.创建灯罩材质

材质特点

几乎无反射

半透明

01 选择一个空白材质球，然后设置材质类型为VRayMtl材质，具体参数设置如图14-74所示，制作好的材质球效果如图14-75所示。

设置步骤

① 设置"漫反射"颜色为（红:252，绿:222，蓝:169）。

② 设置"折射"颜色为（红:50，绿:50，蓝:50）。

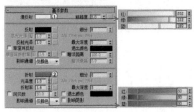

图14-74　　　　　　　　　　图14-75

> ⚠ 提示
>
> 本例中的灯罩材质是布面料的灯罩，因此没有设置反射参数。如果遇到玻璃或是陶瓷类的灯罩，需要设置反射参数。

02 将设置好的材质球赋予给灯罩模型，然后按F9键进行渲染，效果如图14-76所示。

图14-76

8.创建陶瓷材质

材质特点

反射较强

表面光滑

01 选择一个空白材质球，然后设置材质类型为VRayMtl材质，具体参数设置如图14-77所示，制作好的材质球效果如图14-78所示。

设置步骤

① 设置"漫反射"颜色为（红:245，绿:245，蓝:245）。

② 设置"反射"颜色为（红:30，绿:30，蓝:30），然后设置"反射光泽"为0.98、"细分"为5。

③ 展开"双向反射分布函数"卷展栏，然后设置类型为"多面"。

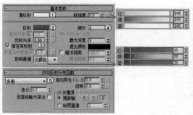 

图14-77　　　　　图14-78

02 将设置好的材质球赋予给柜子上的花瓶模型，然后按F9键进行渲染，效果如图14-79所示。

图14-79

14.2.3 电梯间材质制作

场景位置　场景文件>CH14>05.max
实例位置　实例文件>CH14>电梯间材质制作.max
视频名称　电梯间材质制作.mp4
技术掌握　VRay材质、UVW贴图修改器

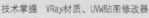

扫码看视频

1.创建地砖材质

材质特点

反射较强

表面光滑

01 打开学习资源中的"场景文件>CH14>05.max"文件，如图14-80所示。这是一个电梯间场景，下面制作场景中的主要材质，首先制作地砖材质。

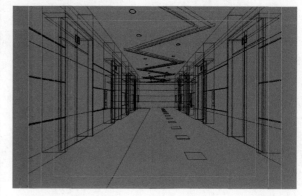

图14-80

02 选择一个空白材质球，然后设置材质类型为VRayMtl材质，具体参数设置如图14-81所示，制作好的材质球效果如图14-82所示。

设置步骤

① 在"漫反射"通道中加载一张学习资源中的"实例文件>CH14>电梯间材质制作>埃及米黄.jpg"文件。

② 设置"反射"颜色为（红:30，绿:30，蓝:30），然后取消勾选"菲涅耳反射"选项。

图14-81　　　　　图14-82

03 将设置好的材质球赋予给地面模型，然后选中地面模型为其加载一个"UVW贴图"修改器，接着设置参数，如图14-83所示。

04 按F9键进行渲染，效果如图14-84所示。

图14-83

图14-84

2.创建黑色大理石材质

材质特点

反射较强

表面光滑

01 选择一个空白材质球，然后设置材质类型为VRayMtl材质，具体参数设置如图14-85所示，制作好的材质球效果如图14-86所示。

设置步骤

① 在"漫反射"通道中加载一张学习资源中的"实例文件>CH14>电梯间材质制作>黑色大理石.jpg"文件。

② 设置"反射"颜色为（红:30，绿:30，蓝:30），然后取消勾选"菲涅耳反射"选项。

图14-85　　　　图14-86

02 将设置好的材质球赋予给地面模型，然后选中地面模型为其加载一个"UVW贴图"修改器，接着设置参数，如图14-87所示。

03 按F9键进行渲染，效果如图14-88所示。

图14-87

图14-88

3.创建墙砖材质

材质特点

表面有细微纹理

半哑光

01 选择一个空白材质球，然后设置材质类型为VRayMtl材质，具体参数设置如图14-89所示，制作好的材质球效果如图14-90所示。

设置步骤

① 在"漫反射"通道中加载一张学习资源中的"实例文件>CH14>电梯间材质制作>洞石.jpg"文件。

② 设置"反射"颜色为（红:99，绿:99，蓝:99），然后设置"反射光泽"为0.8。

③ 展开"贴图"卷展栏，然后将"漫反射"通道中的贴图向下复制到"凹凸"通道中，接着设置"凹凸"强度为5。

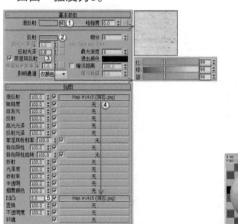

图14-89　　　　图14-90

02 将设置好的材质球赋予给墙面模型，然后选中墙面模型为其加载一个"UVW贴图"修改器，接着设置参数，如图14-91所示。

03 按F9键进行渲染，效果如图14-92所示。

图14-91　　　　　　　　　　图14-92

226

4.创建砖缝材质

材质特点

哑光

表面光滑

反射弱

01 选择一个空白材质球，然后设置材质类型为VRayMtl材质，具体参数设置如图14-93所示，制作好的材质球效果如图14-94所示。

设置步骤

① 设置"漫反射"颜色为（红:30，绿:30，蓝:30）。

② 设置"反射"颜色为（红:8，绿:8，蓝:8），然后取消勾选"菲涅耳反射"选项。

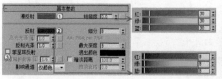

图14-93　　　图14-94

02 将设置好的材质球赋予给砖缝模型，然后按F9键进行渲染，效果如图14-95所示。

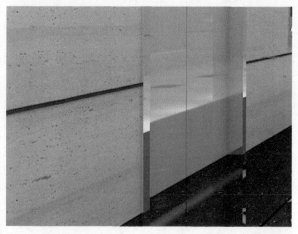

图14-95

5.创建电梯门材质

材质特点

高光点细长

表面光滑

金属质感

01 选择一个空白材质球，然后设置材质类型为VRayMtl材质，具体参数设置如图14-96所示，制作好的材质球效果如图14-97所示。

设置步骤

① 设置"漫反射"颜色为（红:190，绿:190，蓝:190）。

② 设置"反射"颜色为（红:80，绿:80，蓝:80），然后设置"高光光泽"为0.81、"反射光泽"为0.98、"细分"为12，接着取消勾选"菲涅耳反射"选项。

③ 展开"双向反射分布函数"卷展栏，然后设置"各向异性（-1，1）"为0.8。

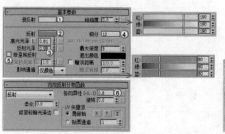

图14-96　　　图14-97

02 将设置好的材质球赋予给电梯门模型，然后按F9键进行渲染，效果如图14-98所示。

图14-98

6.创建吊顶材质

材质特点

纯色

几乎无反射

01 选择一个空白材质球，设置材质类型为VRayMtl材质，然后设置"漫反射"颜色为（红:255，绿:255，蓝:255），具体参数设置如图14-99所示，制作好的材质球效果如图14-100所示。

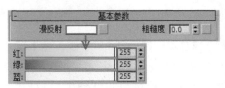

图14-99 图14-100

02 将设置好的材质球赋予给吊顶模型，然后按F9键进行渲染，效果如图14-101所示。

图14-101

7.创建灯带材质

材质特点

纯色

自发光

01 选择一个空白材质球，然后设置材质类型为"VRay灯光"材质，具体参数设置如图14-102所示，制作好的材质球效果如图14-103所示。

设置步骤

① 设置"颜色"为（红:255，绿:255，蓝:255）。

② 设置"颜色"强度为4。

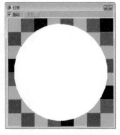

图14-102 图14-103

02 将设置好的材质球赋予给灯带模型和筒灯模型，然后按F9键进行渲染，效果如图14-104所示。

图14-104

8.创建红色自发光材质

材质特点

纯色

自发光

01 选择一个空白材质球，然后设置材质类型为"VRay灯光"材质，具体参数设置如图14-105所示，制作好的材质球效果如图14-106所示。

设置步骤

① 设置"颜色"为（红:255，绿:0，蓝:0）。

② 设置"颜色"强度为3。

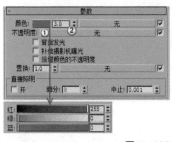
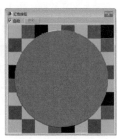

图14-105 图14-106

02 将设置好的材质球赋予给按钮模型和灯牌模型，然后按F9键进行渲染，效果如图14-107所示。

图14-107

14.3 室外建筑材质

室外建筑材质的参数比较简单，主要是为了增加渲染的速率。

14.3.1 别墅材质制作

场景位置　场景文件>CH14>06.max
实例位置　实例文件>CH14>别墅材质制作.max
视频名称　别墅材质制作.mp4
技术掌握　标准材质球、VRay材质球、UVW贴图

扫码看视频

1.创建屋顶材质

材质特点

反射较弱

表面粗糙

有凹凸感

01 打开学习资源中的"场景文件>CH14>06.max"文件，如图14-108所示。这是一个别墅场景，下面制作场景中的屋顶材质。

图14-108

02 选择一个空白材质球，然后设置材质类型为VRayMtl材质，具体参数设置如图14-109所示，制作好的材质球效果如图14-110所示。

设置步骤

① 在"漫反射"通道中加载一张学习资源中的"实例文件>CH14>别墅材质制作>屋顶.jpg"文件。

② 设置"反射光泽"为0.45，然后设置"细分"为12。

③ 展开"贴图"卷展栏，然后在"反射"通道中加载一张学习资源中的"实例文件>CH14>别墅材质制作>屋顶rel.jpg"文件，接着设置"反射"强度为25。

④ 将"反射"通道中的贴图向下复制到"凹凸"通道中，然后设置"凹凸"强度为24。

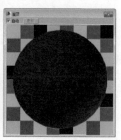
图14-109　　　　图14-110

提示

本例中材质的反射强度是通过贴图进行控制的。贴图中白色的部分反射强，黑色的部分反射弱。通道的强度数值可以控制反射贴图和反射颜色的混合量。

03 将设置好的材质球赋予给屋顶模型，然后选中屋顶模型为其加载一个"UVW贴图"修改器，接着设置参数，如图14-111所示。

04 按F9键渲染当前场景，材质效果如图14-112所示。

图14-111　　　　图14-112

229

2.创建墙面木纹材质

材质特点

反射较强

表面粗糙

有凹凸感

01 选择一个空白材质球，然后设置材质类型为VRayMtl材质，具体参数设置如图14-113所示，制作好的材质球效果如图14-114所示。

设置步骤

① 在"漫反射"通道中加载一张"VRay污垢"贴图，然后设置"半径"为0.945，接着在"非阻光颜色"通道中加载一张学习资源中的"实例文件>CH14>别墅材质制作>墙面木纹.jpg"文件。

② 设置"反射"颜色为（红:99，绿:99，蓝:99），然后设置"高光光泽"为0.6、"反射光泽"为0.55，接着设置"细分"为32。

③ 展开"贴图"卷展栏，然后在"凹凸"通道中加载一张学习资源中的"实例文件>CH14>别墅材质制作>墙面木纹.jpg"文件，接着设置"凹凸"强度为60。

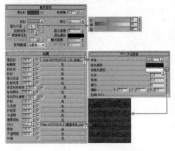 

图14-113　　　　　　　　图14-114

02 将设置好的材质球赋予给墙面模型，然后选中墙面模型为其加载一个"UVW贴图"修改器，接着设置参数，如图14-115所示。

03 按F9键渲染当前场景，材质效果如图14-116所示。

图14-115　　　　　　　　图14-116

3.创建窗框材质

材质特点

反射较弱

表面粗糙

有凹凸感

01 选择一个空白材质球，然后设置材质类型为VRayMtl材质，具体参数设置如图14-117所示，制作好的材质球效果如图14-118所示。

设置步骤

① 设置"漫反射"颜色为（红:198，绿:198，蓝:198）。

② 设置"反射光泽"为0.76，然后设置"细分"为32，接着设置"菲涅耳折射率"为1.6。

③ 展开"贴图"卷展栏，然后在"反射"通道中加载一张学习资源中的"实例文件>CH14>别墅材质制作>窗框rel.jpg"文件，接着设置"反射"强度为35。

④ 将"反射"通道中的贴图向下复制到"反射光泽"通道，然后设置"反射光泽"强度为23。

⑤ 将"反射"通道中的贴图向下复制到"凹凸"通道，然后设置"凹凸"强度为16。

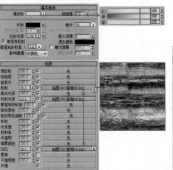 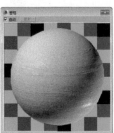

图14-117　　　　　　　　图14-118

02 将设置好的材质球赋予给窗框模型，然后按F9键进行渲染，效果如图14-119所示。

图14-119

4.创建玻璃材质

材质特点

强反射

表面光滑

半透明

01 选择一个空白材质球，然后设置材质类型为"标准"材质，具体参数设置如图14-120所示，制作好的材质球效果如图14-121所示。

设置步骤

① 设置"环境光"颜色为（红:0，绿:0，蓝:0）。

② 设置"漫反射"颜色为（红:7，绿:11，蓝:2）。

③ 设置"不透明度"为60、"高光级别"为120、"光泽度"为60。

④ 展开"贴图"卷展栏，然后在"反射"通道中加载一张"VRay贴图"贴图，并设置"反射"强度为45。

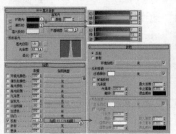 

图14-120　　　　　　图14-121

⚓ **提示**

使用"标准"材质制作建筑玻璃，可以提高渲染的速度，材质效果和使用VRay材质效果相似。

02 将设置好的材质球赋予给窗玻璃模型，然后按F9键进行渲染，效果如图14-122所示。

图14-122

5.创建石材材质

材质特点

反射较弱

表面粗糙

有凹凸纹理

01 选择一个空白材质球，然后设置材质类型为VRayMtl材质，具体参数设置如图14-123所示，制作好的材质球效果如图14-124所示。

设置步骤

① 在"漫反射"通道中加载一张学习资源中的"实例文件>CH14>别墅材质制作>石材.jpg"文件。

② 设置"反射光泽"为0.55，然后设置"细分"为32，接着设置"菲涅耳折射率"为4。

③ 展开"贴图"卷展栏，然后在"反射"通道中加载一张学习资源中的"实例文件>CH14>别墅材质制作>石材rel.jpg"文件，接着设置"反射"强度为25。

④ 将"反射"通道中的贴图向下复制到"凹凸"通道，然后设置"凹凸"强度为50。

图14-123　　　　　　图14-124

02 将设置好的材质球赋予给台阶和地面模型，然后选中模型为其加载一个"UVW贴图"修改器，接着设置参数，如图14-125所示。

03 按F9键进行渲染，效果如图14-126所示。

图14-125　　　　　　图14-126

6.创建墙面材质

材质特点

反射较弱

哑光表面

有细微纹理

01 选择一个空白材质球，然后设置材质类型为VRayMtl材质，具体参数设置如图14-127所示，制作好的材质球效果如图14-128所示。

设置步骤

① 在"漫反射"通道中加载一张学习资源中的"实例文件>CH14>别墅材质制作>木纹.jpg"文件。

② 设置"反射"颜色为（红:230，绿:230，蓝:230），然后设置"反射光泽"为0.8，接着设置"细分"为20，最后设置"菲涅耳折射率"为1.7。

③ 展开"贴图"卷展栏，然后在"反射"通道中加载一张学习资源中的"实例文件>CH14>别墅材质制作>木纹rel.jpg"文件，接着设置"反射"强度为65。

④ 将"反射"通道中的贴图向下复制到"反射光泽"通道，然后设置"反射光泽"强度为35。

⑤ 在"凹凸"通道中加载一张"法线凹凸"贴图，然后在"法线"通道中加载一张学习资源中的"实例文件>CH14>别墅材质制作>木纹bump.jpg"文件，接着设置"凹凸"通道强度为10。

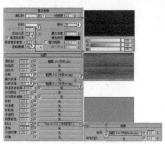 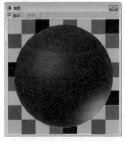

图14-127 　　　　　　　图14-128

02 将设置好的材质球赋予给墙面模型，然后选中模型为其加载一个"UVW贴图"修改器，接着设置参数，如图14-129所示。

03 按F9键进行渲染，效果如图14-130所示。

图14-129 　　　　　　　图14-130

7.创建地面材质

材质特点

反射较弱

哑光表面

有细微纹理

01 选择一个空白材质球，然后设置材质类型为VRayMtl材质，具体参数设置如图14-131所示，制作好的材质球效果如图14-132所示。

设置步骤

① 在"漫反射"通道中加载一张学习资源中的"实例文件>CH14>别墅材质制作>地砖.jpg"文件。

② 设置"反射光泽"为0.8，然后设置"细分"为24，接着设置"最大深度"为7。

③ 展开"贴图"卷展栏，然后在"反射"通道中加载一张学习资源中的"实例文件>CH14>别墅材质制作>地砖rel.jpg"文件。

④ 在"凹凸"通道中加载一张学习资源中的"实例文件>CH14>别墅材质制作>地砖bump.jpg"文件，接着设置"凹凸"通道强度为60。

 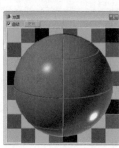

图14-131 　　　　　　　图14-132

02 将设置好的材质球赋予给地面模型，然后选中模型为其加载一个"UVW贴图"修改器，接着设置参数，如图14-133所示。

03 按F9键进行渲染，效果如图14-134所示。

图14-133 　　　　　　　图14-134

14.3.2 中式亭台材质制作

场景位置	场景文件>CH14>07.max
实例位置	实例文件>CH14>中式亭台材质制作.max
视频名称	中式亭台材质制作.mp4
技术掌握	VRay材质、UVW贴图修改器

扫码看视频

1.创建地面材质

材质特点

反射较弱

哑光表面

有凹凸纹理

01 打开学习资源中的"场景文件>CH14>07.max"文件，如图14-135所示。这是一个中式亭台，下面制作场景中的地面材质。

图14-135

02 选择一个空白材质球，然后设置材质类型为VRayMtl材质，具体参数设置如图14-136所示，制作好的材质球效果如图14-137所示。

设置步骤

① 在"漫反射"通道中加载一张学习资源中的"实例文件>CH14>中式亭台材质制作>地面.jpg"文件。

② 设置"反射"颜色为（红:100，绿:100，蓝:100），然后设置"高光光泽"为0.63、"反射光泽"为0.55，接着设置"细分"为16，最后设置"最大深度"为3。

③ 展开"贴图"卷展栏，然后将"漫反射"通道中的贴图向下复制到"凹凸"通道中，并设置"凹凸"强度为30。

图14-136　　　　　　　　　　图14-137

03 将设置好的材质球赋予给地面模型，然后选中模型为其加载一个"UVW贴图"修改器，接着设置参数，如图14-138所示。

04 按F9键渲染当前场景，材质效果如图14-139所示。

图14-138　　　　　　　　　　图14-139

2.创建木纹材质

材质特点

反射较强

半哑光

01 选择一个空白材质球，然后设置材质类型为VRayMtl材质，具体参数设置如图14-140所示，制作好的材质球效果如图14-141所示。

设置步骤

① 在"漫反射"通道中加载一张学习资源中的"实例文件>CH14>中式亭台材质制作>木纹.jpg"文件。

② 设置"反射"颜色为（红:193，绿:193，蓝:193），然后设置"高光光泽"为0.7、"反射光泽"为0.85，接着设置"细分"为18，最后设置"最大深度"为3。

③ 展开"贴图"卷展栏，然后将"漫反射"通道中的贴图向下复制到"凹凸"通道中，并设置"凹凸"强度为30。

图14-140　　　　　图14-141

02 将设置好的材质球赋予给亭台模型，然后按F9键进行渲染，效果如图14-142所示。

图14-142

3.创建瓦材质

材质特点

反射较强

哑光

有凹凸纹理

01 选择一个空白材质球，然后设置材质类型为VRayMtl材质，具体参数设置如图14-143所示，制作好的材质球效果如图14-144所示。

设置步骤

① 在"漫反射"通道中加载一张学习资源中的"实例文件>CH14>中式亭台材质制作>瓦.jpg"文件。

② 设置"反射"颜色为（红:92，绿:92，蓝:92），然后设置"高光光泽"为0.65、"反射光泽"为0.75，接着设置"细分"为12。

③ 展开"贴图"卷展栏，然后将"漫反射"通道中的贴图向下复制到"凹凸"通道中，并设置"凹凸"强度为60。

图14-143　　　　　图14-144

02 将设置好的材质球赋予给瓦模型，然后按F9键进行渲染，效果如图14-145所示。

图14-145

4.创建牌匾材质

材质特点

反射较强

哑光

有凹凸纹理

01 选择一个空白材质球，然后设置材质类型为VRayMtl材质，具体参数设置如图14-146所示，制作好的材质球效果如图14-147所示。

设置步骤

① 在"漫反射"通道中加载一张学习资源中的"实例文件>CH14>中式亭台材质制作>牌匾.jpg"文件。

② 设置"反射"颜色为（红:102，绿:102，蓝:102），然后设置"高光光泽"为0.7、"反射光泽"为0.85，接着设置"细分"为12。

③ 展开"贴图"卷展栏，然后将"漫反射"通道中的贴图向下复制到"凹凸"通道中，并设置"凹凸"强度为15。

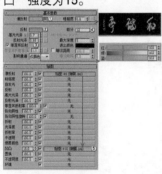 

图14-146　　　　　　　　图14-147

02 将设置好的材质球赋予给牌匾模型，然后选中模型为其加载一个"UVW贴图"修改器，接着设置参数，如图14-148所示。

图14-148

03 按F9键进行渲染，效果如图14-149所示。

图14-149

材质疑难问答

在创建材质的过程中，或多或少会遇到一些意外情况，初学者不知如何解决。下面为大家介绍几种材质创建时的常见问题。

贴图文件显示丢失怎么办？

导入一些外部素材后，会显示贴图路径丢失。在"实用程序"中选择"位图/光度学路劲"选项，可以选择丢失路径的贴图重新指定路径。也可以使用一些网络上的贴图管理插件进行贴图查找。

 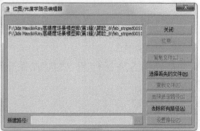

位图/光度学路径　　　　　位图/光度学路径编辑器

为什么置换通道添加了贴图后模型变形严重？

置换通道的强度值不能太大。默认数值是100，通常设定的数值不高于10。

为什么有些材质的反射为纯黑色？

观察一些外部导入的素材材质，发现反射颜色设置为纯黑色，没有任何反射。在现实世界中物体的表面没有绝对平滑，都存在细小的凹凸，也就是日常说的粗糙度。在某些材质中，如乳胶漆、棉布等，它们最强的反射也会被分散开而弱化，因此在软件中设置这类材质时，就将这种弱化设定为没有反射，反射值为黑色。

怎样调整噪波贴图的颗粒大小？

方法1：将噪波贴图加载在"漫反射"通道，然后调整颗粒的大小，调整好后复制到需要添加的通道中。

方法2：显示"凹凸"通道的贴图，然后进行贴图调整。这种方法适合不同贴图坐标的模型。

渲染对象噪点很多怎么办?

模型材质设置了较低的"反射光泽"或折射的"光泽度"数值后,对象容易产生噪点。解决办法除了增大反射和折射的细分值,也可以增大渲染参数。

场景渲染后出现彩色花斑?

出现这种情况,要查找场景中是否存在有"渐变坡度"贴图的模型,如果场景中的材质使用了这种贴图,渲染时就可能会产生彩色花斑,尤其是当导入一些外部植物模型素材时,渲染会出现绿色花斑。解决方法是将该贴图删除或直接删除模型,再次渲染便不会出现该问题。

如何精确地把一个贴图纹理贴在指定位置?

第1种是将需要贴图的模型单独分离出来,成为一个独立的模型,然后赋予材质并调整UVW坐标。

第2种方法是使用"UVW展开"修改器,然后在编辑器中调整贴图的坐标。

第5篇
VRay渲染技术

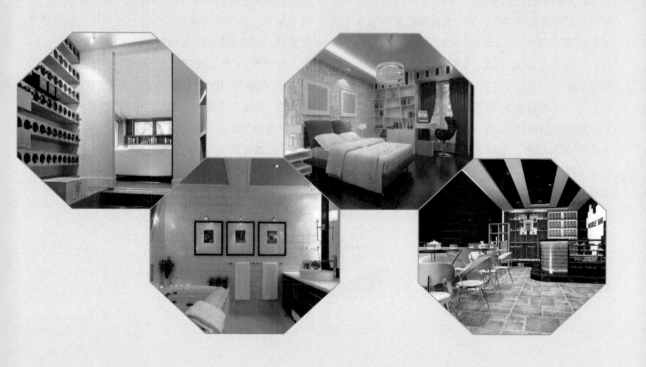

篇前语

VRay渲染器是保加利亚的Chaos Group公司开发的一款高质量渲染引擎,主要是以插件的形式应用在3ds Max等三维软件中。VRay渲染器因其渲染速度和渲染质量比较均衡,是目前效果图制作领域比较流行的渲染器之一。只有在软件中加载了VRay渲染器,才能使用VRay灯光、VRay毛皮、VRay材质等附带功能。

本书采用新版本的VRay3.4渲染器进行制作。与以往版本的渲染器相比,界面有了较大的调整,添加了新的渲染功能,渲染速度和质量也有了较大的提升。下图是VRay渲染效果图,本篇将对VRay渲染技术进行详细介绍。

VRay渲染器的设置参数较多,初学者往往无法下手,以至于对参数进行死记硬背。这种学习方法并不能提升效果图制作的技术,很快就会进入瓶颈期。只有了解每一项参数的含义和用法,才能灵活地使用这些参数,对效果图的学习也能有一个较大的提升。

安装好VRay渲染器之后,若想使用该渲染器来渲染场景,可以按F10键打开"渲染设置"对话框,然后在"公用"选项卡下展开"指定渲染器"卷展栏,接着单击"产品级"选项后面的"选择渲染器"按钮 ,最后在弹出的"选择渲染器"对话框中选择VRay渲染器即可,如右图所示。

第15章 · VRay渲染器

15.1 公用选项卡

按F10键打开"渲染设置"面板，公用选项卡如图15-1所示。

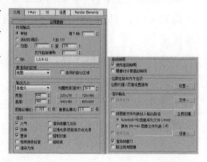

图15-1

重要参数解析

输出大小：分别设置输出图像的宽度和高度，设置图像纵横比，单位是像素。

保存文件：勾选后渲染的成图自动保存在设定的路径。

15.2 VRay选项卡

VRay选项卡包含很多参数，是渲染器设置的重要部分，如图15-2所示。

图15-2

15.2.1 帧缓冲区

"帧缓冲区"面板如图15-3所示。

图15-3   图15-4

重要参数解析

启用内置帧缓冲区：勾选该选项后，渲染的图像将暂存在内存中，渲染结果的Gamma为2.2，独立于3ds Max存在，帧缓冲区界面如图15-4所示。

从MAX获取分辨率：默认为勾选状态，勾选后图像的输出大小与"公用"面板中的"输出大小"参数相同。

15.2.2 全局开关

"全局开关"参数面板如图15-5所示。

图15-5

重要参数解析

置换：勾选该选项后，材质的置换通道才能启用。

灯光：勾选该选项后，场景的灯光才能生效。

阴影：勾选该选项后，灯光才能产生阴影。

仅显示全局照明（GI）：勾选该选项后，渲染效果只有全局照明的效果。

隐藏灯光：勾选该选项后，被隐藏的灯光也产生照明效果。

不渲染最终的图像：渲染光子文件时需要勾选该选项。

反射/折射：勾选该选项后，反射和折射效果才能产生。

覆盖深度：勾选该选项后，所有反射和折射的深度都不会超过这个数值。

光泽效果：勾选该选项后，才能产生高光效果。

覆盖材质：勾选该选项后，用指定的材质覆盖场景中的所有材质，后方的"排除"按钮可以选择需要排除的对象。

最大光线强度：用于抑制反射采样不足形成的亮白噪点，会略微降低成图亮度。

15.2.3 图像采样器（抗锯齿）

"图像采样器（抗锯齿）"是渲染图片的重要引擎之一，直接决定了图像渲染的质量与渲染时间，其参数面板如图15-6所示。

重要参数解析

类型：包含"渲染块"和"渐进"两种模式，如图15-7所示。

图15-6　　　　　图15-7

渲染块：VRay3.4渲染器整合了原有的"固定""自适应"和"自适应采样"三种模式于一体，通过"渲染块图像采样器"卷展栏中的参数进行设置。

渐进：渐进的采样方式不同于渲染块的计算模式，是全局性地由粗糙到精细，直到满足最大样本数为止。计算速度相对于渲染块要慢。

渲染遮罩：可以按照要求渲染指定区域，下拉菜单如图15-8所示。

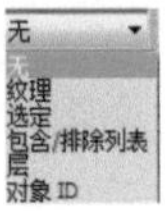

图15-8

最小着色速率：该参数决定了所有反射模糊、折射模糊和阴影采样的细分。该参数数值越大，渲染时间越长，效果也越好，但此参数不会影响对象边缘的抗锯齿。

15.2.4 渲染块图像采样器

"渲染块图像采样器"参数面板如图15-9所示。

图15-9

重要参数解析

最小细分：控制全局允许的最小细分数值，默认为1不变。

最大细分：控制全局允许的最大细分数。如果不勾选该选项，渲染速度最快，但质量最低，可以参照"固定"采样器的渲染效果。勾选该选项后，默认"最大细分"为24，渲染速度较慢，但质量很好。一般设置数值为4时，可以参照"自适应"采样器的渲染效果。

噪波阈值：控制图像的噪点数量，数值越小，噪点数越少，渲染速度越慢。

渲染块宽度：控制渲染图像时的格子宽度，单位是像素。

渲染块高度：控制渲染图像时的格子高度，单位是像素。

15.2.5 图像过滤器

"图像过滤器"参数面板如图15-10所示。

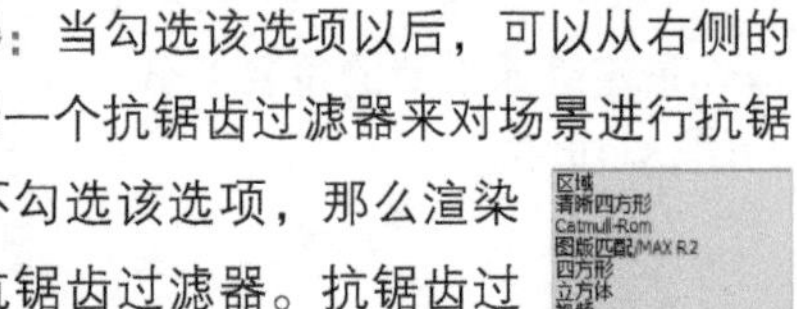

图15-10

重要参数解析

图像过滤器：当勾选该选项以后，可以从右侧的下拉列表中选择一个抗锯齿过滤器来对场景进行抗锯齿处理；如果不勾选该选项，那么渲染时将使用纹理抗锯齿过滤器。抗锯齿过滤器的类型有17种，如图15-11所示。

图15-11

区域：用区域大小来计算抗锯齿，如图15-12所示。

清晰四方形：来自Neslon Max算法的清晰9像素重组过滤器。

Catmull-Rom：一种具有边缘增强的过滤器，可以产生较清晰的图像效果，是常用的图像过滤器之一，如图15-13所示。

图15-12　　　　　　　　　　图15-13

图版匹配/MAX R2：使用3ds Max R2的方法（无贴图过滤）将摄影机和场景或"无光/投影"元素与未过滤的背景图像相匹配。

四方形：和"清晰四方形"相似，能产生一定的模糊效果。

立方体：基于立方体的25像素过滤器，能产生一定的模糊效果。

视频：适合制作视频动画的一种抗锯齿过滤器。

柔化：用于程度模糊效果的一种抗锯齿过滤器。

Cook变量：一种通用过滤器，较小的数值可以得到清晰的图像效果。

混合：一种用混合值来确定图像清晰或模糊的抗锯齿过滤器。

Blackman：一种没有边缘增强效果的抗锯齿过滤器。

Mitchell-Netravali：一种常用的过滤器，能产生微量模糊的图像效果，如图15-14所示。

图15-14

VRayLanczosFilter：大小参数可以调节，当数值为2时，图像柔和细腻且边缘清晰；当数值为20时，图像类似于PS中的高斯模糊＋单反相机的景深和散景效果，如图15-15和图15-16所示。

大小：2　　　　　　　　　大小：20

图15-15　　　　　　　　　图15-16

VRaySincFilter：大小参数可以调节，当数值为3时，图像边缘清晰，不同颜色之间过渡柔和，但是品质一般；数值为20时，图像锐利，不同颜色之间的过渡也稍显生硬，高光点出现黑白色旋涡状效果且被放大，如图15-17和图15-18所示。

大小：3　　　　　　　　　大小：20

图15-17　　　　　　　　　图15-18

VRayBoxFilter：当参数为1.5时，场景边缘较为模糊，阴影和高光的边缘也是模糊的，质量一般；当参数为20时，图像彻底模糊了，场景色调会略微偏冷(白蓝色)。

VRayTriangleFilter：当参数为2时，图像柔和，比盒子过滤器稍清晰一点；当参数为20时，图像彻底模糊，但是模糊程度赶不上盒了过滤器，且场景色调略微偏暖。

大小：设置过滤器的大小。

15.2.6　全局确定性蒙特卡洛

"全局确定性蒙特卡洛"面板中的参数用于控制成图中的噪点大小，其参数面板如图15-19所示。

图15-19

重要参数解析

锁定噪波图案：用于动画制作，效果图中不会使用该功能。

使用局部细分：勾选该选项后，灯光和材质球中的"细分"选项才能被激活使用。

细分倍增：用于整体增加场景中灯光或材质的细分数，默认为1。图15-20和图15-21分别是"细分倍增"为1和2时的对比效果。

细分倍增：1　　　　　　　　细分倍增：2

图15-20　　　　　　　　　　图15-21

最小采样：此参数决定了每一个像素首次使用的样本数，数值越大，噪点越少，渲染速度也越慢。默认值为16，如图15-22和图15-23所示。

最小采样：8　　　　　　　　最小采样：16

图15-22　　　　　　　　　　图15-23

自适应数量：当值为1时，将会采用"最小采样"控制的样本数作为最小值；当值为0时，将采用"最大细分"控制的样本数。

噪波阈值：用于判断单个像素的色差，数值越小，噪点越少，渲染速度越慢，如图15-24和图15-25所示。

噪波阈值：0.1　　　　　　　噪波阈值：0.001

图15-24　　　　　　　　　　图15-25

15.2.7 环境

"环境"参数面板如图15-26所示。

图15-26

重要参数解析

全局照明（GI）环境：控制是否开启VRay的天光。当使用这个选项以后，3ds Max默认的天光效果将不起光照作用。

颜色：设置天光的颜色。

倍增：设置天光亮度的倍增。值越高，天光的亮度越高。

无：选择贴图来作为天光的光照。

反射/折射环境：当勾选该选项后，当前场景中的反射环境将由它来控制。

折射环境：当勾选该选项后，当前场景中的折射环境由它来控制。

二次无光环境：勾选该选项后，在反射/折射计算中将使用指定的颜色和纹理。

15.2.8 颜色贴图

"颜色贴图"卷展栏用来控制画面的曝光方式和曝光强度，其参数面板如图15-27所示。

图15-27

重要参数解析

类型：提供不同的曝光模式，包括"线性倍增""指数""HSV指数""强度指数""伽玛校正""强度伽玛"和"莱因哈德"7种模式，如图15-28所示。

图15-28

线性倍增：这种模式将基于最终色彩亮度来进行线性的倍增，可能会导致靠近光源的点过分明亮，如图15-29所示。"线性倍增"模式包括3个局部参数，"暗色倍增"是对暗部的亮度进行控制，加大该值可以提高暗部的亮度；"明亮倍增"是对亮部的亮度进行控制，加大该值可以提高亮部的亮度；"伽玛"主要用来控制图像的伽玛值。

指数：这种曝光是采用指数模式，它可以降低靠近光源处表面的曝光效果，同时场景颜色的饱和度会降低，如图15-30所示。"指数"模式的局部参数与"线性倍增"一样。

图15-29　　　　　　　图15-30

HSV指数：与"指数"曝光比较相似，不同点在于可以保持场景物体的颜色饱和度，但是这种方式会取消高光的计算，如图15-31所示。"HSV指数"模式的局部参数与"线性倍增"一样。

强度指数：这种方式是对上面两种指数曝光的结合，既抑制了光源附近的曝光效果，又保持了场景物体的颜色饱和度，如图15-32所示。"强度指数"模式的局部参数与"线性倍增"相同。

图15-31　　　　　　　图15-32

伽玛校正：采用伽玛来修正场景中的灯光衰减和贴图色彩，其效果和"线性倍增"曝光模式类似，如图15-33所示。"伽玛校正"模式包括"倍增""反向伽玛"和"伽马值"3个局部参数，"倍增"主要用来控制图像的整体亮度倍增；"反向伽玛"是VRay内部转化的，比如输入2.2就是和显示器的伽玛2.2相同；"伽玛值"主要用来控制图像的伽玛值。

强度伽玛：这种曝光模式不仅拥有"伽玛校正"的优点，同时还可以修正场景灯光的亮度，如图15-34所示。

图15-33　　　　　　　图15-34

菜因哈德：这种曝光方式可以把"线性倍增"和"指数"曝光混合起来。它包括一个"加深值"局部参数，主要用来控制"线性倍增"和"指数"曝光的混合值，0表示"线性倍增"不参与混合；1表示"指数"不参加混合；0.5表示"线性倍增"和"指数"曝光效果各占一半，如图15-35所示。

图15-35

子像素贴图：在实际渲染时，物体的高光区与非高光区的界限处会有明显的黑边，而开启"子像素贴图"选项后就可以缓解这种现象。

钳制输出：当勾选这个选项后，在渲染图中有些无法表现出来的色彩会通过限制来自动纠正。但是当使用HDRI（高动态范围贴图）的时候，如果限制了色彩的输出，就会出现一些问题。

影响背景：控制是否让曝光模式影响背景。当关闭该选项时，背景不受曝光模式的影响。

线性工作流：当使用线性工作流时，可以勾选该选项。

15.2.9 摄影机

"摄影机"卷展栏参数面板如图15-36所示。

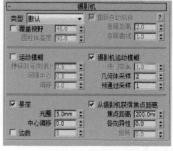

图15-36

重要参数解析

类型：用于选择摄影机的类型，在第2篇进行过讲解。

运动模糊：渲染运动物体时会出现拖影现象。

景深：勾选后开启摄影机的景深效果，在第2篇进行过讲解。

15.3 GI选项卡

GI选项卡是渲染器设
置的另一个重要部分，参
数面板如图15-37所示。

图15-37

15.3.1 全局照明

"全局照明"卷展栏提供了不同渲染引擎，其功
能决定了光在场景中反弹
后的精度和结果，参数面
板如图15-38所示。

图15-38

重要参数解析

启用全局照明（GI）：勾选该选项后，将启用
"全局照明"功能。

首次引擎：是直接光照射到物体后，第一次反
弹计算所使用的引擎有以下4种，如图
15-39所示。

图15-39

发光图：渲染常用的引擎，其优点是速度快，缺点
是不能较好地表现细节光照。

光子图：已很少使用。

BF算法：渲染时间较长，但效果最好，但在较低
参数时更容易产生噪点，一般很少使用。

灯光缓存：渲染常用的引擎，其优点是速度快，还
能加速反射/折射模糊的计算，缺点是会占用大量内存，
对计算机配置要求较高。

二次引擎：指物体反弹出来的光，再次反弹计算
时使用的引擎。

倍增：控制光的倍增值。值越高，光的能量越
强，渲染场景越亮，最大值为1，默认情况下也为1。

折射全局照明（GI）焦散：默认为勾选状态。勾
选后必须在焦散开启的情况下，渲染折射投射的光斑
效果。

反射全局照明（GI）焦散：默认为不勾选状态。
勾选后必须在焦散开启的情况下，渲染反射投射的光
斑效果。

饱和度：可以用来控制色溢，降低该数值可以降
低色溢效果，一般不做修改。

对比度：控制色彩的对比度。数值越高，色彩对
比越强；数值越低，色彩对比越弱。

对比度基数：控制"饱和度"和"对比度"的基
数。数值越高，"饱和度"和"对比度"效果越明显。

环境阻光：勾选后开启"环境阻光"功能。

15.3.2 发光图

发光图参数面板如图
15-40所示。

重要参数解析

当前预设：设置发光
图的预设类型，共有以下
8种。

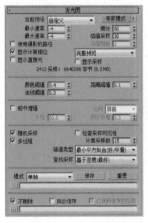

自定义：选择该模式
时，可以手动调节参数。

非常低：这是一种非
常低的精度模式，主要用
于测试阶段。

图15-40

低：一种比较低的精度模式，不适合用于保存光子
贴图。

中：是一种中级品质的预设模式。

中-动画：用于渲染动画效果，可以解决动画闪烁
的问题。

高：一种高精度模式，一般用在光子贴图中。

高-动画：比中等品质效果更好的一种动画渲染预
设模式。

非常高：是预设模式中精度最高的一种，可以用来
渲染高品质的效果图。

 提示

预设设置针对的分辨率是640×480。

最小速率：控制场景中平坦区域的采样数量。0表示计算区域的每个点都有样本；–1表示计算区域的1/2是样本；–2表示计算区域的1/4是样本，图15-41和图15-42所示分别是"最小速率"为–4和–8时的对比效果。

最小速率：-4　　　　　　　　　　最小速率：-8

图15-41　　　　　　　　　　　图15-42

最大速率：控制场景中的物体边线、角落、阴影等细节的采样数量。0表示计算区域的每个点都有样本；–1表示计算区域的1/2是样本；–2表示计算区域的1/4是样本，图15-43和图15-44所示分别是"最大速率"为0和–2时的效果对比。

最大速率：0　　　　　　　　　　最大速率：-2

图15-43　　　　　　　　　　　图15-44

细分：因为VRay采用的是几何光学，所以它可以模拟光线的条数。这个参数就是用来模拟光线的数量，值越高，表现的光线越多，那么样本精度也就越高，渲染的品质也越好，同时渲染时间也会增加，图15-45和图15-46所示分别是"细分"为10和50时的效果对比。

细分：10　　　　　　　　　　　细分：50

图15-45　　　　　　　　　　　图15-46

插值采样：这个参数是对样本进行模糊处理，较大的值可以得到比较模糊的效果，较小的值可以得到比较锐利的效果，图15-47和图15-48所示分别是"插值采样"为2和20时的效果对比。

插值采样：2　　　　　　　　　　插值采样：20

图15-47　　　　　　　　　　　图15-48

颜色阈值：这个值主要是让渲染器分辨哪些是平坦区域，哪些不是平坦区域，它是按照颜色的灰度来区分的。值越小，对灰度的敏感度越高，区分能力越强。

法线阈值：这个值主要是让渲染器分辨哪些是交叉区域，哪些不是交叉区域，它是按照法线的方向来区分的。值越小，对法线方向的敏感度越高，区分能力越强。

距离阈值：这个值主要是让渲染器分辨哪些是弯曲表面区域，哪些不是弯曲表面区域，它是按照表面距离和表面弧度的比较来区分的。值越高，表示弯曲表面的样本越多，区分能力越强。

显示计算相位：勾选这个选项后，用户可以看到渲染帧里的GI预计算过程，同时会占用一定的内存资源。

显示直接光：在预计算的时候显示直接照明，以方便用户观察直接光照的位置。

细节增强：是否开启"细节增强"功能。

模式：一共有以下8种模式。

单帧：一般用来渲染静帧图像。

多帧增量：这个模式用于渲染仅有摄影机移动的动画。当VRay计算完第1帧的光子以后，在后面的帧里根据第1帧里没有的光子信息进行新计算，这样就节约了渲染时间。

从文件：当渲染完光子以后，可以将其保存起来，这个选项就是调用保存的光子图进行动画计算（静帧同样也可以这样）。

添加到当前贴图：当渲染完一个角度的时候，可以把摄影机转一个角度再全新计算新角度的光子，最后把这两次的光子叠加起来，这样的光子信息更丰富、更准确，同时也可以进行多次叠加。

增量添加到当前贴图：这个模式和"添加到当前贴图"相似，只不过它不是全新计算新角度的光子，而是只对没有计算过的区域进行新的计算。这种模式用于渲染动画光子文件。

块模式：把整个图分成块来计算，渲染完一个块再进行下一个块的计算，但是在低GI的情况下，渲染出来的块会出现错位的情况。它主要用于网络渲染，速度比其他方式快。

动画（预通过）：适合动画预览，使用这种模式要预先保存好光子贴图。

动画（渲染）：适合最终动画渲染，这种模式要预先保存好光子贴图。

保存 保存 ：将光子图保存到硬盘。

重置 重置 ：将光子图从内存中清除。

文件：设置光子图所保存的路径。

浏览 浏览 ：从硬盘中调用需要的光子图进行渲染。

不删除：当光子渲染完以后，不把光子从内存中删掉。

自动保存：当光子渲染完以后，自动保存在硬盘中，单击"浏览"按钮 浏览 就可以选择保存位置。

切换到保存的贴图：当勾选了"自动保存"选项后，在渲染结束时会自动进入"从文件"模式并调用光子贴图。

15.3.3 灯光缓存

"灯光缓存"参数面板如图15-49所示。

图15-49

重要参数解析

细分：用来决定"灯光缓存"的样本数量。值越高，样本总量越多，渲染效果越好，渲染时间越慢，图15-50和图15-51所示分别是"细分"值为200和1000时的渲染效果对比。

图15-50　　　　　　　　　图15-51

采样大小：用来控制"灯光缓存"的样本大小，比较小的样本可以得到更多的细节，但是同时需要更多的样本，图15-52和图15-53所示分别是"采样大小"为0.04和0.01时的渲染效果对比。

图15-52　　　　　　　　　图15-53

比例：主要用来确定样本的大小依靠什么单位，这里提供了两种单位。一般在效果图中使用"屏幕"选项，在动画中使用"世界"选项。

存储直接光：勾选该选项以后，"灯光缓存"将保存直接光照信息。当场景中有很多灯光时，使用这个选项会提高渲染速度。因为它已经把直接光照信息保存到"灯光缓存"里，在渲染出图的时候，不需要对直接光照再进行采样计算。

显示计算相位：勾选该选项以后，可以显示"灯光缓存"的计算过程，方便观察。

使用摄影机路径：该参数主要用于渲染动画，用于解决动画渲染中的闪烁问题。

预滤器：当勾选该选项以后，可以对"灯光缓存"样本进行提前过滤，它主要是查找样本边界，然后对其进行模糊处理。后面的值越高，对样本进行模糊处理的程度越深，图15-54和图15-55所示分别是"预滤器"为10和50时的对比渲染效果。

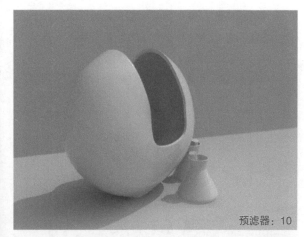

预滤器：10

图15-54

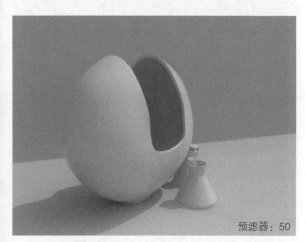

预滤器：50

图15-55

过滤器：该选项是在渲染最后成图时，对样本进行过滤，其下拉列表中共有以下3个选项。

无：对样本不进行过滤。

最近：当使用这个过滤方式时，过滤器会对样本的边界进行查找，然后对色彩进行均化处理，从而得到一个模糊效果。当选择该选项以后，下面会出现一个"插补采样"参数，其值越高，模糊程度越深。

固定：这个方式和"最近"方式的不同点在于，它采用距离的判断来对样本进行模糊处理。同时它也附带一个"过滤大小"参数，其值越大，表示模糊的半径越大，图像的模糊程度越深。

折回：勾选该选项以后，会提高对场景中反射和折射模糊效果的渲染速度。

插值采样：通过后面的参数控制插值精度，数值越高，采样越精细，耗时也越长。

模式：设置光子图的使用模式，共有以下4种。

单帧：一般用来渲染静帧图像。

穿行：这个模式用在动画方面，它把第1帧到最后1帧的所有样本都融合在一起。

从文件：使用这种模式，VRay要导入一个预先渲染好的光子贴图，该功能只渲染光影追踪。

渐进路径跟踪：这个模式就是常说的PPT，它是一种新的计算方式，和"自适应DMC"一样是一个精确的计算方式。不同的是，它不停地去计算样本，不对任何样本进行优化，直到样本计算完毕为止。

保存：将保存在内存中的光子贴图再次进行保存。

浏览：从硬盘中浏览保存好的光子图。

不删除：当光子渲染完以后，不把光子从内存中删掉。

自动保存：当光子渲染完以后，自动保存在硬盘中，单击"浏览"按钮可以选择保存位置。

切换到被保存的缓存：当勾选"自动保存"选项以后，这个选项才被激活。当勾选该选项以后，系统会自动使用最新渲染的光子图来进行大图渲染。

15.3.4 BF算法

BF算法不同于前面两种引擎，它是光线追踪算法，是纯粹的物理无偏差算法，其参数面板如图15-56所示。

图15-56

重要参数解析

细分：控制BF算法的质量，当参数较低时，因为光线较少产生的噪点就很多；当参数较高时，光线数多，产生的噪点就少。

反弹：控制光线的反弹次数。

15.3.5 焦散

"焦散"参数面板如图15-57所示。

图15-57

重要参数解析

焦散：勾选该选项后，就可以渲染焦散效果。

倍增：焦散的亮度倍增。值越高，焦散效果越亮，图15-58和图15-59所示分别是"倍增"为20和50时的对比渲染效果。

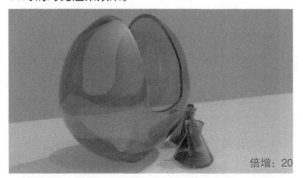

倍增：20

图15-58

倍增：50

图15-59

搜索距离：当光子追踪撞击在物体表面的时候，会自动搜寻位于周围区域同一平面的其他光子，实际上这个搜寻区域是一个以撞击光子为中心的圆形区域，其半径就是由这个搜寻距离确定的。较小的值容易产生斑点；较大的值会产生模糊焦散效果。

最大光子：定义单位区域内的最大光子数量，然后根据单位区域内的光子数量来均分照明。较小的值

不容易得到焦散效果；而较大的值会使焦散效果产生模糊现象，图15-60和图15-61所示分别是"最大光子"为60和200时的对比渲染效果。

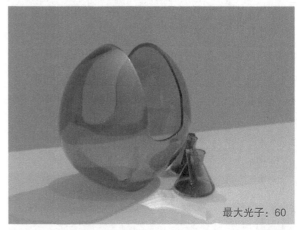

最大光子：60

图15-60

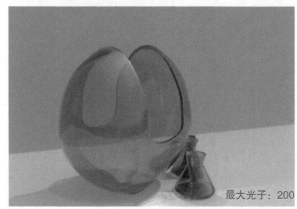

最大光子：200

图15-61

最大密度：控制光子的最大密度，默认值0表示使用VRay内部确定的密度，较小的值会让焦散效果比较锐利。

 知识链接

关于"模式"及"在渲染结束后"选项组中的参数，请参阅"发光图"卷展栏下的相应参数。

15.4 设置选项卡

"设置"选项卡参数面板如图15-62所示。

图15-62

15.4.1 默认置换

"默认置换"卷展栏的参数面板如图15-63所示。该卷展栏功能用于设置置换的尺寸和精度，一般不进行调整。

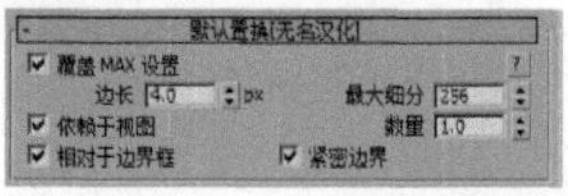

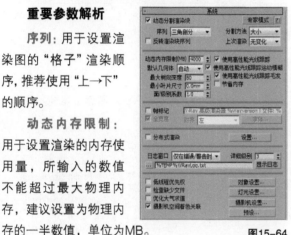

图15-63

15.4.2 系统

"系统"卷展栏参数面板如图15-64所示。

重要参数解析

序列：用于设置渲染图的"格子"渲染顺序，推荐使用"上→下"的顺序。

动态内存限制：用于设置渲染的内存使用量，所输入的数值不能超过最大物理内存，建议设置为物理内存的一半数值，单位为MB。

分布式渲染：可以通过联机在多台计算机上渲染同一个场景。

图15-64

15.5 渲染元素选项卡

"渲染元素"选项卡用来渲染后期辅助通道图片，只包含一个"渲染元素"卷展栏，如图15-65所示。

图15-65

重要参数解析

添加：单击该按钮，可以添加构成画面元素单独渲染的图片通道，如图15-66所示。

VRayRenderID：用于渲染场景的材质通道。

图15-66

VRayWireColor：渲染材质的彩色通道，用于后期材质的色彩、亮度等处理。

VRayZDepth：渲染Z深度通道，用于后期雾效、景深等处理。

启用：勾选后渲染选择的通道。

名称：通道的名称。

路径　：设置该渲染通道的保存路径。

15.6 VRay对象属性

"VRay对象属性"可以单独设置对象的属性，在渲染时方便后期处理。选中场景中的对象，然后单击鼠标右键，接着在弹出的菜单中选择"VRay属性"选项，如图15-67所示。

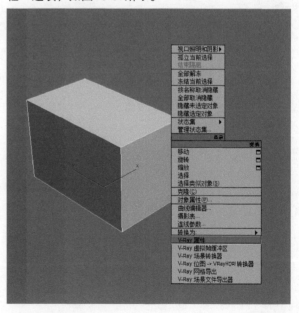

图15-67

选中该选项后，会自动弹出"VRay对象属性"对话框，如图15-68所示。

重要参数解析

生成全局照明：勾选该选项后，对象在场景中生成全局照明，后方的数值控制生成全局照明的强度；不勾选该选项，则对象不会对其他对象生成全局照明。

接收全局照明：勾选该选项后，对象在场景中接收全局照明，后方的数值控制接收全局照明的强度；不勾选该选项，则对象不会接收到全局照明。动画中常用到此选项。

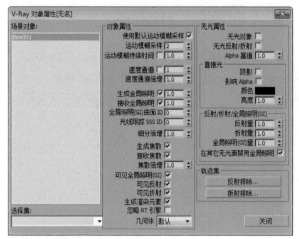

图15-68

可见反射：勾选此选项后，对象可渲染出反射效果。常用于对象的单独渲染。

可见折射：勾选此选项后，对象可渲染出折射效果。常用于折射的单独渲染。

无光对象：勾选该选项后，对象渲染为纯黑色。常用于后期通道抠图使用。

Alpha基值：设置为1.0时，对象在Alpha通道中是纯白色；设置为0时，对象在Alpha通道中是纯黑色。常用于后期通道抠图使用。

 提示

"Alpha基值"在进行后期背景处理时很常用，但保存的渲染图片必须是带有Alpha通道的图片格式，常用的jpg图片格式不能使用该功能。

第16章 · VRay渲染技巧

○ 图像采样器与图像过滤器的搭配　○ GI渲染引擎的搭配　○ 常用渲染参数

16.1 图像采样器与图像过滤器的搭配

　　本章将以实例的形式对比几种常用的图像采样器与图像过滤器的搭配方式，通过质量和渲染速度让读者更加了解它们之间的差别，合理选择适合自身制作的组合。

16.1.1 渲染块和区域

场景位置	场景文件>CH16>01.max
实例位置	实例文件>CH16>渲染块和区域.max
视频名称	影棚布光法.mp4
技术掌握	"渲染块"图像采样器和"区域"图像过滤器组合

扫码看视频

　　"渲染块"图像采样器集以前版本的"固定""自适应"和"自适应细分"3种采样器于一体，只在"最大细分"这个选项上进行调节。与"区域"图像过滤器的搭配渲染速度最快，但渲染质量也是最差的，平时用于测试渲染，以最快的方式查看图像效果，渲染效果如图16-1所示。

01 打开本书学习资源中的"场景文件>CH16>01.max"文件，如图16-2所示。

图16-1　　　　　　　　　　　　　　　　　　　　　　图16-2

02 按F10键打开"渲染设置"面板，然后在"公用"选项卡中设置"输出大小"的"宽度"为1200、"高度"为898，如图16-3所示。

图16-3

03 切换到VRay选项卡，然后展开"图像采样器（抗锯齿）"卷展栏，接着设置"类型"为"渲染块"，如图16-4所示。

图16-4

04 展开"渲染块图像采样器"卷展栏，然后设置"最小细分"为1，接着取消勾选"最大细分"选项，再设置"渲染块宽度"为32，如图16-5所示。

图16-5

⚓ 提示

　　"渲染块宽度"的大小根据自身习惯进行设置，没有固定值。理论上渲染块的大小对渲染速度有一定影响，但这种影响很小，可以忽略不计。

05 展开"图像过滤器"卷展栏，然后设置"过滤器"为"区域"，如图16-6所示。

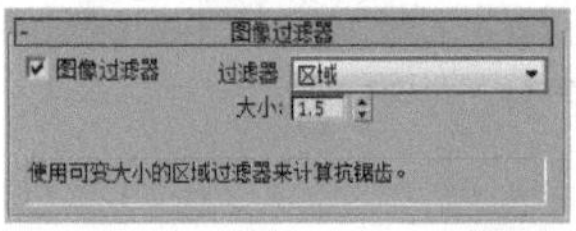

图16-6

06 切换到GI选项卡，然后展开"全局照明"选项卡，接着设置"首次引擎"为"发光图"、"二次引擎"为"灯光缓存"，如图16-7所示。

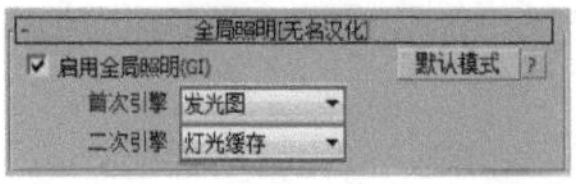

图16-7

07 展开"发光图"卷展栏，然后设置"当前预设"为"自定义"，接着设置"最小速率"和"最大速率"为-4，再设置"细分"为50，最后设置"插值采样"为20，如图16-8所示。

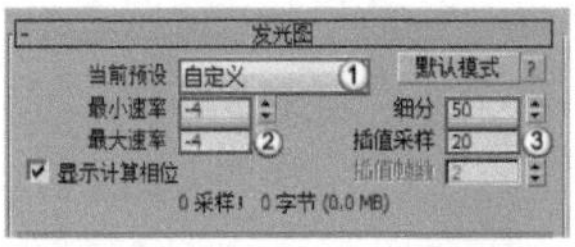

图16-8

08 展开"灯光缓存"选项卡，然后设置"细分"为200，如图16-9所示。

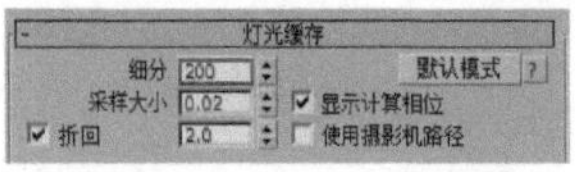

图16-9

09 设置完参数后，按F9键渲染当前场景，效果如图16-10所示。通过观察渲染的效果图，可以发现枕头的边缘、床头柜的边缘存在较明显的锯齿，地板有一些白色噪点，整体画面看起来较为粗糙。场景左下角可以看到图片的渲染时间为3分19秒，速度很快。

图16-10

🧭 疑难问答

渲染的图片与案例图片有差异？

按照书中提供的参数渲染出的图片颜色和亮度与案例图片有差异，这种情况是正常的。在同一渲染设置参数渲染的情况下，因显示器、CPU和Vray版本的差异，都会造成渲染结果的差异。

16.1.2 渲染块和Mitchell-Netravali

场景位置	场景文件>CH16>01.max
实例位置	实例文件>CH16>渲染块和Mitchell-Netravali.max
视频名称	渲染块和Mitchell-Netravali.mp4
技术掌握	"渲染块"图像采样器和Mitchell-Netravali图像过滤器组合 扫码看视频

　　"渲染块"图像采样器和Mitchell-Netravali图像过滤器的组合用于渲染成图，渲染速度比上一组要慢，但效果更加精细，带有细微的模糊效果，渲染效果如图16-11所示。

图16-11

01 打开本书学习资源中的"场景文件>CH16>01.max"文件，如图16-12所示。

图16-12

02 其余参数保持不变，切换到VRay选项卡，然后展开"图像采样器（抗锯齿）"卷展栏，接着设置"类型"为"渲染块"，如图16-13所示。

图16-13

03 展开"渲染块图像采样器"卷展栏，然后设置"最小细分"为1，接着勾选"最大细分"选项，并设置为4，再设置"噪波阈值"为0.005，最后设置"渲染块宽度"为32，如图16-14所示。

图16-14

 提示

"噪波阈值"可以有效地消除图片中的噪点。

04 展开"图像过滤器"卷展栏，然后设置"过滤器"为Mitchell-Netravali，如图16-15所示。

图16-15

 提示

为了进行对比，其余的参数与上一个案例参数一致。

05 设置完参数后，按F9键渲染当前场景，效果如图16-16所示。通过观察渲染的效果图，可以发现床头柜的边缘已经没有锯齿，地板也没有了噪点，整体画面看起来很精细。场景左下角可以看到图片的渲染时间为18分59秒，速度很慢。

图16-16

16.1.3 渲染块和Catmull-Rom

场景位置	场景文件>CH16>01.max
实例位置	实例文件>CH16>渲染块和Catmull-Rom.max
视频名称	渲染块和Catmull-Rom.mp4
技术掌握	"渲染块"图像采样器和Catmull-Rom图像过滤器组合

扫码看视频

"渲染块"图像采样器和Catmull-Rom图像过滤器的组合用于渲染成图，渲染速度比第1组要慢，但效果增加了锐化效果，渲染效果如图16-17所示。

图16-17

01 打开本书学习资源中的"场景文件>CH16>01.max"文件，如图16-18所示。

图16-18

02 其余参数保持不变，切换到VRay选项卡，然后展开"图像采样器（抗锯齿）"卷展栏，接着设置"类型"为"渲染块"，如图16-19所示。

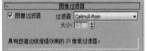

图16-19

03 展开"渲染块图像采样器"卷展栏，然后设置"最小细分"为1，接着勾选"最大细分"选项，并设置为4，再设置"噪波阈值"为0.005，最后设置"渲染块宽度"为32，如图16-20所示。

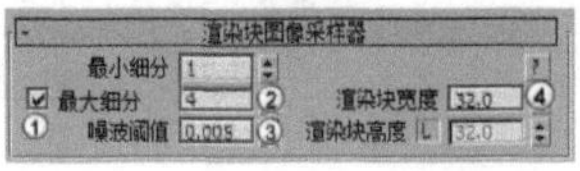

图16-20

04 展开"图像过滤器"卷展栏，然后设置"过滤器"为Catmull-Rom，如图16-21所示。

图16-21

05 设置完参数后，按F9键渲染当前场景，效果如图16-22所示。通过观察渲染的效果图，可以发现床头柜的边缘已经没有锯齿，地板也没有了噪点，整体画面看起来很锐利，画面整体较亮。场景左下角可以看到图片的渲染时间为19分14秒，速度很慢。

图16-22

16.2 GI渲染引擎的搭配

本章将以实例的形式对比几种常用的GI渲染引擎的搭配方式，通过质量和渲染速度让读者更加了解它们之间的差别，合理选择适合自身制作的组合。

16.2.1 发光图和灯光缓存

场景位置	场景文件>CH16>02.max
实例位置	实例文件>CH16>发光图和灯光缓存.max
视频名称	发光图和灯光缓存.mp4
技术掌握	发光图和灯光缓存渲染引擎组合

扫码看视频

"首次引擎"为"发光图"和"二次引擎"为"灯光缓存"的组合是实际制作中使用概率很大的一组搭配方式。因其渲染质量好、速度快，深受渲染师的青睐，渲染效果如图16-23所示。

图16-23

01 打开本书学习资源中的"场景文件>CH16>02.max"文件，如图16-24所示。

图16-24

02 按F10键打开"渲染设置"面板，然后在"公用"选项卡中设置"输出大小"的"宽度"为1200、"高度"为900，如图16-25所示。

图16-25

03 切换到VRay选项卡，然后展开"图像采样器（抗锯齿）"卷展栏，接着设置"类型"为"渲染块"，如图16-26所示。

04 展开"渲染块图像采样器"卷展栏，然后设置"最小细分"为1，接着勾选"最大细分"选项，并设置为4，再设置"噪波阈值"为0.005，最后设置"渲染块宽度"为32，如图16-27所示。

图16-26　　　　　　　　　　　图16-27

05 展开"图像过滤器"卷展栏，然后设置"过滤器"为Mitchell-Netravali，如图16-28所示。

06 切换到GI选项卡，然后展开"全局照明"选项卡，接着设置"首次引擎"为"发光图"、"二次引擎"为"灯光缓存"，如图16-29所示。

图16-28　　　　　　　　　　　图16-29

07 展开"发光图"卷展栏，然后设置"当前预设"为"自定义"，接着设置"最小速率"和"最大速率"为-4，再设置"细分"为50，最后设置"插值采样"为20，如图16-30所示。

08 展开"灯光缓存"选项卡，然后设置"细分"为200，如图16-31所示。

图16-30　　　　　　　　　　　图16-31

09 设置完参数后，按F9键渲染当前场景，效果如图16-32所示。通过观察渲染的效果图，可以发现画面整体存在一些噪点，看起来不精细。场景左下角可以看到图片的渲染时间为8分43秒，速度较快。

图16-32

10 展开"发光图"卷展栏，然后设置"当前预设"为"中"，接着设置"细分"为60，再设置"插值采样"为30，如图16-33所示。

11 展开"灯光缓存"选项卡，然后设置"细分"为1000，如图16-34所示。

图16-33　　　　　　　　　　　图16-34

12 按F9键渲染当前场景，效果如图16-35所示。通过观察渲染的效果图，可以发现画面噪点几乎没有，整体看起来更加精细。场景左下角可以看到图片的渲染时间为29分46秒。

图16-35

⚓ 提示

　　通过两组渲染参数的对比发现，设置的渲染参数越高，画面渲染效果越好，但速度也越慢。

16.2.2 发光图和BF算法

场景位置	场景文件>CH16>02.max	
实例位置	实例文件>CH16>发光图和BF算法.max	
视频名称	发光图和BF算法.mp4	
技术掌握	发光图和BF算法渲染引擎组合	扫码看视频

　　"首次引擎"为"发光图"和"二次引擎"为"BF算法"的组合，是实际制作中使用概率很大的一组搭配方式。对细节渲染更加精细，多用于室外建筑类渲染，渲染效果如图16-36所示。

图16-36

① 打开本书学习资源中的"场景文件>CH16>02.max"文件，如图16-37所示。

图16-37

② 保持其余参数不变，切换到"GI选项卡"，然后展开"全局照明"选项卡，接着设置"首次引擎"为"发光图"、"二次引擎"为"BF算法"，如图16-38所示。

③ 展开"发光图"卷展栏，然后设置"当前预设"为"中"，接着设置"细分"为60，再设置"插值采样"为30，如图16-39所示。

图16-38   图16-39

④ 展开"BF算法计算全局照明（GI）"卷展栏，然后设置"细分"为8、"反弹"为3，如图16-40所示。

图16-40

⑤ 按F9键渲染当前场景，效果如图16-41所示。通过观察渲染的效果图，可以发现画面噪点几乎没有，整体看起来更加精

细。场景左下角可以看到图片的渲染时间为54分56秒，相对于上一组引擎，渲染速度要慢得多。

图16-41

16.2.3 BF算法和BF算法

场景位置	场景文件>CH16>02.max
实例位置	实例文件>CH16> BF算法和BF算法.max
视频名称	BF算法和BF算法.mp4
技术掌握	BF算法和BF算法渲染引擎组合

扫码看视频

"首次引擎"和"二次引擎"都为"BF算法"的组合是实际制作中使用概率很小的一组搭配方式。这种渲染组合渲染的效果会很好，但渲染速度非常慢，对计算机的配置要求也很高，渲染效果如图16-42所示。

图16-42

① 打开本书学习资源中的"场景文件>CH16>02.max"文件，如图16-43所示。

图16-43

02 保持其余参数不变,切换到"GI选项卡",然后展开"全局照明"选项卡,接着设置"首次引擎"为"BF算法"、"二次引擎"为"BF算法",如图16-44所示。

03 展开"BF算法计算全局照明(GI)"卷展栏,然后设置"细分"为8、"反弹"为3,如图16-45所示。

图16-44

图16-45

04 按F9键渲染当前场景,效果如图16-46所示。通过观察渲染的效果图,可以发现画面有很多噪点,看起来也很模糊。场景左下角可以看到图片的渲染时间为53分29秒,这组引擎在低参数下渲染速度慢,但渲染质量很差。如果要渲染高质量的效果,需要提高"细分"数值,渲染时间会继续成倍增加,对于大多数家用计算机配置,不推荐使用该引擎组合。

图16-46

16.3 常用渲染参数

本节将以实例的形式为读者提供一组测试渲染的

参数和一组成图渲染的参数。读者在制作效果图时,可以根据这两组参数结合自身的场景灵活使用。

16.3.1 测试渲染参数

场景位置 场景文件>CH16>03.max
实例位置 实例文件>CH16>测试渲染参数.max
视频名称 测试渲染参数.mp4
技术掌握 测试渲染参数

扫码看视频

01 打开本书学习资源中的"场景文件>CH16>03.max"文件,如图16-47所示。

图16-47

02 按F10键打开"渲染设置"面板,然后在"公用"选项卡中设置"输出大小"的"宽度"为600、"高度"为450,如图16-48所示。

图16-48

03 切换到VRay选项卡,然后展开"图像采样器(抗锯齿)"卷展栏,接着设置"类型"为"渲染块",如图16-49所示。

④ 展开"渲染块图像采样器"卷展栏，然后设置"最小细分"为1，接着取消勾选"最大细分"选项，再设置"渲染块宽度"为32，如图16-50所示。

图16-49　　　　　　　　　　**图16-50**

⑤ 展开"图像过滤器"卷展栏，然后设置"过滤器"为"区域"，如图16-51所示。

⑥ 展开"全局确定性蒙特卡洛"卷展栏，然后设置"最小采样"为8、"自适应数量"为0.85、"噪波阈值"为0.1，如图16-52所示。

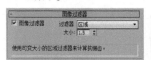

图16-51　　　　　　　　　　**图16-52**

⑦ 切换到GI选项卡，然后展开"全局照明"选项卡，接着设置"首次引擎"为"发光图"、"二次引擎"为"灯光缓存"，如图16-53所示。

⑧ 展开"发光图"卷展栏，然后设置"当前预设"为"自定义"，接着设置"最小速率"和"最大速率"为-4，再设置"细分"为50，最后设置"插值采样"为20，如图16-54所示。

图16-53　　　　　　　　　　**图16-54**

⑨ 展开"灯光缓存"选项卡，然后设置"细分"为200，如图16-55所示。

图16-55

⑩ 设置完参数后，按F9键渲染当前场景，效果如图16-56所示。

图16-56

扫码看视频

提示

　　测试渲染是为了以最快的渲染速度观察图片的渲染效果，场景的灯光是否合适，材质质感是否达到需要的效果。至于画面中出现的噪点则不需要关注，成图渲染参数会解决这一问题。

16.3.2 成图渲染参数

场景位置　　场景文件>CH16>03.max
实例位置　　实例文件>CH16>成图渲染参数.max
视频名称　　成图渲染参数.mp4
技术掌握　　成图渲染参数

① 打开本书学习资源中的"场景文件>CH16>03.max"文件，如图16-57所示。

图16-57

② 按F10键打开"渲染设置"面板，然后在"公用"选项卡中设置"输出大小"的"宽度"为1200、"高度"为900，如图16-58所示。

③ 展开"渲染块图像采样器"卷展栏，然后设置"最小细分"为1，接着勾选"最大细分"选项，并设置为4，再设置"噪波阈值"为0.005，最后设置"渲染块宽度"为32，如图16-59所示。

图16-58 图16-59

04 展开"图像过滤器"卷展栏，然后设置"过滤器"为Catmull-Rom，如图16-60所示。

05 展开"全局确定性蒙特卡洛"卷展栏，然后设置"最小采样"为16、"自适应数量"为0.8、"噪波阈值"为0.005，如图16-61所示。

图16-60 图16-61

06 切换到"GI选项卡"，然后展开"发光图"卷展栏，接着设置"当前预设"为"中"，再设置"细分"为60，最后设置"插值采样"为30，如图16-62所示。

07 展开"灯光缓存"选项卡，然后设置"细分"为1000，如图16-63所示。

图16-62 图16-63

08 设置完参数后，按F9键渲染当前场景，效果如图16-64所示。

图16-64

🔍 **疑难问答**

成图渲染仍然有噪点怎么办？

"渲染块采样器"卷展栏中的"噪波阈值"和"全局确定性蒙特卡洛"卷展栏中的"噪波阈值"两个参数都可以有效地消除噪点。"全局确定性蒙特卡洛"卷展栏中的"全局倍增"参数也可以控制画面的整体质量，有效消除噪点。

16.4 光子图渲染与保存

场景位置	场景文件>CH16>04.max
实例位置	实例文件>CH16>光子图渲染与保存.max
视频名称	光子图渲染与保存.mp4
技术掌握	光子图渲染与保存的方法

扫码看视频

保存渲染的光子图可以极大地提高渲染成图的速度。通过上个实例，读者可以清晰地感受到渲染成图需要耗费较长的时间。在商业效果图制作中，效率是第一位的，因此保存渲染光子图是最常用的功能之一。渲染效果如图16-65所示。

图16-65

01 打开本书学习资源中的"场景文件>CH16>04.max"文件，如图16-66所示。

图16-66

02 按F10键打开"渲染设置"面板，然后在"公用"选项卡中设置"输出大小"的"宽度"为600、"高度"为450，如图16-67所示。

图16-67

03 切换到VRay选项卡，然后展开"全局开关"卷展栏，勾选"不渲染最终的图像"选项，如图16-68所示。

04 展开"图像采样器（抗锯齿）"卷展栏，接着设置"类型"为"渲染块"，如图16-69所示。

图16-68　　　　　　　图16-69

05 展开"渲染块图像采样器"卷展栏，然后设置"最小细分"为1，接着勾选"最大细分"选项，并设置为4，再设置"噪波阈值"为0.005，最后设置"渲染块宽度"为32，如图16-70所示。

06 展开"图像过滤器"卷展栏，然后设置"过滤器"为Mitchell-Netravali，如图16-71所示。

图16-70　　　　　　　图16-71

07 展开"全局确定性蒙特卡洛"卷栅栏，然后设置"最小采样"为16、"自适应数量"为0.8、"噪波阈值"为0.005，如图16-72所示。

08 切换到GI选项卡，然后展开"全局照明"选项卡，接着设置"首次引擎"为"发光图"、"二次引擎"为"灯光缓存"，如图16-73所示。

图16-72　　　　　　　图16-73

09 展开"发光图"卷展栏，然后设置"当前预设"为"中"、"细分"为60、"插值采样"为30，接着切换为"高级模式"，再在"模式"中选择"单帧"，最后勾选"自动保存"选项，并单击下方的保存按钮，设置光子图的保存路径，如图16-74所示。

10 在"灯光缓存"卷展栏中设置"细分"为1000，然后切换为"高级模式"，接着在"模式"中选择"单帧"，再勾选"自动保存"选项，最后单击下方的保存按钮，设置灯光缓存的保存路径，如图16-75所示。

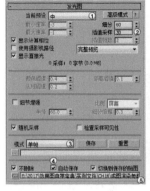

图16-74　　　　　　　图16-75

11 按F9键渲染当前场景，渲染完成后，系统会自动保存光子图文件和灯光缓存文件，如图16-76所示。

12 下面渲染成图。在"公用"选项卡中设置"宽度"为1200、"高度"为900，如图16-77所示。

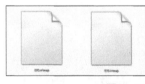

图16-76　　　　　　　图16-77

13 切换到VRay选项卡，然后展开"全局开关"卷展栏，接着取消勾选"不渲染最终的图像"选项，如图16-78所示。

14 切换到GI选项卡，然后展开"发光图"卷展栏，可以观察到，此时"模式"已经自动切换为"从文件"，并且下方有光子图文件的路径，如图16-79所示。

图16-78　　　　　　　图16-79

15 展开"灯光缓存"卷展栏，同光子图一样，灯光缓存文件也自动加载，如图16-80所示。

图16-80

16 按F9键渲染场景，成图效果如图16-81所示。

图16-81

16.5　VRay物理降噪

VRay物理降噪是VRay3.4渲染器新增加的一项功能，可以在不提高渲染参数的情况下，消除效果图中的噪点。使用VRay物理降噪，必须使用VRay自带的帧缓存。

以测试参数为例，渲染一个演示场景，效果如图16-82所示。场景中存在许多噪点，模型边缘也存在许多锯齿状，效果不是很好。

图16-82

添加VRay物理降噪，首先按F10键打开"渲染设置"面板，然后切换到"渲染元素"选项卡，接着单击"添加"按钮，在弹出的窗口中选择VRayDenoiser选项，如图16-83所示。

添加该选项后，展开下方的"VRay物理降噪"卷展栏，然后设置"预设"为"自定义"选项，如图16-84所示。

图16-83　　　　图16-84

⚓ 提示

对于绝大多数效果图，使用"自定义"选项后就不需要设置其他数值，但要灵活根据效果图的情况使用该选项。

设置好参数后再次渲染，会发现在渲染的过程最后多一步VRay物理降噪的过程，但效果图却没有任何改变。单击VRay帧缓存左上角的下拉列表，然后选择VRayDenoiser选项，如图16-85所示。此时效果图切换到VRay物理降噪后的效果，如图16-86所示。

图16-85　　　　　　图16-86

通过对比降噪前后的效果，可以观察到噪点和锯齿都有了明显的改变。该功能可以在不提升渲染参数的情况下更好地降低噪点，同时也提高了渲染效率，是一个非常有效的新功能。

16.6　线性工作流(LWF)渲染

LWF线性工作流是指一种通过调整图像Gamma值，来使图像得到线性化显示的技术流程。而线性化的本意就是让图像得到正确的显示结果。设置LWF后会使图像明亮，这个明亮即是正确的显示结果，是线性化的结果。

传统的全局光渲染在常规作图流程下渲染的图像会比较暗，尤其是暗部。本来这个图像是不应该这么暗的，尤其当我们作图调高灯光亮度时，亮处都几近曝光了，场景的某些暗部还是亮不起来，而这个过暗问题，最主要的原因是因为显示器错误地显示了图像，使本来不暗的图像，被显示器给显示暗了。

使用LWF线性工作流，通过调整Gamma，让图像回到正确的线性化显示效果，使图像的明暗看起来更有真实感，更符合人眼视觉和现实中真正的光影感，而不是像原本那样的明暗差距过大。图16-87所示是传统渲染与线性工作流的对比效果。

图16-87

LWF线性工作流的设置方法如下。

第1步：打开菜单栏的"渲染"菜单，然后选择"Gamma/LUT设置"选项，如图16-88所示。

第2步：在弹出的"首选项设置"对话框中，选择"Gamma和LUT"选项卡，接着勾选"启用Gamma和LUT校正"选项，设置Gamma为2.2，最后勾选"影响颜色选择器"和"影响材质选择器"选项，如图16-89所示。

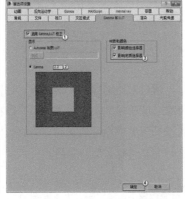

图16-88　　　　　　　　　图16-89

使用LWF线性工作流需要注意以下3点。

第1点：不要随意补光。LWF线性工作流，仅需要按照真实世界的打光方式即可。如果按照以前的打光方式，增加过多的补光，画面就会发灰，明暗对比也就不明显了。

第2点：在Gamma1.0中，"材质球编辑器"中的材质球颜色会比Gamma2.2的材质球颜色深，因此在调节材质时，以往调节材质的经验不完全适用于LWF线性工作流。

第3点：使用LWF线性工作流渲染图片时，最好使用VRay渲染器自带的帧缓存。避免因版本的问题造成渲染图片是Gamma2.2的显示效果，而保存图片是Gamma1.0的显示效果。如果出现使用3ds Max自带的渲染帧窗口保存图片是Gamma1.0的显示效果，在保存图片时勾选"覆盖"选项，并设置Gamma值为2.2，这样保存出来的图片也是Gamma2.2的显示效果，如图16-90所示。

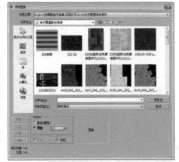

图16-90

渲染疑难问答

在渲染的过程中，或多或少会遇到一些意外情况，初学者不知如何解决。下面为大家介绍几种渲染时的常见问题。

渲染保存的光子图能否一直调用？

如果修改了场景中的模型造型、大面积贴图颜色或纹理、灯光强度等参数后，保存的光子图就不能再调用，需要重新渲染保存。如果只是修改小部分的贴图颜色或纹理，就可以继续调用。

找不到调整错误的渲染参数怎么办？

在"指定渲染器"中选择默认的线扫渲染器，然后切换回VRay渲染器，这样就回到了VRay渲染器的初始状态。

在渲染时停在"灯光缓存"启动部分

如果设定的最大内存限量不够"灯光缓存"的引擎使用，可以提高最大内存限量，或是减少场景内的灯光数量。

渲染启动后立即跳出

这是计算机本身物理内存不够造成的。解决方法是增加计算机的物理内存，或者降低输出的分辨率、渲染参数和删除场景中多余的模型。

渲染后帧缓存器内全黑

出现这种问题需要检查两个地方。检查是否勾选了"不渲染最终图像"选项；检查是否渲染到别的视图。

渲染时弹出"光线跟踪器"窗口如何解决？

由于场景中调用了较早前的模型，里面携带了光线跟踪引擎。如果要取消该窗口，需要找到模型的材质，然后取消"光线跟踪"或直接转换为VRay材质。不取消该窗口并不影响渲染的最终效果，只是会略微增加渲染时间。

第6篇
效果图的后期处理

篇前语

效果图在后期处理时能很大程度地改善渲染的成图，修改一些瑕疵，添加一些效果增加画面的美观度。修改效果图一般遵循3点修改要素。

第1点：修改渲染成图的整体色彩，包括曝光度、色阶、饱和度、色相、色彩平衡、模糊或锐化等。

第2点：添加素材，修改瑕疵。

第3点：添加特效，包括镜头光晕、景深、体积光等。虽然在3ds Max中也能添加这些特效，但需要反复渲染测试且渲染时间较长，制作效率低下。一般都是在后期时添加这些特效。

在进行后期处理前，一定要明确最后调整出的效果，这样才能提高制作的效率。下面是一些添加了特效的效果图。

第17章 效果图后期的准备工作

○ AO通道 ○ VRayRenderID通道 ○ VRayZDepth通道

17.1 后期软件的准备

　　Adobe Photoshop是主流效果图后期处理的工具软件之一，因其强大的功能深受效果图后期制作人员的喜爱。本书全部采用Photoshop CS6进行讲解，如图17-1所示，启动界面如图17-2所示。

图17-1

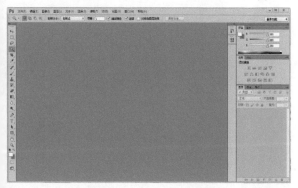

图17-2

17.2 后期使用的通道

　　本节将讲解后期处理中常用到的通道，以及通道的渲染方法。

17.2.1 AO通道

　　AO通道能改善阴影，给场景更多的深度，有助于更好地表现模型的细节。不仅能增强空间的层次感、真实感，同时能加强和改善画面的明暗对比，增强画面的可看性。

　　AO通道是在VRay渲染器的"覆盖材质"通道中加载一个带有"VRay污垢"贴图的白色材质球。

17.2.2 VRayRenderID通道

　　VRayRenderID通道是用不同的颜色区分不同的材质，渲染出彩色通道。将VRayRenderID通道与渲染的成图在Photoshop中进行叠加，可以快速抠取所需要的对象进行单独修改。

　　但VRayRenderID通道有时并不能将同一材质渲染成同色的色块，在后期制作时会带来一些小的影响。一些3ds Max的外挂插件提供了一键转换材质通道的功能，有兴趣的读者可以在网络上进行下载使用。

17.2.3 VRayZDepth通道

　　VRayZDepth通道也就是VRayZ深度通道，用于制作后期的景深、大气雾等效果。VRayZDepth通道除了可以在Photoshop中使用，还可以在AE等软件中使用。

实例

渲染AO通道

场景位置	场景文件>CH17>01.max
实例位置	实例文件>CH17>渲染AO通道.max
视频名称	实例：渲染AO通道.mp4
技术掌握	渲染AO通道的方法

扫码看视频

01 打开本书学习资源中的"场景文件>CH17>01.max"文件，如图17-3所示。

图17-3

02 按M键打开"材质球编辑器"，然后选择一个空白标准材质球，接着在"漫反射"通道中加载一张"VRay污垢"贴图，如图17-4所示。

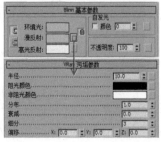

图17-4

03 设置"VRay污垢参数"卷展栏中的"半径"大小为300mm，如图17-5所示。

图17-5

⚠️ **提示**

设置"半径"大小，可以控制阴影的深浅，根据场景不同，设置的大小也不同。

04 按F10键打开"渲染设置"面板，然后在VRay选项卡中展开"全局开关"卷展栏，接着勾选"覆盖材质"选项，并将材质球以"实例"的形式复制到通道上，如图17-6所示。

图17-6

05 按F9键渲染当前场景，效果如图17-7所示。

图17-7

实例

渲染VRayRenderID通道

场景位置	场景文件>CH17>01.max
实例位置	实例文件>CH17>渲染VRayRenderID通道.max
视频名称	实例：渲染VRayRenderID通道.mp4
技术掌握	渲染VRayRenderID通道的方法

扫码看视频

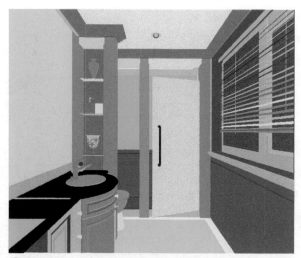

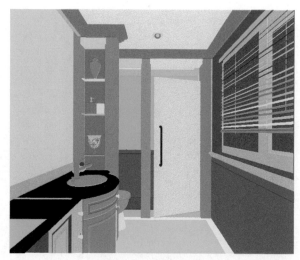

图17-10

① 打开本书学习资源中的"场景文件>CH17>01.max"文件，如图17-8所示。

图17-8

② 按F10键打开"渲染设置"面板，然后切换到"渲染元素"选项卡，接着单击"添加"按钮，在弹出的窗口中选择VRayRenderID选项，如图17-9所示。

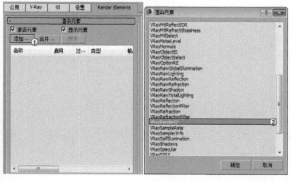

图17-9

③ 按F9键渲染当前场景，效果如图17-10所示。

实例

渲染VRayZDepth通道

场景位置 场景文件>CH17>01.max
实例位置 实例文件>CH17>渲染VRayZDepth通道.max
视频名称 实例：渲染VRayZDepth通道.mp4
技术掌握 渲染VRayZDepth通道的方法

扫码看视频

① 打开本书学习资源中的"场景文件>CH17>01.max"文件，如图17-11所示。

② 按F10键打开"渲染设置"面板，然后切换到"渲染元素"选项卡，接着单击"添加"按钮，在弹出的窗口中选择VRayZDepth选项，如图17-12所示。

图17-11

图17-12

③ 进入顶视图，选中摄影机，然后切换到"参数"面板，接着勾选"手动剪切"选项，再设置"远距剪切"选项为5400mm，如图17-13所示，最后取消勾选"手动剪切"选项。

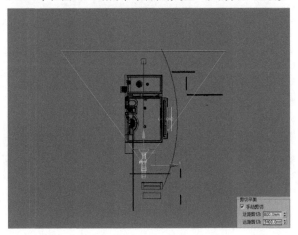

图17-13

 提示

这个步骤是为了测量摄影机的最远距离，为深度通道做准备。"远距剪切"的范围一定要包含场景的最远处，但也不可过于远离场景中的模型。

④ 在"渲染元素"选项卡中展开"VRayZ深度参数"卷展栏，然后设置"Z深度最大"为5400mm，即上一步中"远距剪切"的数值，如图17-14所示。

图17-14

⑤ 按F9键渲染当前场景，效果如图17-15所示。

图17-15

第 **18** 章 效果图的后期处理方法

○ 图像的调整 ○ 特效的添加

18.1 图像的调整

本节将主要讲解常用的画面整体处理命令，这些命令都是在Photoshop中使用的。

18.1.1 曝光度

在渲染成图时，经常会出现整体亮度偏暗的情况，这就需要在后期处理时调整曝光度。

图18-1所示是一张渲染好的成图，画面整体偏暗，但层次分明。

图18-1

将渲染好的图片在Photoshop中打开，然后执行"图像>调整>曝光度"菜单命令，接着在弹出的对话框中调整曝光度的参数，如图18-2所示，调整后的效果如图18-3所示。

图18-2

图18-3

18.1.2 色阶

色阶也就是Gamma增益曲线的调整，通过调整最小值和最大值限定画面所有颜色的灰阶构成范围，通过调整中间的基准值来控制增益曲线的整体偏向。

图18-4所示是一张渲染好的成图，画面整体偏白，层次不明显。

图18-4

将渲染好的图片在Photoshop中打开，然后执行"图像>调整>色阶"菜单命令，接着在弹出的对话框中调整色阶的参数，如图18-5所示，调整后的效果如图18-6所示。

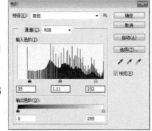

图18-5

图18-6

18.1.3 色彩平衡

"色彩平衡"可以对画面的"阴影""中间调"和"高光"区域进行色彩校正。

图18-7所示的是渲染好的成图，需要通过"色彩平衡"将暖色调的图片调整为偏冷色调。

图18-7

将图片在Photoshop中打开，然后执行"图像>

调整>色彩平衡"菜单命令，接着在弹出的对话框中调整阴影的参数，如图18-8所示。继续调整中间调的参数，使画面整体保持冷色调，如图18-9所示，调整后的效果如图18-10所示。

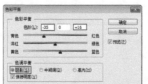 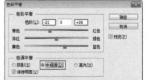

图18-8   图18-9

图18-10

18.1.4 照片滤镜

"照片滤镜"可以对画面整体添加颜色滤镜，控制整体的颜色偏向。

图18-11所示的是渲染好的成图，需要通过"照片滤镜"添加一个暖色滤镜。

图18-11

将图片在Photoshop中打开，然后执行"图像>调整>照片滤镜"菜单命令，接着在弹出的对话框中选择"加温滤镜（85）"选项，设置"浓度"为50%，如图18-12所示，调整后的效果如图18-13所示。

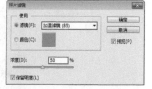

图18-12

图18-13

 提示

"照片滤镜"与"色彩平衡"都是调整画面颜色的命令，但"照片滤镜"是整体添加一种颜色，"色彩平衡"则可以在阴影和高光分别控制不同的颜色。

18.1.5 色相/饱和度

控制画面整体的饱和度，一般使用"饱和度"这个命令，而单独控制某一种颜色时，是使用"色相/饱和度"命令。

图18-14所示是一张渲染好的酒店前台效果图，颜色饱和度过高，显得不真实。

图18-14

将图片在Photoshop中打开，然后执行"图像>调整>色相/饱和度"菜单命令，接着在弹出的对话框中调整饱和度的参数，如图18-15所示，调整后的效果如图18-16所示。

图18-15

图18-16

色相参数可以调节画面的颜色，如图18-17所示，调整后的效果如图18-18所示。

图18-17

图18-18

提示

"色相"参数多用于调整某个材质的色相，很少用来调整整体颜色。

18.1.6 USM锐化

"USM锐化"滤镜会查找图像颜色发生变化最显著的区域，然后将其锐化。在效果图的修改中，能够起到使画面变得精致的效果。

图18-19所示是一张渲染好的理发店效果图，下面为其添加锐化效果。将图片在Photoshop中打开，然后执行"滤镜>锐化>USM锐化"菜单命令，接着在弹出的对话框中调整参数，如图18-20所示，调整后的效果如图18-21所示。

图18-19　　　　　　　　图18-20

图18-21

18.1.7 高斯模糊

"高斯模糊"滤镜是较为常用的模糊滤镜，可以使图像产生一种朦胧感，常用于制作景深效果。

图18-22所示是一张渲染好的走廊效果图，下面为其添加高斯模糊效果。将图片在Photoshop中打开，然后执行"滤镜>模糊>高斯模糊"菜单命令，接着在弹出的对话框中调整参数，如图18-23所示，调整后的效果如图18-24所示。

图18-22　　　　　　　　图18-23

图18-24

用"橡皮擦"工具擦除前端的走廊部分，形成景深效果，如图18-25所示。

图18-25

18.1.8 径向模糊

"径向模糊"滤镜可以模拟缩放和旋转的相机所产生的模糊现象。选择"旋转"，可以沿着同心圆环线模糊；选择"缩放"，可以沿径向线模糊，图像产生放射状的模糊效果。选择"中心模糊",可以单击点设置为模糊的原点,原点位置不同,模糊效果也不同。"径向模糊"常用于制作体积光效果。

　　图18-26所示是一张渲染好的大堂效果图,下面为其添加径向模糊效果。将图片在Photoshop中打开,然后执行"滤镜>模糊>径向模糊"菜单命令,接着在弹出的对话框中调整参数,如图18-27所示,调整后的效果如图18-28所示。

图18-26　　　　　　　　　　图18-27

图18-28

实例

效果图的整体处理

素材位置　　场景文件>CH18>01.jpg
实例位置　　实例文件>CH18>效果图的整体处理.psd
视频名称　　实例:效果图的整体处理.mp4
技术掌握　　综合练习调整效果图的方法

扫码看视频

01 打开本书学习资源中的"场景文件>CH18>01.jpg"文件,如图18-29所示。

图18-29

02 执行"图像>调整>曝光度"菜单命令,然后设置"曝光度"为0.3,如图18-30所示,效果如图18-31所示。

图18-30

图18-31

03 执行"图像>调整>色阶"菜单命令,然后设置参数,如图18-32所示,效果如图18-33所示。

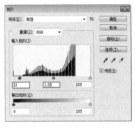

图18-32 　　　　　　　　　　　　图18-33

04 执行"图像>调整>色彩平衡"菜单命令，然后设置参数，如图18-34所示，效果如图18-35所示。

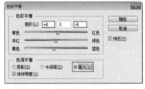

图18-34

图18-35

05 执行"渲染>锐化>USM锐化"菜单命令，然后设置参数，如图18-36所示，最终效果如图18-37所示。

图18-36 　　　　　　　　　　　　图18-37

18.2 特效的添加

本节将讲解效果图的特效添加方法，这些技巧都是在制作效果图后期中常用的技能，需要熟练掌握。

18.2.1 添加外景

渲染效果图时，外景图片不一定适合整体效果，经常会在后期中添加合适的外景图片。对于需要添加外景的图片，最好在渲染时保存图片为带Alpha通道格式的图片，这样方便后期抠出外景部分。

18.2.2 镜头光晕

镜头光晕可以模拟亮光照到相机镜头而产生的折射，通常是在照片后期处理时用来增加金属表面的光亮或玻璃的反光等效果，使图像处理得更加逼真。使用时图片中必须有光源存在，如太阳光或是灯光。

18.2.3 景深

景深效果除了在前期在3ds Max中渲染，也可以在Photoshop中使用滤镜制作。在3ds Max中渲染景深效果，景深会更加真实，但渲染速度很慢；在Photoshop中使用滤镜制作景深速度更快，可控性也更高。

18.2.4 体积光

体积光也就是丁达尔效应。体积光作为大气和灯光的混合效果，如果通过3ds Max来制作，效果很好，但渲染速度很慢；如果通过Photoshop制作，效果不如3ds Max，但效率极高。

实例

为效果图添加外景

素材位置	场景文件>CH18>02.tga、03.jpg
实例位置	实例文件>CH18>为效果图添加外景.psd
视频名称	实例：为效果图添加外景.mp4
技术掌握	练习为效果图添加外景的方法

扫码看视频

01 打开本书学习资源中的"场景文件>CH18>02.tga"文件，如图18-38所示。

图18-38

02 切换到"通道"面板，然后按住Ctrl键单击Alpha1通道，如图18-39所示，加载通道后的效果如图18-40所示。

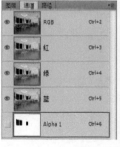 

图18-39　　　　　　　图18-40

03 保持选中状态，按快捷键Shift+Ctrl+I反选，如图18-41所示，然后按快捷键Ctrl+J复制出窗外黑色部分，如图18-42所示。

图18-41　　　　　　　图18-42

04 打开本书学习资源中的"场景文件>CH18>03.jpg"文件，然后置于场景中，如图18-43所示。

图18-43

05 选中窗外背景的"图层2"，然后按住Alt键在"图层2"和"图层1"之间的位置单击鼠标，使"图层2"作为"图层1"的剪切图层，如图18-44所示，效果如图18-45所示。

图18-44　　　　　　　图18-45

06 选中"图层2"，然后执行"图像>调整>色阶"菜单命令，然后设置参数，如图18-46所示，效果如图18-47所示。

图18-46　　　　　　　图18-47

技术专题：外景图片的亮度调整规律

添加外景图片后，都需要对外景图片的亮度进行调整，以符合图片整体的效果。在调整外景图片时，需要注意两个规律。

第1点：白天的外景图片亮度要大于室内亮度。如果室内亮度合适，室外基本处于爆光过度甚至发白的状态。

第2点：夜晚的外景图片亮度要小于室内亮度。如果室内亮度合适，室外基本处于曝光不足发黑的状态。

以上两点是根据现实中照相机拍摄的效果得来的。

实例

为效果图添加镜头光晕

素材位置　场景文件>CH18>04.jpg
实例位置　实例文件>CH18>为效果图添加镜头光晕.psd
视频名称　实例：为效果图添加镜头光晕.mp4
技术掌握　练习为效果图添加镜头光晕的方法

扫码看视频

01 打开本书学习资源中的"场景文件>CH18>04.jpg"文件，如图18-48所示。

图48-48

02 新建"图层1"，然后填充黑色，如图18-49所示。

03 执行"滤镜>渲染>镜头光晕"菜单命令，然后设置参数，如图18-50所示。

图18-49

图18-50

04 将"图层1"的混合模式设置为"滤色"，如图18-51所示，效果如图18-52所示。

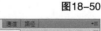

图18-51

图18-52

📋 提示

　　光晕的发光点位置一定要添加在符合逻辑的地方，不可随意添加。

05 观察图片发现光晕的效果不明显。选中"图层1"，然后按快捷键Ctrl+J复制一层，效果如图18-53所示。

图18-53

实例

为效果图添加景深

素材位置　场景文件>CH18>05.jpg
实例位置　实例文件>CH18>为效果图添加景深.psd
视频名称　实例，为效果图添加景深.mp4
技术掌握　练习为效果图添加景深的方法

扫码看视频

01 打开本书学习资源中的"场景文件>CH18>05.jpg"文件,
如图18-54所示。

图18-54

02 执行"滤镜>模糊>场景模糊"菜单命令,然后在弹出的对
话框内添加图18-55所示的节点。

图18-55

03 从左至右依次设置这3个节点的"模糊"为15像素、5像素
和0像素,如图18-56所示。

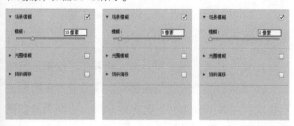

图18-56

04 单击"确定"按钮 确定 ,退出对话框,最终效果如图
18-57所示。

图18-57

⚓ 提示

除了"场景模糊"命令可以制作景深效果以外,还可
以使用"光圈模糊"命令制作,使用方法与"场景模糊"类
似。要根据不同的场景,选择合适的命令。

在AE等后期软件中加载VRayZ深度通道,可以更快地
制作景深。

实例
为效果图添加体积光

素材位置 场景文件>CH18>06.jpg
实例位置 实例文件>CH18>为效果图添加体积光.psd
视频名称 实例:为效果图添加体积光.mp4
技术掌握 练习为效果图添加体积光的方法

扫码看视频

01 打开本书学习资源中的"场景文件>CH18>06.jpg"文件,
如图18-58所示。

02 使用"魔棒工具" 选中窗户外区域,如图18-59所示。

图18-58　　　　　　　图18-59

03 按快捷键Ctrl+J复制出窗外部分，如图18-60所示。

04 执行"滤镜>模糊>径向模糊"菜单选项，然后在弹出的对话框中设置"数量"为50、"模糊方法"为"缩放"、"品质"为"最好"，"中心模糊"为图18-61所示的效果，图片效果如图18-62所示。

图18-60   图18-61

图18-62

 提示

"中心模糊"的位置一定要符合窗户的位置。

05 不改变"中心模糊"的位置，继续使用"径向模糊"，并增大"数量"值，效果如图18-63所示。

图18-63

06 设置"图层1"的混合模式为"滤色"，如图18-64所示，效果如图18-65所示。

图18-64   图18-65

07 用"橡皮擦工具" 擦除多余的部分，最终效果如图18-66所示。

图18-66

后期处理疑难问答

在后期处理的过程中，或多或少会遇到一些意外情况，初学者不知如何解决。下面为大家介绍几种后期处理时的常见问题。

如何知道后期处理所需要的效果？

后期处理主要是调整渲染成图的色彩光感度，添加一些特效。对于结果的预见，需要大量练习的积累。在学习初期可以找一些优秀的效果图作为参考，当积累的经验足够多时，就可以快速把握效果图的最终效果。

后期处理后总觉得别扭

后期处理除了整体颜色和光感的调节外，还需要考虑透视、比例和地平线的情况。符合逻辑也是一个重点，例如给别墅的外景添加高层风景，就是不符合逻辑。

哪些是后期不能处理的？

场景中要更换模型和灯光，都需要在前期进行修改。修改材质颜色或换贴图都可以通过通道在后期进行修改。如果有反射和折射类的材质，后期不方便更改，就要返回前期重新渲染。

第7篇
商业效果图实训

篇前语

本篇主要介绍商业效果图制作的整个流程。商业效果图按照"建立模型——创建摄影机——创建灯光——调节材质——测试渲染——调整灯光和材质——成图渲染——后期制作"这个过程来制作。

商业效果图的制作是以效率为主。遇到问题最有效的解决方法就是排除法，例如，渲染速度异常慢，需要检查是否是因为场景中的VRay代理模型之间发生冲突、场景中的模型有破面、模型的贴图有丢失等情况。

在制作时，需要有良好的制作习惯。在场景中合理分组便于管理；单独修改对象时将其独立显示；导入外部的网络素材需要检查自带的材质和贴图；在视口操作时，不需要移动物体就切换为选取模式，以免误操作；在场景制作中经常保存文件，最好采用"另存为"模式，以免需要返回某一个状态。

下面是几幅优秀的效果图。

第 **19** 章 客厅空间日光表现

场景位置　场景文件>CH19>01.max
实例位置　实例文件>CH19>客厅空间日光表现.max
视频名称　客厅空间日光表现.mp4
技术掌握　室内家装商业效果图的制作过程

扫码看视频

19.1 渲染空间介绍

本例是一个现代风格的客厅空间。整体颜色淡雅,以鲜艳的橙色作为场景中的点缀,使场景看起来不单调。灰蓝色的配饰作为橙色配饰的对比色,不会让橙色配饰看起来过于跳跃。在灯光部分以自然的阳光为主,室内灯具的人造光为辅助。整体风格偏向宜家风格,是近年来装修的热门选项。

19.2 创建摄影机

01 打开本书学习资源中的"场景文件>CH19>01.max"文件,场景如图19-1所示。

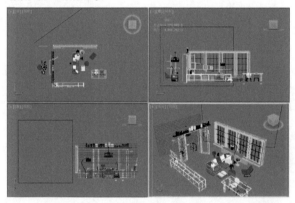

图19-1

02 在顶视图中创建一台"VRay物理摄影机",如图19-2所示。

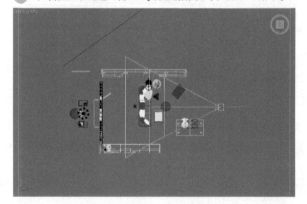

图19-2

03 在前视图中调整好摄影机的高度,如图19-3所示。

04 在"修改"面板中展开"基本参数"卷展栏,然后设置参数,如图19-4所示。

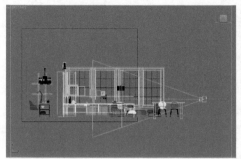

图19-3　　图19-4

05 切换到摄影机视图,效果如图19-5所示。

图19-5

19.3 设置测试渲染参数

下面设置场景的渲染参数,为下一步创建灯光和材质做准备,方便及时测试渲染。

01 按F10键打开"渲染设置"面板,然后在"公用"选项卡中设置"宽度"为640、"高度"为480,如图19-6所示。

02 切换到VRay选项卡,然后展开"图像采样器(抗锯齿)"卷展栏,接着设置"类型"为"渲染块",如图19-7所示。

图19-6　　图19-7

03 展开"渲染块图像采样器"卷展栏,然后设置"最小细分"为1,接着取消勾选"最大细分"选项,再设置"渲染块宽度"为32,如图19-8所示。

04 展开"图像过滤器"卷展栏,然后设置"过滤器"为"区域",如图19-9所示。

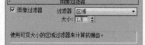

图19-8　　图19-9

05 展开"全局确定性蒙特卡洛"卷展栏，然后设置"最小采样"为8、"自适应数量"为0.85、"噪波阈值"为0.1，如图19-10所示。

06 展开"颜色贴图"卷展栏，然后设置"类型"为"莱因哈德"，接着设置"加深值"为0.5，如图19-11所示。

图19-10　　　　　　　　　图19-11

07 切换到GI选项卡，然后展开"全局照明"选项卡，接着设置"首次引擎"为"发光图"、"二次引擎"为"灯光缓存"，如图19-12所示。

08 展开"发光图"卷展栏，然后设置"当前预设"为"自定义"，接着设置"最小速率"和"最大速率"为-4，再设置"细分"为50，最后设置"插值采样"为20，如图19-13所示。

图19-12　　　　　　　　　图19-13

09 展开"灯光缓存"卷展栏，然后设置"细分"为200，如图19-14所示。

10 切换到"设置"选项卡，展开"系统"卷展栏，然后设置"序列"为"上→下"，如图19-15所示。

图19-14　　　　　　　　　图19-15

19.4 创建灯光

摄影机和渲染测试参数设置好后，下面创建场景灯光。本例是一个日光场景，以日光和天光来照亮场景，室内光源为辅助光源。

19.4.1 创建日光

01 在窗外创建一盏"VRay太阳"，并加载系统自带的"VRay天空"贴图，其位置如图19-16所示。

02 选中上一步创建的"VRay太阳"，然后展开"参数"卷展栏，设置"阴影细分"为8，参数如图19-17所示。

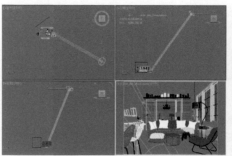

图19-16　　图19-17

03 按F9键在摄影机视图渲染当前场景，如图19-18所示。

图19-18

19.4.2 创建天光

01 在窗外创建一盏"VRay灯光"，其位置如图19-19所示。

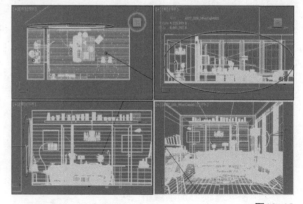

图19-19

02 选中上一步创建的"VRay灯光"，然后展开"参数"卷展栏，设置参数如图19-20所示。

设置步骤

① 在"常规"选项组下设置"类型"为"平面"、"1/2长"为394.846cm、"1/2宽"为112.996cm。

② 在"选项"选项组下勾选"天光入口"选项。

③ 在"采样"选项组下设置"细分"为16。

03 按F9键在摄影机视图渲染当前场景,如图19-21所示。

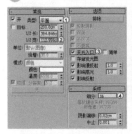 

图19-20 　　　　　　　　　　图19-21

19.4.3 创建台灯

01 在沙发后的台灯内创建一盏VRay灯光,其位置如图19-22所示。

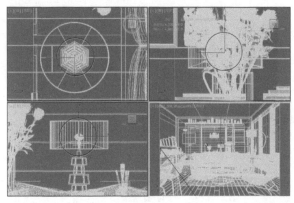

图19-22

02 选中上一步创建的"VRay灯光",然后展开"参数"卷展栏,设置参数如图19-23所示。

设置步骤

① 在"常规"选项组下设置"类型"为"球体"、"半径"为1cm、"辐射率"为20,然后设置"颜色"为(红:255,绿:226,蓝:173)。

② 在"选项"选项组下勾选"不可见"选项。

③ 在"采样"选项组下设置"细分"为8。

图19-23

03 在书房的台灯内创建一盏VRay灯光,其位置如图19-24所示。

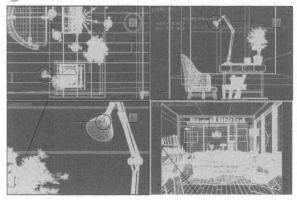

图19-24

04 选中上一步创建的"VRay灯光",然后展开"参数"卷展栏,设置参数如图19-25所示。

设置步骤

① 在"常规"选项组下设置"类型"为"网格"、"辐射率"为40,然后设置"颜色"为(红:255,绿:163,蓝:78)。

② 在"网格灯光"选项组下单击"使用网格作为节点"按钮,选择台灯内的Sphere模型。

③ 在"采样"选项组下设置"细分"为8。

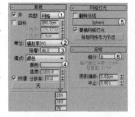

图19-25

05 按F9键在摄影机视图渲染当前场景,如图19-26所示。

图19-26

19.5 创建材质

创建完灯光之后,接下来创建场景中的主要材质，如图19-27所示。对于场景中未讲解的材质，可以打开实例文件查看。

图19-27

19.5.1 蓝色背景墙

材质特点

反射较小

哑光

打开"材质球编辑器"选择一个空白材质球，然后将其转换为VRayMtl材质球。设置"漫反射"颜色为（红:55，绿:72，蓝:106），然后设置"反射"颜色为（红:86，绿:86，蓝:86），接着设置"反射光泽"为0.68，如图19-28所示，材质球效果如图19-29所示。

图19-28　　　图19-29

19.5.2 玻璃

材质特点

全反射透明

表面光滑

有色玻璃

01 打开"材质球编辑器"选择一个空白材质球，然后将其转换为VRayMtl材质球。设置"漫反射"颜色为（红:128，

绿:128，蓝:128），然后设置"反射"颜色为（红:255，绿:255，蓝:255），接着设置"反射光泽"为0.96，如图19-30所示。

图19-30

02 设置"折射"颜色为（红:255，绿:255，蓝:255），然后设置"折射率"为1.8，接着勾选"影响阴影"选项，如图19-31所示。

图19-31

03 设置"烟雾颜色"为（红:64，绿:119，蓝:98），然后设置"烟雾倍增"为0.3，如图19-32所示，材质球效果如图19-33所示。

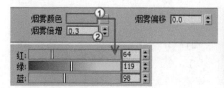

图19-32　　　图19-33

19.5.3 白漆木纹

材质特点

反射较强

表面光滑

有清漆效果

01 打开"材质球编辑器"选择一个空白材质球，将其转换为VRay混合材质，然后在"基本材质"通道中加载一个VRayMtl材质球，接着设置VRay材质的"漫反射"颜色为（红:215，绿:215，蓝:215），如图19-34所示。

02 设置"反射"颜色为（红:255，绿:255，蓝:255），然后设置"反射光泽"为0.93，如图19-35所示。

图19-34　　　图19-35

03 展开"贴图"卷展栏，然后在"反射光泽"通道中加载一张学习资源中的"实例文件>CH19>客厅空间日光表现>木纹

gloss.jpg"文件,并设置通道强度为44,接着在"凹凸"通道中加载一张学习资源中的"实例文件>CH19>客厅空间日光表现>木纹reflect.jpg"贴图,并设置通道强度为1,如图19-36所示。

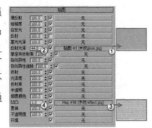

图19-36

04 返回VRay混合材质面板,然后在"镀膜材质"通道中加载一个VRayMtl材质球,并设置"漫反射"颜色为(红:97,绿:97,蓝:97),如图19-37所示。

05 设置"反射"颜色为(红:255,绿:255,蓝:255),然后设置"反射光泽"为0.91,如图19-38所示。

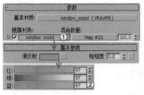

图19-37

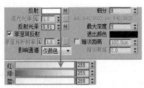

图19-38

06 展开"贴图"卷展栏,然后在"反射"通道中加载一张学习资源中的"实例文件>CH19>客厅空间日光表现>木纹reflect.jpg"文件,接着在"反射光泽"通道中加载一张学习资源中的"实例文件>CH19>客厅空间日光表现>木纹gloss.jpg"贴图,并设置通道强度为55,如图19-39所示。

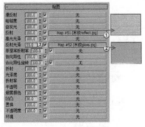

图19-39

07 返回VRay混合材质面板,然后在"混合数量"通道中加载一张"VRay污垢"贴图,接着在"VRay污垢"贴图的"半径"通道中加载一张学习资源中的"实例文件>CH19>客厅空间日光表现>遮罩.jpg"文件,最后设置"细分"为24,如图19-40所示,材质球效果如图19-41所示。

图19-40

图19-41

19.5.4 墙漆

材质特点

哑光

反射较弱

01 打开"材质球编辑器"选择一个空白材质球,然后将其转换为VRayMtl材质球。设置"漫反射"颜色为(红:238,绿:238,蓝:238),然后设置"反射光泽"为0.7,如图19-42所示。

图19-42

02 展开"贴图"卷展栏,然后在"反射"通道中加载一张学习资源中的"实例文件>CH19>客厅空间日光表现>墙漆gloss.jpg"文件,并设置通道强度为50,接着将"反射"通道中的贴图向下复制到"反射光泽"通道中,并设置通道强度为60,如图19-43所示,材质球效果如图19-44所示。

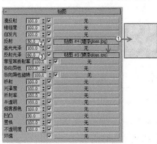

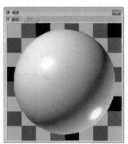

图19-43 　　　　　　 图19-44

19.5.5 家具白漆

材质特点

表面光滑

反射较强

01 打开"材质球编辑器"选择一个空白材质球,然后将其转换为VRayMtl材质球。设置"漫反射"颜色为(红:250,绿:250,蓝:250),然后设置"反射光泽"为0.98,如图19-45所示。

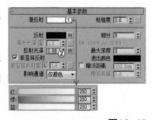

图19-45

02 展开"贴图"卷展栏,然后在"反射"通道中加载一张学习资源中的"实例文件>CH19>客厅空间日光表现>白漆bump.

jpg"文件，并设置通道强度为36，接着将"反射"通道中的贴图向下复制到"反射光泽"通道和"凹凸"通道中，并设置"反射光泽"通道强度为10、"凹凸"通道强度为2，如图19-46所示，材质球效果如图19-47所示。

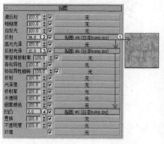

图19-46　　　　　　　　　图19-47

19.5.6 不锈钢

材质特点

表面光滑

全反射

01 打开"材质球编辑器"选择一个空白材质球，然后将其转换为VRayMtl材质球。设置"漫反射"颜色为(红: 128，绿: 128，蓝: 128)，然后设置"反射"颜色为(红:255，绿: 255，蓝: 255)，接着设置"反射光泽"为0.96、"细分"为8，如图19-48所示。

图19-48

02 展开"双向反射分布函数"卷展栏，然后设置类型为"微面GTR（GGX）"选项，如图19-49所示，材质球效果如图19-50所示。

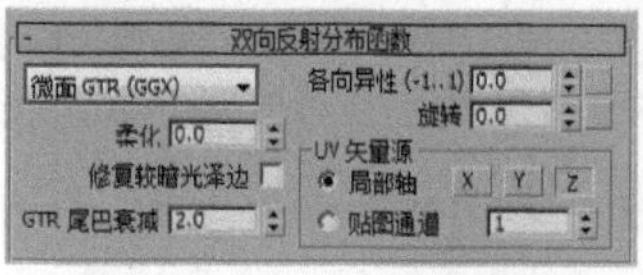

图19-49 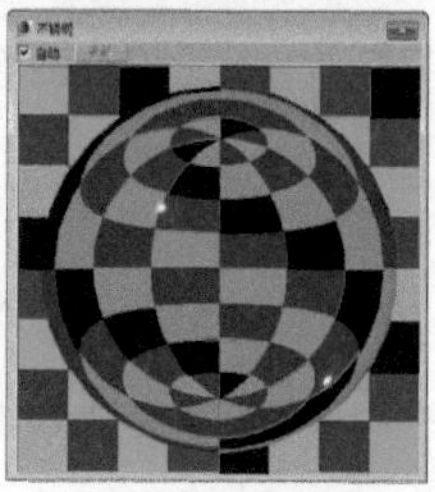　　　　　　　　　图19-50

19.5.7 橙色家具

材质特点

表面光滑

反射较强

打开"材质球编辑器"选择一个空白材质球，然后其转换为VRayMtl材质球。设置"漫反射"颜色为

（红:212，绿:72，蓝:2），然后设置"反射"颜色为（红:101，绿:101，蓝:101），接着设置"反射光泽"为0.9，如图19-51所示，材质球效果如图19-52所示。

图19-51 　　　图19-52

19.5.8 木地板

材质特点

哑光

反射较强

01 打开"材质球编辑器"选择一个空白材质球，然后将其转换为VRayMtl材质球。在"漫反射"通道中加载一张学习资源中的"实例文件>CH19>客厅空间日光表现>木地板.jpg"文件，然后设置"反射"颜色为(红:107，绿:107，蓝:107)，接着设置"反射光泽"为0.65，如图19-53所示。

图19-53

02 展开"贴图"卷展栏，然后在"凹凸"通道中加载一张学习资源中的"实例文件>CH19>客厅空间日光表现>木地板bump.jpg"文件，然后设置通道强度为5，如图19-54所示，材质球效果如图19-55所示。

图19-54　　　　　　　　　图19-55

19.5.9 橙色沙发

材质特点

哑光

反射弱

有凹凸纹理

01 打开"材质球编辑器"选择一个空白材质球，然后将其转换为VRayMtl材质球。设置"漫反射"颜色为（红:212，绿:72，蓝:2），然后设置"反射"颜色为（红:47，绿:48，蓝:50），接着设置"反射光泽"为0.45，最后设置"菲涅尔折射率"为2，如图19-56所示。

02 展开"双向反射分布函数"卷展栏，设置"各向异性（-1，1）"为-0.35，然后在"旋转"通道中加载一张"混合"贴图，接着在"颜色#1"通道中加载一张学习资源中的"实例文件>CH19>客厅空间日光表现>沙发布纹.jpg"文件，并向下复制到"混合量"通道中，最后设置"颜色#2"颜色为（红:64，绿:64，蓝:64），如图19-57所示。

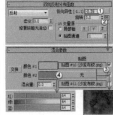

图19-56　　　　　　图19-57

03 展开"贴图"卷展栏，然后在"反射"通道和"反射光泽"通道中加载一张学习资源中的"实例文件>CH19>客厅空间日光表现>沙发布纹.jpg"文件，接着设置"反射"通道强度为50、"反射光泽"通道强度为25，如图19-58所示。

图19-58

04 在"凹凸"通道中加载一张"混合"贴图，然后在"颜色#1"通道中加载一张学习资源中的"实例文件>CH19>客厅空间日光表现>沙发布纹displace.jpg"文件，接着在"颜色#2"通道中加载一张学习资源中的"实例文件>CH19>客厅空间日光表现>沙发布纹color.jpg"文件，再设置"混合量"为40，最后设置"凹凸"通道强度为90，如图19-59所示，材质球效果如图19-60所示。

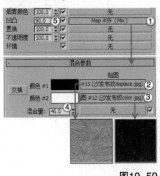

图19-59　　　　　　图19-60

⛵ 提示

蓝色沙发的材质与橙色沙发相同，只是漫反射的颜色不同。

19.5.10 地毯材质

材质特点

纯色无反射

有凹凸纹理

打开"材质球编辑器"选择一个空白材质球，然后将其转换为VRayMtl材质球。在"漫反射"通道中加载一张"细胞"贴图，然后设置"细胞颜色"为（红:255，绿:255，蓝:255），接着设置"分界颜色"分别为（红:255，绿:255，蓝:255）和（红:200，绿:200，蓝:200），再设置"细胞特性"为"圆形"、"大小"为10、"扩散"为0.7、"凹凸平滑"为0.1，最后设置"迭代次数"为4、"粗糙度"为0.8，如图19-61所示，材质球效果如图19-62所示。

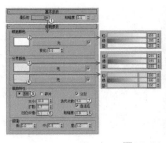

图19-61　　　　　　图19-62

19.6 设置成图渲染参数

　　设置好材质，并经过测试，就可以对场景进行最终渲染了。提前渲染光子图会提高渲染效率。

19.6.1 渲染并保存光子图

01 按F10键打开"渲染设置"面板，然后切换到VRay选项卡，并展开"全局开关"卷展栏，接着勾选"不渲染最终的图像"选项，如图19-63所示。

02 展开"渲染块图像采样器"卷展栏，然后设置"最小细分"为1，接着勾选"最大细分"选项，并设置为4，再设置

"噪波阈值"为0.005，最后设置"渲染块宽度"为32，如图19-64所示。

图19-63   **图19-64**

03 展开"图像过滤器"卷展栏，然后设置"过滤器"为Catmull-Rom，如图19-65所示。

04 展开"全局确定性蒙特卡洛"卷展栏，然后设置"最小采样"为16、"自适应数量"为0.8、"噪波阈值"为0.005，如图19-66所示。

图19-65   **图19-66**

05 展开"发光图"卷展栏，然后设置"当前预设"为"中"、"细分"为60、"插值采样"为30，接着切换为"高级模式"，再在"模式"中选择"单帧"，最后勾选"自动保存"选项，并单击下方的保存按钮…，设置光子图的保存路径，如图19-67所示。

06 在"灯光缓存"卷展栏中设置"细分"为1000，然后切换为"高级模式"，接着在"模式"中选择"单帧"，再勾选"自动保存"选项，最后单击下方的保存按钮…，设置灯光缓存的保存路径，如图19-68所示。

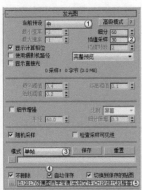
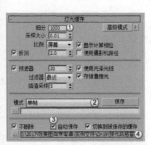

图19-67   **图19-68**

07 按F9键渲染场景，然后在保存路径中找到渲染好的光子图文件，如图19-69所示。

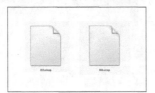

图19-69

19.6.2 渲染成图

01 按F10键打开"渲染设置"面板，然后在"公用"选项卡中设置"宽度"为2000、"高度"为1500，如图19-70所示。

02 切换到VRay选项卡，并展开"全局开关"卷展栏，接着取消勾选"不渲染最终的图像"选项，如图19-71所示。

图19-70   **图19-71**

03 按F9键渲染场景，效果如图19-72所示。

图19-72

19.6.3 渲染AO通道

下面渲染AO通道，方便后期在Photoshop中进行后期制作。

01 选择一个空白材质球，然后在"漫反射"通道中加载一张"VRay污垢"贴图，接着设置"半径"为30cm，如图19-73所示，材质球效果如图19-74所示。

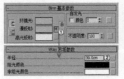

图19-73   **图19-74**

02 按F10键打开"渲染设置"面板，切换到VRay选项卡，然后展开"全局开关"卷展栏，勾选"覆盖材质"选项，接着将AO材质球以"实例"的形式复制到通道中，如图19-75所示。

图19-75

 提示

本例需要排除窗玻璃模型，这样不会影响天光。

03 按F9键渲染当前场景，AO通道图如图19-76所示。

图19-76

19.6.4 渲染VRayRenderID通道

下面渲染一张**VRayRenderID**通道，方便后期在**Photoshop**中进行后期制作。

01 按F10键打开"渲染设置"面板，然后切换到"渲染元素"选项卡，接着单击"添加"按钮，在弹出的对话框中选择VRayRenderID选项，如图19-77所示。

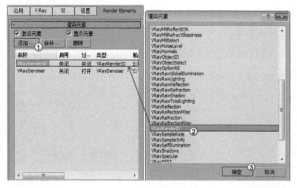

图19-77

02 在"选定元素参数"中，勾选"启用"选项，然后设置通道图的保存路径，如图19-78所示。

图19-78

 提示

使用max自带的帧缓存，在渲染完成后会弹出一个VRayRenderID通道窗口；使用VRay帧缓存，渲染完成后在左上角的下拉菜单中选择VRayRenderID选项，会跳转到渲染的效果。

03 按F9键渲染当前场景，VRayRenderID通道图如图19-79所示。

图19-79

提示

在调整成图的渲染参数时，添加VRayRenderID通道，渲染成图时可一次渲染完成，以提高制作效率。

19.7 后期处理

成图渲染好后，在Photoshop CS6中进行后期调整。

01 在Photoshop中打开渲染成图、AO通道和VRayRenderID通道，如图19-80所示。

图19-80

⑫ 选中AO图层，然后设置图层混合模式为"柔光"，如图19-81所示，效果如图19-82所示。

图19-81

图19-82

⑬ 使用"魔棒工具"通过通道图层选中地板材质，如图19-83所示，然后按快捷键Ctrl+J从"背景"图层上复制出来，如图19-84所示。

⑭ 执行"图像>调整>色阶"菜单命令，然后设置"色阶"参数，如图19-85所示，效果如图19-86所示。

图19-83

图19-86

⑮ 使用"魔棒工具"通过通道图层选中墙面材质，如图19-87所示，然后按快捷键Ctrl+J从"背景"图层上复制出来，如图19-88所示。

⑯ 执行"图像>调整>色阶"菜单命令，然后设置"色阶"参数，如图19-89所示，效果如图19-90所示。

图19-87

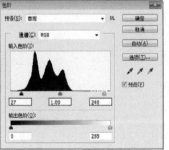

图19-84　　　　图19-85

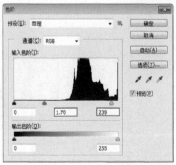

图19-88　　　　图19-89

图19-90

 提示

提亮白色的墙面，使房间看起来更加敞亮。

07 使用"魔棒工具"通过通道图层选中橙色椅子材质，如图19-91所示，然后按快捷键Ctrl+J从"背景"图层上复制出来，如图19-92所示。

08 执行"图像>调整>色阶"菜单命令，然后设置"色阶"参数，如图19-93所示，效果如图19-94所示。

图19-94

09 使用"魔棒工具"通过通道图层选中蓝色墙面材质，如图19-95所示，然后按快捷键Ctrl+J从"背景"图层上复制出来，如图19-96所示。

10 执行"图像>调整>色阶"菜单命令，然后设置"色阶"参数，如图19-97所示，效果如图19-98所示。

图19-91

图19-95

图19-92

图19-96

图19-93

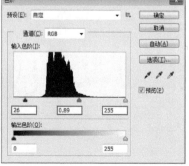

图19-97

图19-98

⚠ 提示

加深书房的蓝色墙面，可使画面纵深感和空间感更强。

⑪ 按快捷键Ctrl+Shift+Alt+E盖印所有可见图层，如图19-99所示。

⑫ 执行"图像>调整>色阶"菜单命令，然后设置参数，如图19-100所示，效果如图19-101所示。

图19-99　　　　图19-100

图19-101

⑬ 执行"图像>调整>色彩平衡"菜单命令，然后设置参数，如图19-102所示，效果如图19-103所示。

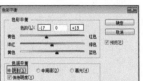

图19-102

图19-103

⑭ 在顶层新建一个图层，然后填充黑色，如图19-104所示。

⑮ 执行"滤镜>渲染>镜头光晕"菜单命令，然后设置参数，如图19-105所示。

⑯ 将"图层6"的混合模式设置为"滤色"，如图19-106所示，效果如图19-107所示。

图19-104　　　图19-105　　　图19-106

图19-107

⑰ 选中"图层5"，执行"图像>调整>自然饱和度"菜单命令，然后设置"自然饱和度"为-15，如图19-108所示，最终效果如图19-109所示。

图19-108

图19-109

 提示

　　近年来，效果图制作更趋近于写实的照片级效果，现实生活中的物品饱和度不会太高，因此效果图在后期处理时也不应有过于饱和的颜色。

第20章 卧室空间夜晚灯光表现

场景位置　场景文件>CH20>01.max
实例位置　实例文件>CH20>卧室空间夜晚灯光表现.max
视频名称　卧室空间夜晚灯光表现.mp4
技术掌握　夜景室内家装商业效果图制作过程

扫码看视频

20.1 渲染空间介绍

本例是一个现代风格的卧室空间。整体配饰年轻活泼，是年轻男性的卧室空间，材质和颜色搭配不宜过分花哨。本例是夜晚场景，以室外深蓝色的天光搭配室内暖色的人工光源，突显画面的冷暖搭配和空间层次感。右侧虚拟的暖色灯光丰富了画面，不会使画面过于单调。

在制作效果图时，添加一些虚拟灯光，能丰富画面。但这些虚拟灯光要添加得合理，符合逻辑。

20.2 创建摄影机

01 打开本书学习资源中的"场景文件>CH20>01.max"文件，场景如图20-1所示。

图20-1

02 在顶视图中创建一个"VRay物理摄影机"，如图20-2所示。

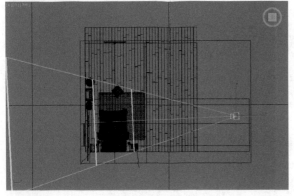

图20-2

03 在前视图中调整好摄影机的高度，如图20-3所示。

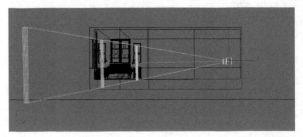

图20-3

04 在"修改"面板中展开"修改"卷展栏，然后设置参数，如图20-4所示。

05 切换到摄影机视图，效果如图20-5所示。

图20-4   图20-5

20.3 设置测试渲染参数

下面设置场景的渲染参数，为下一步创建灯光和材质做准备，方便及时测试渲染。

01 按F10键打开"渲染设置"面板，然后在"公用"选项卡中设置"宽度"为600、"高度"为375，如图20-6所示。

02 切换到VRay选项卡，然后展开"图像采样器（抗锯齿）"卷展栏，接着设置"类型"为"渲染块"，如图20-7所示。

图20-6   图20-7

03 展开"渲染块图像采样器"卷展栏，然后设置"最小细分"为1，接着取消勾选"最大细分"选项，再设置"渲染块宽度"为32，如图20-8所示。

04 展开"图像过滤器"卷展栏，然后设置"过滤器"为"区域"，如图20-9所示。

图20-8   图20-9

05 展开"全局确定性蒙特卡洛"卷展栏，然后设置"最小采样"为8、"自适应数量"为0.85、"噪波阈值"为0.1，如图20-10所示。

06 展开"颜色贴图"卷展栏，然后设置"类型"为"HSV指数"，接着设置"明亮倍增"为1.2，如图20-11所示。

图20-10　　　　　图20-11

疑难问答

"HSV指数"曝光与"指数"曝光有何区别？

"HSV指数"曝光与"指数"曝光最大的区别是可以保留画面颜色的饱和度，画面不会发灰。夜晚天光的颜色是深蓝色，本身会让画面看起来灰蒙蒙，如果选择"指数"曝光，画面会更加灰，场景之间拉不开层次，会感觉画面是糊在一起的。

07 切换到GI选项卡，然后展开"全局照明"卷展栏，接着设置"首次引擎"为"发光图"、"二次引擎"为"灯光缓存"，如图20-12所示。

08 展开"发光图"卷展栏，然后设置"当前预设"为"自定义"，接着设置"最小速率"和"最大速率"为-4，再设置"细分"为50，最后设置"插值采样"为20，如图20-13所示。

图20-12　　　　　图20-13

09 展开"灯光缓存"卷展栏，然后设置"细分"为200，如图20-14所示。

10 切换到"设置"选项卡，展开"系统"卷展栏，然后设置"序列"为"上→下"，如图20-15所示。

图20-14　　　　　图20-15

20.4 创建灯光

摄影机和渲染测试参数设置好后，下面创建场景灯光。本例是一个夜晚场景，以夜晚天光和室内人工光源来照亮场景。

20.4.1 创建天光

01 在窗外创建一盏"VRay灯光"，其位置如图20-16所示。

图20-16

02 选中上一步创建的"VRay灯光"，然后展开"参数"卷展栏，设置参数如图20-17所示。

设置步骤

① 在"常规"选项组下设置"类型"为"平面"、"1/2长"为78.462cm、"1/2宽"为56.334cm、"倍增"为40，然后设置"颜色"为（红:22，绿:36，蓝:102）。

② 在"选项"选项组下勾选"不可见"选项。

③ 在"采样"选项组下设置"细分"为16。

03 按F9键在摄影机视图渲染当前场景，如图20-18所示。

图20-17　　　　　图20-18

20.4.2 创建台灯

01 在台灯内创建一盏"VRay灯光"，其位置如图20-19所示。

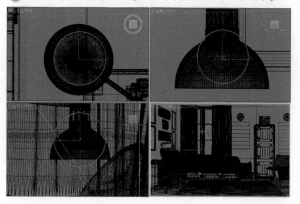

图20-19

02 选中上一步创建的"VRay灯光",然后展开"参数"卷展栏,设置参数如图20-20所示。

设置步骤

① 在"常规"选项组下设置"类型"为"球体"、"半径"为6cm、"倍增"为800,然后设置"颜色"为(红:255,绿:181,蓝:86)。

② 在"采样"选项组下设置"细分"为16。

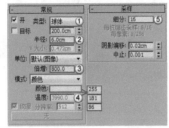

图20-20

03 选中修改后的灯光,然后以"实例"形式复制到另一盏台灯内,其位置如图20-21所示。

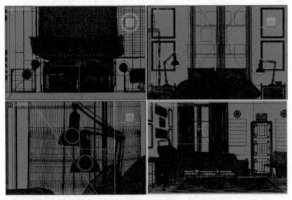

图20-21

04 按F9键在摄影机视图渲染当前场景,如图20-22所示。

图20-22

20.4.3 创建补光

01 在右侧的窗外创建一盏VRay灯光,其位置如图20-23所示。

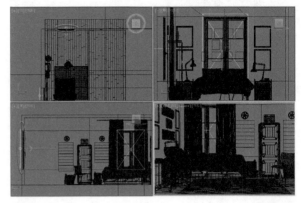

图20-23

02 选中上一步创建的"VRay灯光",然后展开"参数"卷展栏,设置参数如图20-24所示。

设置步骤

① 在"常规"选项组下设置"类型"为"平面"、"1/2长"为78.462cm、"1/2宽"为56.334cm、"倍增"为5,然后设置"颜色"为(红:245,绿:133,蓝:78)。

② 在"选项"选项组下勾选"不可见"选项。

③ 在"采样"选项组下设置"细分"为16。

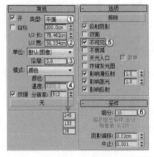

图20-24

03 按F9键在摄影机视图渲染当前场景,如图20-25所示。

图20-25

20.4.4 创建灯牌

⑴ 在柜子上方的灯牌内创建一盏"VRay灯光",其位置如图20-26所示。

图20-26

⑵ 选中上一步创建的"VRay灯光",然后展开"参数"卷展栏,设置参数如图20-27所示。

设置步骤

① 在"常规"选项组下设置"类型"为"平面"、"1/2长"为13.208cm、"1/2宽"为8.66cm、"倍增"为20,然后设置"颜色"为(红:255,绿:255,蓝:255)。

② 在"选项"选项组下勾选"不可见"选项。

③ 在"采样"选项组下设置"细分"为8。

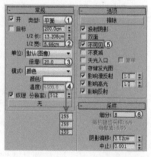

图20-27

⑶ 按F9键在摄影机视图渲染当前场景,如图20-28所示。

图20-28

20.5 创建材质

创建完灯光之后,接下来创建场景中的主要材质,如图20-29所示。对于场景中未讲解的材质,可以打开实例文件查看。

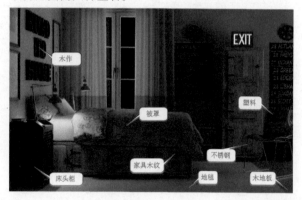

图20-29

20.5.1 家具木纹

材质特点

反射较强

半哑光

有凹凸纹理

⑴ 打开"材质球编辑器"选择一个空白材质球,然后将其转换为VRayMtl材质球。在"漫反射"通道中加载一张学习资源中的"实例文件>CH20>卧室空间夜晚灯光表现>家具木纹.jpg"文件,然后设置"反射"颜色为(红:196,绿:196,蓝:196),接着设置"反射光泽"为0.67、"细分"为8,如图20-30所示。

图20-30

⑵ 展开"贴图"卷展栏,然后在"凹凸"通道中加载一张学习资源中的"实例文件>CH20>卧室空间夜晚灯光表现>家具木纹bump.jpg"文件,并设置通道强度为10,如图20-31所示,材质球效果如图20-32所示。

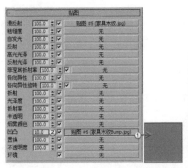

图20-31　　　　　　　　图20-32

20.5.2　木地板

材质特点

强反射

表面光滑

01 打开"材质球编辑器"选择一个空白材质球，然后将其转换为VRayMtl材质球。在"漫反射"通道中加载一张学习资源中的"实例文件>CH20>卧室空间夜晚灯光表现>木地板.jpg"文件，然后设置"反射"颜色为（红:255，绿:255，蓝:255），接着设置"反射光泽"为0.85，再设置"菲涅耳折射率"为1.2，最后设置"细分"为16，如图20-33所示。

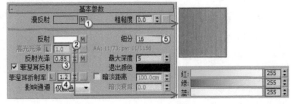

图20-33

02 展开"贴图"卷展栏，然后在"反射"通道和"反射光泽"通道加载一张学习资源中的"实例文件>CH20>卧室空间夜晚灯光表现>木地板dirt.png"文件，接着设置"反射"通道强度为50、"反射光泽"强度为20，如图20-34所示，材质球效果如图20-35所示。

图20-34　　　　　　　　图20-35

20.5.3　床头柜

材质特点

反射较弱

哑光

01 打开"材质球编辑器"选择一个空白材质球，将其转换为VRayMtl材质球，然后设置"漫反射"颜色为（红:18，绿:18，蓝:18），如图20-36所示。

图20-36

02 在"反射"通道中加载一张学习资源中的"实例文件>CH20>卧室空间夜晚灯光表现>床头柜reflect.jpg"文件，然后设置"反射光泽"为0.66，接着设置"菲涅尔折射率"为1.6，再设置"细分"为16，如图20-37所示，材质球效果如图20-38所示。

图20-37　　　　　　　　图20-38

20.5.4　木作

材质特点

哑光

反射较弱

打开"材质球编辑器"选择一个空白材质球，然后将其转换为VRayMtl材质球。在"漫反射"通道中加载一张学习资源中的"实例文件>CH20>卧室空间夜晚灯光表现>木作.jpg"文件，然后设置"反射"颜色为（红:164，绿:164，蓝:164），接着设置"反射光泽"为0.74、"菲涅尔折射率"为1.6，最后设置"细分"为16，如图20-39所示，材质球效果如图20-40所示。

图20-39　　　　　　　　图20-40

20.5.5 被罩

材质特点

表面粗糙

反射弱

有复杂的凹凸纹理

① 打开"材质球编辑器"选择一个空白材质球，然后将其转换为VRayMtl材质球。在"漫反射"通道加载一张"衰减贴图"，然后在"前"通道和"侧"通道中加载一张学习资源中的"实例文件>CH20>卧室空间夜晚灯光表现>被罩.jpg"文件，接着设置"衰减类型"为"垂直/平行"，如图20-41所示。

② 设置"反射"颜色为(红:25，绿:25，蓝:25)，然后设置"反射光泽"为0.65，接着设置"菲涅耳折射率"为1.6、"细分"为16，如图20-42所示。

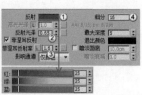

图20-41　　　　　　　　　　图20-42

③ 展开"贴图"卷展栏，然后在"凹凸"通道中加载一张"混合"贴图，接着在"颜色#1"通道中加载一张"法线凹凸"贴图，并在"法线"通道中加载一张学习资源中的"实例文件>CH20>卧室空间夜晚灯光表现>被罩NRM.jpg"文件、"附加凹凸"通道中加载一张学习资源中的"实例文件>CH20>卧室空间夜晚灯光表现>被罩BUMP.jpg"贴图，设置两个通道强度都为2，再在"颜色#2"通道中加载一张学习资源中的"实例文件>CH20>卧室空间夜晚灯光表现>被罩color.jpg"文件，并设置"混合量"为50，最后设置"凹凸"通道强度为60，如图20-43所示，材质球效果如图20-44所示。

图20-43　　　　　　　　　　图20-44

20.5.6 塑料

材质特点

表面光滑

半透明

反射强

① 打开"材质球编辑器"选择一个空白材质球，然后将其转换为VRayMtl材质球。设置"漫反射"颜色为(红: 31，绿:56，蓝:31)，然后设置"反射"颜色为(红:255，绿: 255，蓝: 255)，接着设置"菲涅耳折射率"为1.6、"细分"为15，如图20-45所示。

图20-45

② 设置"折射"颜色为(红:164，绿: 214，蓝: 142)，然后勾选"影响阴影"选项，接着设置"烟雾颜色"为(红:27，绿:88，蓝:27)，再设置"烟雾倍增"为1.13，如图20-46所示，材质球效果如图20-47所示。

图20-46　　　　　　　　图20-47

20.5.7 不锈钢

材质特点

表面光滑

反射较强

① 打开"材质球编辑器"选择一个空白材质球，然后将其转换为VRayMtl材质球。设置"漫反射"颜色为(红:23，绿:23，蓝:23)，然后设置"反射"颜色为(红:232，绿:232，蓝:232)，接着设置"反射光泽"为0.95，再设置"菲涅耳折射率"为13，如图20-48所示。

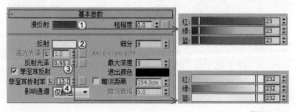

图20-48

02 展开"双向反射分布函数"卷展栏，然后设置类型为"微面GTR（GGX）"，如图20-49所示，材质球效果如图20-50所示。

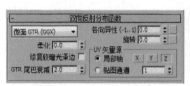
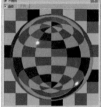

图20-49   图20-50

20.5.8 地毯

材质特点

表面粗糙

反射弱

有凹凸纹理

01 打开"材质球编辑器"选择一个空白材质球，然后将其转换为VRayMtl材质球。在"漫反射"通道中加载一张学习资源中的"实例文件>CH20>卧室空间夜晚灯光表现>地毯color.jpg"文件，然后设置"反射"颜色为（红:74、绿:74、蓝:74），接着设置"反射光泽"为0.57、"细分"为16，如图20-51所示。

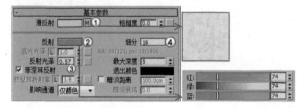

图20-51

02 展开"贴图"卷展栏，然后在"凹凸"通道中加载一张学习资源中的"实例文件>CH20>卧室空间夜晚灯光表现>地毯bump.jpg"文件，并设置通道强度为30，如图20-52所示，材质球效果如图20-53所示。

图20-52   图20-53

20.6 设置成图渲染参数

设置好材质，并经过测试，就可以对场景进行最终渲染了。提前渲染光子图会提高渲染效率。

20.6.1 渲染并保存光子图

01 按F10键打开"渲染设置"面板，然后切换到VRay选项卡，并展开"全局开关"卷展栏，接着勾选"不渲染最终的图像"选项，如图20-54所示。

02 展开"渲染块图像采样器"卷展栏，然后设置"最小细分"为1，接着勾选"最大细分"选项，并设置为4，再设置"噪波阈值"为0.005，最后设置"渲染块宽度"为32，如图20-55所示。

图20-54   图20-55

03 展开"图像过滤器"卷展栏，然后设置"过滤器"为Catmull-Rom，如图20-56所示。

04 展开"全局确定性蒙特卡洛"卷展栏，然后设置"最小采样"为16、"自适应数量"为0.8、"噪波阈值"为0.005，如图20-57所示。

图20-56   图20-57

05 展开"发光图"卷展栏，然后设置"当前预设"为"中"、"细分"为60、"插值采样"为30，接着切换为"高级模式"，再在"模式"中选择"单帧"，最后勾选"自动保存"选项，并单击下方的保存按钮，设置光子图的保存路径，如图20-58所示。

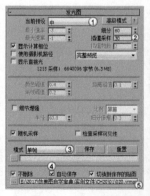

图20-58

06 在"灯光缓存"卷展栏中设置"细分"为1000，然后切换为"高级模式"，接着在"模式"中选择"单帧"，再勾选"自动保存"选项，最后单击下方的保存按钮 ⋯ ，设置灯光缓存的保存路径，如图20-59所示。

07 按F9键渲染场景，然后在保存路径中找到渲染好的光子图文件，如图20-60所示。

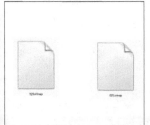

图20-59　　　　　　　　　图20-60

20.6.2 渲染成图

01 按F10键打开"渲染设置"面板，然后在"公用"选项卡中设置"宽度"为2000、"高度"为1250，如图20-61所示。

02 切换到VRay选项卡，然后展开"全局开关"卷展栏，接着取消勾选"不渲染最终的图像"选项，如图20-62所示。

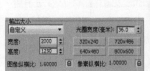

图20-61　　　　　　　　　图20-62

03 按F9键渲染场景，效果如图20-63所示。

图20-63

20.6.3 渲染AO通道

下面渲染AO通道，方便后期在Photoshop中进行后期制作。

01 选择一个空白材质球，然后在"漫反射"通道中加载一张"VRay污垢"贴图，接着设置"半径"为30cm，如图20-64所示，材质球效果如图20-65所示。

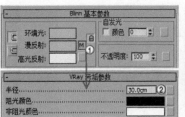
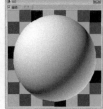

图20-64　　　　　　　　　图20-65

02 按F10键打开"渲染设置"面板，切换到VRay选项卡，然后展开"全局开关"卷展栏，勾选"覆盖材质"选项，接着将AO材质球以"实例"的形式复制到通道中，如图20-66所示。

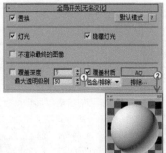

图20-66

⚠ 提示

本例需要排除窗玻璃模型，这样不会影响天光。

03 按F9键渲染当前场景，AO通道图如图20-67所示。

图20-67

20.6.4 渲染VRayRenderID通道

下面渲染VRayRenderID通道，方便后期在Photoshop中进行后期制作。

01 按F10键打开"渲染设置"面板，然后切换到"渲染元素"选项卡，接着单击"添加"按钮，在弹出的对话框中选择VRayRenderID选项，如图20-68所示。

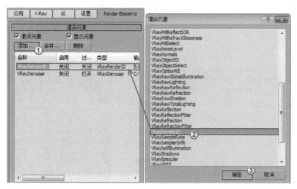

图20-68

图20-72　　　　　　　　　　图20-73

02　在"选定元素参数"中，勾选"启用"选项，然后设置通
道图的保存路径，如图20-69
所示。

图20-69

03　使用"魔棒工具"通过通道图层选中家具木纹材质，如
图20-74所示，然后按快捷键Ctrl＋J从"背景"图层上复制出
来，如图20-75所示。

04　执行"图像>调整>色阶"菜单命令，然后设置"色阶"参
数，如图20-76所示，效果如图20-77所示。

03　按F9键渲染当前场景，VRayRenderID通道图如图20-70所示。

图20-70

图20-74

20.7　后期处理

成图渲染好后，在Photoshop CS6中进行后期调整。

01　在Photoshop中打开渲染成图、AO通道和VRayRenderID通
道，如图20-71所示。

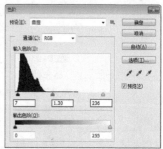

图20-75　　　　　　　　　　图20-76

图20-71

02　选中AO图层，然后设置图层混合模式为"柔光"、"不透
明度"为80％，如图20-72所示，效果如图20-73所示。

图20-77

05 使用"魔棒工具"通过通道图层选中被罩材质，如图20-78所示，然后按快捷键Ctrl+J从"背景"图层上复制出来，如图20-79所示。

06 执行"图像>调整>色阶"菜单命令，然后设置"色阶"参数，如图20-80所示，效果如图20-81所示。

图20-78

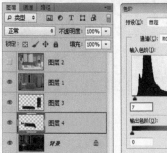

图20-79

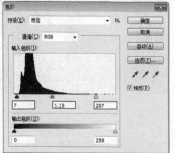

图20-80

图20-81

07 使用"魔棒工具"通过通道图层选中橙色座椅，如图20-82所示，然后按快捷键Ctrl+J从"背景"图层上复制出来，如图20-83所示。

08 执行"图像>调整>色阶"菜单命令，然后设置"色阶"参数，如图20-84所示，效果如图20-85所示。

图20-82

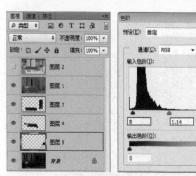

图20-83　　　　　　　　　　图20-84

图20-85

09 使用"魔棒工具"通过通道图层选中木作材质，如图20-86所示，然后按快捷键Ctrl+J从"背景"图层上复制出来，如图20-87所示。

10 执行"图像>调整>色阶"菜单命令，然后设置"色阶"参数，如图20-88所示，效果如图20-89所示。

图20-86

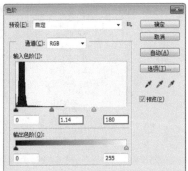

图20-87　　　　　　　　　　　　图20-88

图20-89

⑪ 按快捷键Ctrl+Shift+Alt+E盖印所有可见图层,如图20-90所示。

⑫ 执行"图像>调整>色阶"菜单命令,然后设置参数,如图20-91所示,效果如图20-92所示。

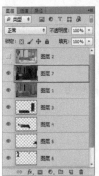

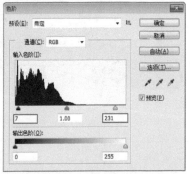

图20-90　　　　　　　　　　　　图20-91

图20-92

提示

夜晚场景尽量增加明暗对比,不宜整体提亮。

⑬ 执行"图像>调整>色彩平衡"菜单命令,然后设置参数,如图20-93所示,效果如图20-94所示。

图20-93

图20-94

⑭ 观察效果图,画面中仍然存在"死黑"的部分,需要增加亮度。执行"图像>调整>曲线"菜单命令,然后设置参数,如图20-95所示,效果如图20-96所示。

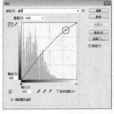

图20-95　　　　　　　　　　　　图20-96

⑮ 选中"图层7",执行"图像>调整>自然饱和度"菜单命令,然后设置"自然饱和度"为-8,如图20-97所示,最终效果如图20-98所示。

图20-97　　　　　　　　　　　　图20-98

第 21 章· 书房空间阴天表现

场景位置　场景文件>CH21>01.max
实例位置　实例文件>CH21>书房空间阴天表现.max
视频名称　书房空间阴天表现.mp4
技术掌握　阴天室内家装商业效果图制作过程

扫码看视频

21.1 渲染空间介绍

　　本例是一个现代风格的开放式书房空间。整体颜色搭配简洁明了，依靠书籍的复杂颜色打破家具的简洁风格。本例是阴天场景，以室外灰蓝色的天光搭配室内暖色的人工光源，突显画面的冷暖搭配和空间层次感。室内的人工光源依照强度和颜色，将空间进行更好的划分。

　　阴天场景亮度不宜过高，灰蓝色的天光会显得场景很压抑，这就需要室内暖色的光源进行弥补，使画面具有温馨感。

21.2 创建摄影机

⓵ 打开本书学习资源中的"场景文件>CH21>01.max"文件，场景如图21-1所示。

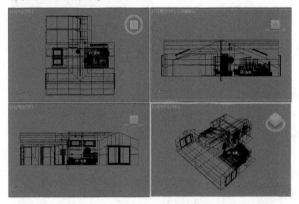

图21-1

⓶ 在顶视图中创建一台"VRay物理摄影机"，如图21-2所示。

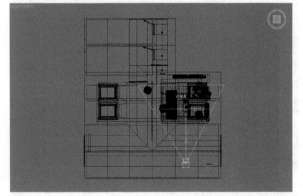

图21-2

⓷ 在左视图中调整好摄影机的高度，如图21-3所示。

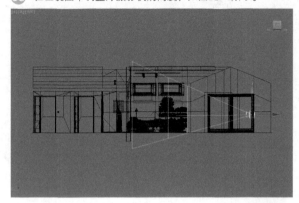

图21-3

⓸ 在"修改"面板中展开"基本参数"卷展栏，然后设置参数，如图21-4所示。

> ⛵ 提示
>
> 　　"垂直倾斜"是对摄影机进行"猜测垂直倾斜"的相机校正，这个数值不是绝对的。

图21-4

⓹ 切换到摄影机视图，效果如图21-5所示。

图21-5

21.3 设置测试渲染参数

　　下面设置场景的渲染参数，为下一步创建灯光和材质做准备，方便及时测试渲染。

01 按F10键打开"渲染设置"面板，然后在"公用"选项卡中设置"宽度"为600、"高度"为375，如图21-6所示。

02 切换到VRay选项卡，然后展开"图像采样器（抗锯齿）"卷展栏，接着设置"类型"为"渲染块"，如图21-7所示。

图21-6　　　　　　　　　　图21-7

03 展开"渲染块图像采样器"卷展栏，然后设置"最小细分"为1，接着取消勾选"最大细分"选项，再设置"渲染块宽度"为32，如图21-8所示。

04 展开"图像过滤器"卷展栏，然后设置"过滤器"为"区域"，如图21-9所示。

图21-8　　　　　　　　　　图21-9

05 展开"全局确定性蒙特卡洛"卷展栏，然后设置"最小采样"为8、"自适应数量"为0.85、"噪波阈值"为0.1，如图21-10所示。

06 展开"颜色贴图"卷展栏，然后设置"类型"为"莱因哈德"，接着设置"加深值"为0.5，如图21-11所示。

图21-10　　　　　　　　　　图21-11

提示

阴天场景的曝光方式通常选用"莱因哈德"。

07 切换到GI选项卡，然后展开"全局照明"卷展栏，接着设置"首次引擎"为"发光图"、"二次引擎"为"灯光缓存"，如图21-12所示。

08 展开"发光图"卷展栏，然后设置"当前预设"为"自定义"，接着设置"最小速率"和"最大速率"为-4，再设置"细分"为50，最后设置"插值采样"为20，如图21-13所示。

图21-12　　　　　　　　　　图21-13

09 展开"灯光缓存"卷展栏，然后设置"细分"为200，如图21-14所示。

10 切换到"设置"选项卡，展开"系统"卷展栏，然后设置"序列"为"上→下"，如图21-15所示。

图21-14　　　　　　　　　　图21-15

21.4　创建灯光

摄影机和渲染测试参数设置好后，下面创建场景灯光。本例是一个阴天场景，以室外天光和室内人工光源来照亮场景。

21.4.1　创建天光

01 在天窗外创建一盏"VRay灯光"，其位置如图21-16所示。

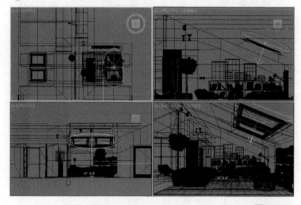

图21-16

02 选中上一步创建的"VRay灯光"，然后展开"参数"卷展栏，设置参数如图21-17所示。

设置步骤

① 在"常规"选项组下设置"类型"为"平面"、"1/2长"为105cm、"1/2宽"为150cm、"倍增"为20，然后设置"颜色"为（红:180，绿:207，蓝:216）。

② 在"采样"选项组下设置"细分"为16。

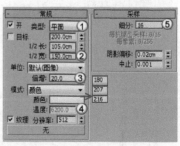

图21-17

03 在另一侧的天窗外创建一盏VRay灯光，其位置如图21-18所示。

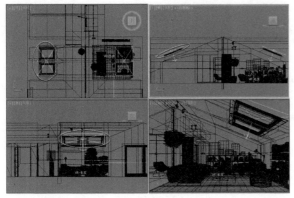

图21-18

04 选中上一步创建的"VRay灯光"，然后展开"参数"卷展栏，设置参数如图21-19所示。

设置步骤

① 在"常规"选项组下设置"类型"为"平面"、"1/2长"为105cm、"1/2宽"为150cm、"倍增"为5，然后设置"颜色"为(红:180, 绿:207, 蓝:216)。

② 在"选项"选项组下勾选"不可见"选项。

③ 在"采样"选项组下设置"细分"为16。

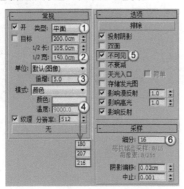

图21-19

05 在右侧的窗外创建一盏VRay灯光，其位置如图21-20所示。

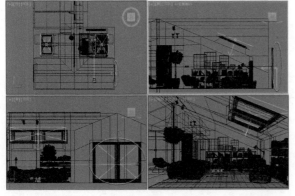

图21-20

06 选中上一步创建的"VRay灯光"，然后展开"参数"卷展栏，设置参数如图21-21所示。

设置步骤

① 在"常规"选项组下设置"类型"为"平面"、"1/2长"为105cm、"1/2宽"为130cm、"倍增"为5，然后设置"颜色"为(红:180，绿:207，蓝:216)。

② 在"选项"选项组下勾选"不可见"选项。

③ 在"采样"选项组下设置"细分"为16。

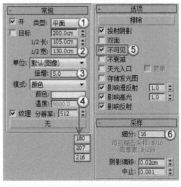

图21-21

07 按F9键在摄影机视图渲染当前场景，如图21-22所示。

图21-22

21.4.2 创建台灯

01 在台灯内创建一盏"VRay灯光"，其位置如图21-23所示。

图21-23

02 选中上一步创建的"VRay灯光"，然后展开"参数"卷展栏，设置参数如图21-24所示。

设置步骤

① 在"常规"选项组下设置"类型"为"球体"、"半径"为2.573cm、"倍增"为1000，然后设置"颜色"为（红:255，绿:95，蓝:17）。

② 在"采样"选项组下设置"细分"为16。

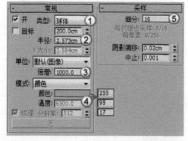

图21-24

03 按F9键在摄影机视图渲染当前场景，如图21-25所示。

图21-25

21.4.3 创建筒灯

01 在屋顶的筒灯模型下创建一盏"目标灯光"，并以"实例"形式复制到另一个筒灯模型下，其位置如图21-26所示。

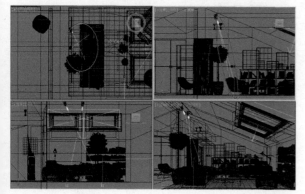

图21-26

02 选中上一步创建的"目标灯光"，然后展开"参数"卷展栏，设置参数如图21-27所示。

设置步骤

① 勾选阴影"启用"选项，设置阴影类型为"VRay阴影"。

② 设置"灯光分布（类型）"为"光度学Web"，在通道中加载本书学习资源中的"实例文件>CH21>书房空间阴天表现>18.IES"文件。

③ 设置"过滤颜色"为（红:255，绿:166，蓝:70），设置"强度"为50000。

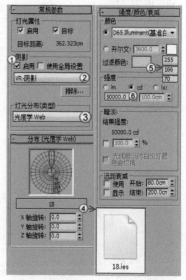

图21-27

03 在走廊的筒灯模型下创建一盏"目标灯光"，并以"实例"形式复制到其余筒灯模型下，其位置如图21-28所示。

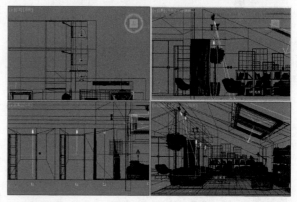

图21-28

04 选中上一步创建的"目标灯光"，然后展开"参数"卷展栏，设置参数如图21-29所示。

设置步骤

① 勾选阴影"启用"选项，设置阴影类型为"VRay阴影"。

② 设置"灯光分布（类型）"为"光度学Web"，在通道中加载本书学习资源中的"实例文件>CH21>书房空间阴天表现>18.IES"文件。

③ 设置"过滤颜色"为（红:255，绿:109，蓝:30），设置"强度"为30000。

图21-29

05 按F9键在摄影机视图渲染当前场景，如图21-30所示。

图21-30

21.5 创建材质

创建完灯光之后，接下来创建场景中的主要材质，如图21-31所示。对于场景中未讲解的材质，可以打开实例文件查看。

图21-31

21.5.1 墙面

材质特点

反射较强

半哑光

01 打开"材质球编辑器"选择一个空白材质球，然后将其转换为VRayMtl材质球。设置"漫反射"颜色为（红:245，绿:247，蓝:250），然后设置"反射"颜色为（红:0，绿:0，蓝:0），接着设置"反射光泽"为0.75、"细分"为12，如图21-32所示。

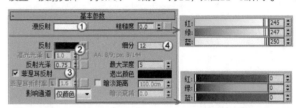

图21-32

02 展开"贴图"卷展栏，在"漫反射"通道中加载一张学习资源中的"实例文件>CH21>书房空间阴天表现>墙面.png"文件，然后向下复制到"反射"通道中，接着设置"漫反射"通道强度为7、"反射"通道强度为25，如图21-33所示，材质球效果如图21-34所示。

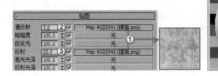

图21-33   图21-34

21.5.2 绒布沙发

材质特点

绒布材质

有褶皱纹理

哑光

01 打开"材质球编辑器"选择一个空白材质球，然后将其转换为VRayMtl材质球。在"漫反射"通道中加载一张"衰减贴图"，然后设置"前"通道颜色为（红:32，绿:32，蓝:32），接着在"前"通道和"侧"通道中加载一张学习资源中的"实例文件>CH21>书房空间阴天表现>纹理.jpg"文件，再设置两个通道强度为33，最后设置"衰减类型"为"垂直/平行"，如图21-35所示。

02 设置"反射"颜色为（红:50，绿:50，蓝:50），然后设置"高光光泽"和"反射光泽"为0.55，接着设置"菲涅耳折射率"为1.8，最后设置"细分"为16，如图21-36所示。

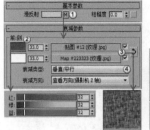
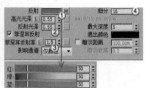

图21-35　　　　　　　　图21-36

03 展开"贴图"卷展栏，然后在"反射"通道中加载一张学习资源中的"实例文件>CH21>书房空间阴天表现>纹理reflect.jpg"文件，并设置通道强度为50，接着在"凹凸"通道中加载一张学习资源中的"实例文件>CH21>书房空间阴天表现>纹理bump.jpg"文件，并设置通道强度为33，如图21-37所示，材质球效果如图21-38所示。

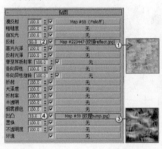

图21-37　　　　　　　　图21-38

21.5.3 皮质沙发

材质特点

反射较弱

哑光

有纹理褶皱

01 打开"材质球编辑器"选择一个空白材质球，然后将其转换为VRayMtl材质球。在"漫反射"通道中加载一张"VRay污垢"贴图，然后设置"半径"为20cm，再在"非阻光颜色"通道中加载一张学习资源中的"实例文件>CH21>书房空间阴天表现>皮革.jpg"文件，如图21-39所示。

02 在"反射"通道中加载一张学习资源中的"实例文件>CH21>书房空间阴天表现>皮革.jpg"文件，然后设置"高光光泽"为0.65、"反射光泽"为0.75、"菲涅尔折射率"为2、"细分"为32，接着在"反射光泽"通道中加载一张

"衰减贴图"，再设置"前"通道颜色为（红:170，绿:170，蓝:170）、"侧"通道颜色为（红:240，绿:240，蓝:240），最后设置"衰减类型"为"垂直/平行"，如图21-40所示。

图21-39　　　　　　　　图21-40

03 展开"贴图"卷展栏，然后在"凹凸"通道中加载一张学习资源中的"实例文件>CH21>书房空间阴天表现>纹理bump.jpg"文件，接着设置通道强度为50，如图21-41所示，材质球效果如图21-42所示。

图21-41　　　　　　　　图21-42

21.5.4 木地板

材质特点

半哑光

反射较强

有凹凸纹理

01 打开"材质球编辑器"选择一个空白材质球，将其转换为VRayMtl材质球。在"漫反射"通道中加载一张学习资源中的"实例文件>CH21>书房空间阴天表现>木地板.jpg"文件，然后设置"反射"颜色为（红:230，绿:230，蓝:230），接着设置"细分"为16，如图21-43所示。

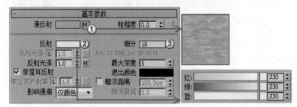

图21-43

02 展开"贴图"卷展栏，然后在"反射光泽"通道中加载一张"衰减"贴图，接着设置"前"通道颜色为（红:160，绿:160，蓝:160）、"侧"通道颜色为（红:250，绿:250，蓝:250），再设置"衰减类型"为"垂直/平行"，最后在"凹凸"通道中加载一张学习资源中的"实例文件>CH21>书房空间阴天表现>木地板.jpg"文件，并设置通道强度为15，如图21-44所示，材质球效果如图21-45所示。

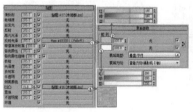

图21-44　　　　　图21-45

21.5.5 茶几

材质特点

不均匀反射

半哑光

01 打开"材质球编辑器"选择一个空白材质球，然后将其转换为VRayMtl材质球。在"漫反射"通道中加载一张"衰减贴图"，然后在"前"通道中加载一张学习资源中的"实例文件>CH21>书房空间阴天表现>茶几.png"文件，接着设置"侧"通道颜色为（红:72，绿:72，蓝:72），再设置"衰减类型"为"垂直/平行"，如图21-46所示。

02 设置"反射"颜色为（红:111，绿:111，蓝:111），然后设置"细分"为10，如图21-47所示。

 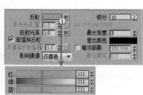

图21-46　　　　　图21-47

03 展开"贴图"卷展栏，在"反射"通道中加载一张"衰减"贴图，然后在"前"通道和"侧"通道中加载一张学习资源中的"实例文件>CH21>书房空间阴天表现>茶几reflect.png"文件，接着设置"侧"通道颜色为（红:0，绿:0，蓝:0），并设置通道强度为50，再设置"衰减类型"为"垂直/平行"，最后设置"反射"通道强度为50，设置如图21-48所示。

04 展开"贴图"卷展栏，在"反射光泽"通道中加载一张"衰减"贴图，然后在"前"通道中加载一张学习资源中的"实例文件>CH21>书房空间阴天表现>茶几reflect.png"文件，接着设置"侧"通道颜色为（红:250，绿:250，蓝:250），再设置"衰减类型"为"垂直/平行"，最后设置"反射光泽"通道强度为50，设置如图21-49所示，材质球效果如图21-50所示。

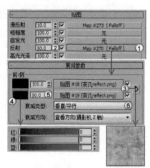

图21-48

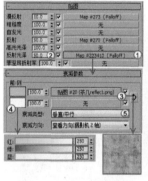 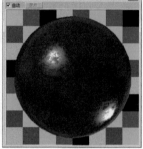

图21-49　　　　　图21-50

21.5.6 书架

材质特点

表面光滑

反射强

01 打开"材质球编辑器"选择一个空白材质球，然后将其转换为VRayMtl材质球。在"漫反射"通道中加载一张"VRay污垢"贴图，然后设置"半径"为15cm，接着设置"阻光颜色"颜色为（红:150，绿:150，蓝:150），再设置"细分"为16，如图21-51所示。

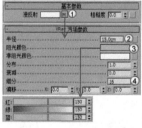

图21-51

02 设置"反射"颜色为（红:200，绿:200，蓝:200），然后设置"高光光泽"为0.66，接着设置"细分"为16，如图21-52所示，材质球效果如图21-53所示。

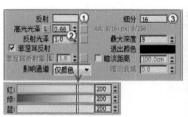

图21-52　　　　　图21-53

21.5.7 地毯

材质特点

无反射

表面粗糙

打开"材质球编辑器"选择一个空白材质球，然后将其转换为VRayMtl材质球。在"漫反射"通道中加载一张学习资源中的"实例文件>CH21>书房空间阴天表现>地毯.jpg"文件，如图21-54所示，材质球效果如图21-55所示。

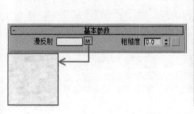

图21-54　　　　　图21-55

21.5.8 皮质座椅

材质特点

表面粗糙

反射弱

有凹凸纹理

01 打开"材质球编辑器"选择一个空白材质球，然后将其转换为VRayMtl材质球。在"漫反射"通道中加载一张学习资源中的"实例文件>CH21>现代风格书房空间>皮革bump.jpg"文件，然后设置"反射"颜色为（红:198，绿:198，蓝:198），接着设置"反射光泽"为0.9、"细分"为10，如图21-56所示。

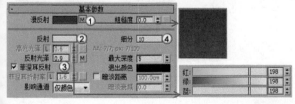

图21-56

02 展开"贴图"卷展栏，然后在"反射"通道中加载一张学习资源中的"实例文件>CH21>书房空间阴天表现>皮革bump.jpg"文件，并设置通道强度为50，接着将"反射"通道中的贴图向下复制到"凹凸"通道中，并设置通道强度为50，如图21-57所示。

图21-57

03 展开"贴图"卷展栏，然后在"反射光泽"通道中加载一张"衰减"贴图，接着设置"前"通道颜色为（红:170，绿:170，蓝:170）、"侧"通道颜色为（红:240，绿:240，蓝:240），再设置"衰减类型"为"垂直/平行"，最后设置"反射光泽"通道强度为75，如图21-58所示，材质球效果如图21-59所示。

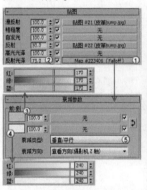

图21-58　　　　　图21-59

21.6 设置成图渲染参数

设置好材质，并经过测试，就可以对场景进行最终渲染了。提前渲染光子图会提高渲染效率。

21.6.1 渲染并保存光子图

01 按F10键打开"渲染设置"面板，然后切换到VRay选项卡，并展开"全局开关"卷展栏，接着勾选"不渲染最终的图像"选项，如图21-60所示。

图21-60

02 展开"渲染块图像采样器"卷展栏，然后设置"最小细分"为1，接着勾选"最大细分"选项，并设置为4，再设置"噪波阈值"为0.005，最后设置"渲染块宽度"为32，如图21-61所示。

03 展开"图像过滤器"卷展栏，然后设置"过滤器"为Catmull-Rom，如图21-62所示。

图21-61

图21-62

04 展开"全局确定性蒙特卡洛"卷展栏，然后设置"最小采样"为16、"自适应数量"为0.8、"噪波阈值"为0.005，如图21-63所示。

05 展开"发光图"卷展栏，然后设置"当前预设"为"中"、"细分"为60、"插值采样"为30，接着切换为"高级模式"，再在"模式"中选择"单帧"，最后勾选"自动保存"选项，并单击下方的保存按钮 ，设置光子图的保存路径，如图21-64所示。

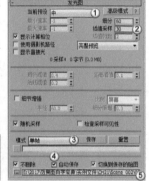
图21-63　　　　　　　图21-64

06 在"灯光缓存"卷展栏中设置"细分"为1000，然后切换为"高级模式"，接着在"模式"中选择"单帧"，再勾选"自动保存"选项，最后单击下方的保存按钮 ，设置灯光缓存的保存路径，如图21-65所示。

07 按F9键渲染场景，然后在保存路径中找到渲染好的光子图文件，如图21-66所示。

图21-65

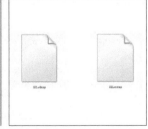
图21-66

21.6.2 渲染成图

01 按F10键打开"渲染设置"面板，然后在"公用"选项卡中设置"宽度"为2000、"高度"为1250，如图21-67所示。

02 切换到VRay选项卡，然后展开"全局开关"卷展栏，接着取消勾选"不渲染最终的图像"选项，如图21-68所示。

图21-67

图21-68

03 按F9键渲染场景，效果如图21-69所示。

图21-69

21.6.3 渲染AO通道

下面渲染AO通道，方便后期在Photoshop中进行后期制作。

01 选择一个空白材质球，然后在"漫反射"通道中加载一张"VRay污垢"贴图，接着设置"半径"为30cm，如图21-70所示，材质球效果如图21-71所示。

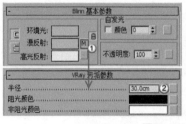
图21-70

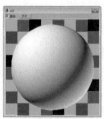
图21-71

02 按F10键打开"渲染设置"面板，切换到VRay选项卡，然后展开"全局开关"卷展栏，勾选"覆盖材质"选项，接着将

AO材质球以"实例"的形式复制到通道中,如图21-72所示。

 提示

本例需要排除窗玻璃模型,这样不会影响天光。

图21-72

03 按F9键渲染当前场景,AO通道图如图21-73所示。

图21-73

21.6.4 渲染VRayRenderID通道

下面渲染VRayRenderID通道,方便后期在Photoshop中进行后期制作。

01 按F10键打开"渲染设置"面板,然后切换到"渲染元素"选项卡,接着单击"添加"按钮,在弹出的对话框中选择VRayRenderID选项,如图21-74所示。

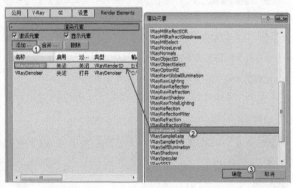

图21-74

02 在"选定元素参数"中,勾选"启用"选项,然后设置通道图的保存路径,如图21-75所示。

03 按F9键渲染当前场景,VRayRenderID通道图如图21-76所示。

图21-75

图21-76

21.7 后期处理

成图渲染好后,在Photoshop CS6中进行后期调整。

01 在Photoshop中打开渲染成图、AO通道和VRayRenderID通道,如图21-77所示。

图21-77

02 选中AO图层,然后设置图层混合模式为"柔光",如图21-78所示,效果如图21-79所示。

图21-78

图21-79

03 使用"魔棒工具"通过通道图层选中墙面材质,如图21-80所示,然后按快捷键Ctrl+J从"背景"图层上复制出来,如图21-81所示。

图21-80   图21-81

④ 执行"图像>调整>色阶"菜单命令，然后设置"色阶"参数，如图21-82所示，效果如图21-83所示。

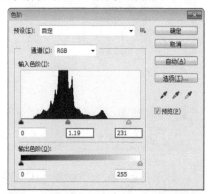

图21-82

图21-83

 提示

提亮墙面，不会使房间看起来过于压抑。

⑤ 使用"魔棒工具"通过通道图层选中木质横梁，如图21-84所示，然后按快捷键Ctrl+J从"背景"图层上复制出来，如图21-85所示。

⑥ 执行"图像>调整>曲线"菜单命令，然后设置"曲线"参数，如图21-86所示，效果如图21-87所示。

图21-84

   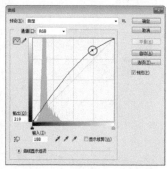

图21-85   图21-86

图21-87

⑦ 使用"魔棒工具"通过通道图层选中绒布沙发，如图21-88所示，然后按快捷键Ctrl+J从"背景"图层上复制出来，如图21-89所示。

⑧ 执行"图像>调整>色阶"菜单命令，然后设置"色阶"参数，如图21-90所示，效果如图21-91所示。

图21-88

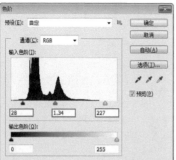

图21-89　　　　　　　　　　　　图21-90

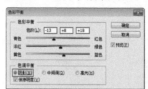
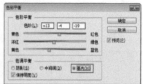

> **提示**
>
> 阴天场景的明暗对比不宜过强。

⑪ 执行"图像>调整>色彩平衡"菜单命令，然后设置参数，如图21-95所示，效果如图21-96所示。

图21-95

图21-91

⑨ 按快捷键Ctrl+Shift+Alt+E盖印所有可见图层，如图21-92所示。

⑩ 执行"图像>调整>色阶"菜单命令，然后设置参数，如图21-93所示，效果如图21-94所示。

图21-96

⑫ 观察效果图，天窗部分偏暖，与阴天的气氛不符合，需要单独调整。使用"魔棒工具"通过通道图层选中天窗部分，如图21-97所示，然后按快捷键Ctrl+J从"背景"图层上复制出来，如图21-98所示。

⑬ 执行"图像>调整>色彩平衡"菜单命令，然后设置参数，如图21-99所示，效果如图21-100所示。

图21-92　　　　　　　　　　　　图21-93

图21-94

图21-97

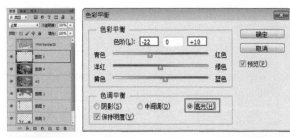

图21-98

图21-99

图21-100

⑭ 再次盖印所有可见图层，自动创建"图层6"，如图21-101所示。

⑮ 执行"图像>调整>自然饱和度"菜单命令，然后设置"自然饱和度"为-10，如图21-102所示，效果如图21-103所示。

图21-101

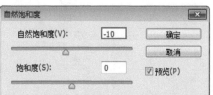

图21-102

图21-103

第 22 章 · 工作室空间黄昏表现

场景位置　场景文件>CH22>01.max
实例位置　实例文件>CH22>工作室空间黄昏表现.max
视频名称　工作室空间黄昏表现.MP4
技术掌握　黄昏室内工装商业效果图制作过程

扫码看视频

22.1 渲染空间介绍

本例是一个现代风格的工作室空间。主体以白色和原木色为主。本例是黄昏场景，以室外深蓝色的天光和橙色阳光搭配室内暖色的人工光源，突显画面的冷暖搭配和空间层次感。室内的人工光源作为空间的补光，只起到点缀的作用。

黄昏场景中深蓝色的天光要使用纯度最高的深蓝色，这样不会使空间看起来发灰。

22.2 创建摄影机

01 打开本书学习资源中的"场景文件>CH22>01.max"文件，场景如图22-1所示。

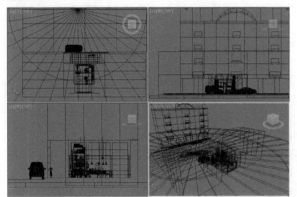

图22-1

02 在顶视图中创建一台"VRay物理摄影机"，如图22-2所示。

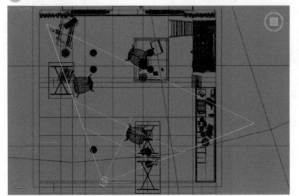

图22-2

03 在左视图中调整好摄影机的高度，如图22-3所示。

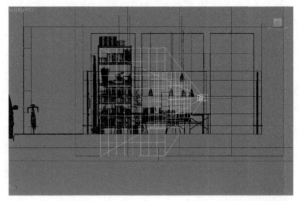

图22-3

04 在"修改"面板中展开"基本参数"卷展栏，然后设置参数，如图22-4所示。

图22-4

05 切换到摄影机视图，效果如图22-5所示。

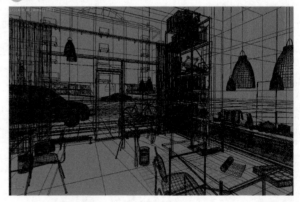

图22-5

22.3 设置测试渲染参数

下面设置场景的渲染参数，为下一步创建灯光和材质做准备，方便及时测试渲染。

01 按F10键打开"渲染设置"面板，然后在"公用"选项卡中设置"宽度"为600、"高度"为405，如图22-6所示。

02 切换到VRay选项卡，然后展开"图像采样器（抗锯齿）"卷展栏，接着设置"类型"为"渲染块"，如图22-7所示。

图22-6 图22-7

03 展开"渲染块图像采样器"卷展栏，然后设置"最小细分"为1，接着取消勾选"最大细分"选项，再设置"渲染块宽度"为32，如图22-8所示。

04 展开"图像过滤器"卷展栏，然后设置"过滤器"为"区域"，如图22-9所示。

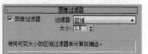

图22-8 图22-9

05 展开"全局确定性蒙特卡洛"卷展栏，然后设置"最小采样"为8、"自适应数量"为0.85、"噪波阈值"为0.1，如图22-10所示。

06 展开"颜色贴图"卷展栏，然后设置"类型"为"莱因哈德"，接着设置"加深值"为0.5，如图22-11所示。

图22-10 图22-11

⛵ 提示

黄昏场景需要在不曝光的情况下保证画面的饱和度，"莱因哈德"曝光方式可以很好地平衡这两者。

07 切换到GI选项卡，然后展开"全局照明"卷展栏，接着设置"首次引擎"为"发光图"、"二次引擎"为"灯光缓存"，如图22-12所示。

08 展开"发光图"卷展栏，然后设置"当前预设"为"自定义"，接着设置"最小速率"和"最大速率"为-4，再设置"细分"为50，最后设置"插值采样"为20，如图22-13所示。

图22-12 图22-13

09 展开"灯光缓存"卷展栏，然后设置"细分"为200，如图22-14所示。

10 切换到"设置"选项卡，展开"系统"卷展栏，然后设置"序列"为"上→下"，如图22-15所示。

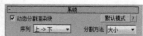

图22-14 图22-15

22.4 创建灯光

摄影机和渲染测试参数设置好后，下面创建场景灯光。本例是一个黄昏场景，以室外天光和日光来照亮场景，室内人工光源作为辅助灯光。

22.4.1 创建天光

01 按F10键打开"渲染设置"面板，然后切换到VRay选项卡，接着展开"环境"卷展栏，勾选"全局照明（GI）环境"选项，再设置"颜色"为（红:126，绿:156，蓝:255），最后设置强度为10，如图22-16所示。

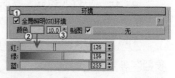

图22-16

02 按F9键在摄影机视图渲染当前场景，如图22-17所示。

图22-17

22.4.2 创建阳光

01 在室外创建一盏"目标平行光"，其位置如图22-18所示。

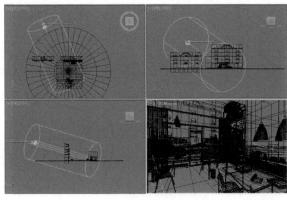

图22-18

02 选中上一步创建的"目标平行光"，然后展开"参数"卷
展栏，设置参数如图22-19所示。

设置步骤

① 在"常规参数"卷展栏下勾选阴影"启用"
选项，然后设置类型为"VRay阴影"。

② 在"强度/颜色/衰减"卷展栏下设置"倍增"为
25，然后设置"颜色"为(红:255，绿:151，蓝:94)。

③ 在"平行光参数"卷展栏下设置"聚光区/光
束"为2000cm、"衰减区/区域"为5002cm。

④ 在"VRay阴影
参数"卷展栏下勾选"区
域阴影"选项，然后选
择"球体"，接着设置
"U大小"和"V大小"
为50cm、"W大小"为
25cm，最后设置"细
分"为16。

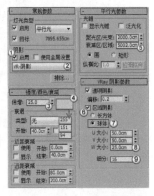

图22-19

03 按F9键在摄影机视图渲染当前场景，如图22-20所示。

图22-20

22.4.3 创建吊灯

01 在室内的吊灯内创建一盏"VRay灯光"，然后以"实例"
的形式复制到其余的吊灯内，位置如图22-21所示。

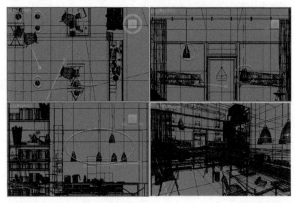

图22-21

02 选中上一步创建的"VRay灯光"，然后展开"参数"卷展
栏，设置参数如图22-22所示。

设置步骤

① 在"常规"卷展栏下设置"类型"为"平面"、
"1/2长"为5cm、"1/2宽"为5cm、"倍增"为200，
然后设置"颜色"为
(红:255，绿:200，
蓝:141)。

② 在"选项"卷展栏
下勾选"不可见"选项。

③ 在"采样"卷展栏
下设置"细分"为16。

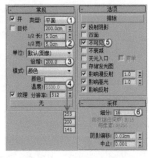

图22-22

03 按F9键在摄影机视图渲染当前场景，如图22-23所示。

图22-23

22.5 创建材质

创建完灯光之后，接下来创建场景中的主要材质，如图22-24所示。对于场景中未讲解的材质，可以打开实例文件查看。

图22-26　图22-27

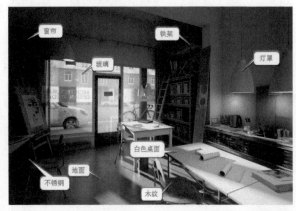

图22-24

22.5.1 地面

材质特点

反射较强

表面较光滑

01 打开"材质球编辑器"选择一个空白材质球，然后将其转换为VRayMtl材质球。在"漫反射"通道中加载一张学习资源中的"实例文件>CH22>工作室空间黄昏表现>地面.png"文件，然后设置"反射"颜色为（红:250，绿:250，蓝:250），接着设置"反射光泽"为0.85、"细分"为16，如图22-25所示。

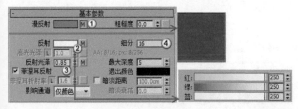

图22-25

02 展开"贴图"卷展栏，然后在"反射"通道中加载一张学习资源中的"实例文件>CH22>工作室空间黄昏表现>地面reflect.png"文件，然后向下复制到"反射光泽"通道中，接着设置"反射"通道强度为50、"反射光泽"通道强度为15，如图22-26所示，材质球效果如图22-27所示。

22.5.2 木纹

材质特点

反射较强

有凹凸纹理

01 打开"材质球编辑器"选择一个空白材质球，然后将其转换为VRayMtl材质球。在"漫反射"通道中加载一张学习资源中的"实例文件>CH22>工作室空间黄昏表现>木纹.jpg"文件，然后设置"反射"颜色为（红:200，绿:200，蓝:200），接着设置"反射光泽"为0.7、"细分"为16，如图22-28所示。

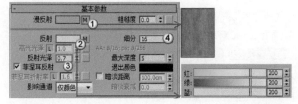

图22-28

02 展开"贴图"卷展栏，在"反射"通道中加载一张学习资源中的"实例文件>CH22>工作室空间黄昏表现>木纹.jpg"文件，然后向下复制到"凹凸"通道中，接着设置"反射"通道强度为66、"凹凸"通道强度为20，如图22-29所示，材质球效果如图22-30所示。

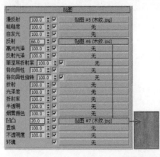

图22-29　图22-30

22.5.3 窗帘

材质特点

半透明

纯色

哑光

01 打开"材质球编辑器"选择一个空白材质球，然后将其转换为VRayMtl材质球。设置"漫反射"颜色为（红:135，绿:114，蓝:82），接着设置"反射"颜色为（红:128，绿:128，蓝:128），再设置"反射光泽"为0.65、"菲涅耳折射率"为1.6，最后设置"细分"为16、"最大深度"为8，如图22-31所示。

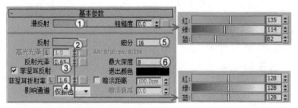

图22-31

02 在"折射"通道中加载一张"衰减"贴图，然后设置"前"通道颜色为（红:128，绿:121，蓝:112）、"侧"通道颜色为（红: 0，绿: 0，蓝: 0）、"衰减类型"为"垂直/平行"，接着设置"光泽度"为0.9、"折射率"为1.1，再勾选"影响阴影"选项，最后设置"细分"为16、"最大深度"为8，如图22-32所示，材质球效果如图22-33所示。

图22-32

图22-33

22.5.4 玻璃

材质特点

全透明

反射强

表面光滑

01 打开"材质球编辑器"选择一个空白材质球，然后将其转换为VRayMtl材质球。设置"漫反射"颜色为（红:200，绿:200，蓝:200），然后设置"反射"颜色为（红:200，绿:200，蓝:200），接着设置"高光光泽"为0.66、"细分"为16，如图22-34所示。

图22-34

02 设置"折射"颜色为（红:250，绿:250，蓝:250），然后设置"折射率"为1.5，接着勾选"影响阴影"选项，如图22-35所示，材质球效果如图22-36所示。

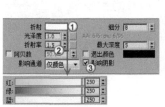

图22-35　　　　　　　图22-36

22.5.5 灯罩

材质特点

磨砂质感

高光点细长

01 打开"材质球编辑器"选择一个空白材质球，然后将其转换为VRayMtl材质球。设置"漫反射"颜色为（红:240，绿:240，蓝:240），然后设置"反射"颜色为（红:150，绿:150，蓝:150），接着设置"反射光泽"为0.5，最后设置"细分"为16，如图22-37所示。

图22-37

02 展开"双向反射分布函数"卷展栏，然后设置"各向异性（-1，1）"为-0.5，如图22-38所示，材质球效果如图22-39所示。

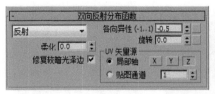

图22-38　　　　图22-39

22.5.6 铁架

材质特点

有纹理感

随纹理不同反射强度也不同

表面较粗糙

01 打开"材质球编辑器"选择一个空白材质球，然后将其转换为VRayMtl材质球。在"漫反射"通道中加载一张"衰减"贴图，然后在"前"通道和"侧"通道中加载一张学习资源中的"实例文件>CH22>工作室空间黄昏表现>铁皮.png"文件，接着设置"衰减类型"为"垂直/平行"，如图22-40所示。

02 设置"反射"颜色为（红:200,绿:200,蓝:200），然后设置"高光光泽"为0.77，接着设置"细分"为12，如图22-41所示。

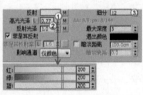

图22-40　　　　　　　　　　图22-41

03 展开"贴图"卷展栏，然后在"反射"通道和"反射光泽"通道中加载一张学习资源中的"实例文件>CH22>工作室空间黄昏表现>铁皮ar.png"文件，然后设置"反射"通道强度为66、"反射光泽"通道强度为50，接着在"高光光泽"通道中加载一张学习资源中的"实例文件>CH22>工作室空间黄昏表现>铁皮.png"文件，再设置"高光光泽"通道强度为50，如图22-42所示，材质球效果如图22-43所示。

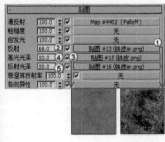

图22-42　　　　　　图22-43

22.5.7 白色桌面

材质特点

表面光滑

高光点大

有凹凸纹理

01 打开"材质球编辑器"选择一个空白材质球，然后将其转换为VRayMtl材质球。设置"漫反射" 颜色为（红:235,绿:235,蓝:235），然后设置"反射"颜色为（红:170,绿:170,蓝:170），接着设置"高光光泽"为0.65、"反射光泽"为0.92，最后设置"细分"为16，如图22-44所示。

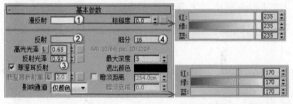

图22-44

02 展开"贴图"卷展栏，然后在"凹凸"通道中加载一张学习资源中的"实例文件>CH22>工作室空间黄昏表现>AI33_06_wood_1.png"文件，接着设置通道强度为15，如图22-45所示，材质球效果如图22-46所示。

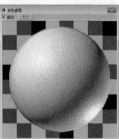

图22-45　　　　　　图22-46

22.5.8 不锈钢

材质特点

强反射

表面光滑

01 打开"材质球编辑器"选择一个空白材质球，然后将其转换为VRayMtl材质球。设置"漫反射"颜色为（红: 8,绿: 8,蓝: 8），接着设置"反射"颜色为（红:240,绿:240,蓝:240），再设置"高光光泽"为0.66、"细分"为16，如图22-47所示。

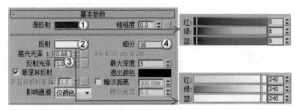

图22-47

02 展开"双向反射分布函数"卷展栏，然后设置类型为"微面GTR（GGX）"，如图22-48所示，材质球效果如图22-49所示。

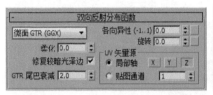

图22-48　　　　图22-49

22.6 设置成图渲染参数

设置好材质，并经过测试，就可以对场景进行最终渲染了。提前渲染光子图会提高渲染效率。

22.6.1 渲染并保存光子图

01 按F10键打开"渲染设置"面板，然后切换到VRay选项卡，并展开"全局开关"卷展栏，接着勾选"不渲染最终的图像"选项，如图22-50所示。

02 展开"渲染块图像采样器"卷展栏，然后设置"最小细分"为1，接着勾选"最大细分"选项，并设置为4，再设置"噪波阈值"为0.005，最后设置"渲染块宽度"为32，如图22-51所示。

图22-50　　　　图22-51

03 展开"图像过滤器"卷展栏，然后设置"过滤器"为Catmull-Rom，如图22-52所示。

04 展开"全局确定性蒙特卡洛"卷展栏，然后设置"最小采样"为16、"自适应数量"为0.8、"噪波阈值"为0.005，如图22-53所示。

 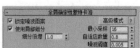

图22-52　　　　图22-53

05 展开"发光图"卷展栏，然后设置"当前预设"为"中"、"细分"为60、"插值采样"为30，接着切换为"高级模式"，再在"模式"中选择"单帧"，最后勾选"自动保存"选项，并单击下方的保存按钮．．．，设置光子图的保存路径，如图22-54所示。

06 在"灯光缓存"卷展栏中设置"细分"为1000，然后切换为"高级模式"，接着在"模式"中选择"单帧"，再勾选"自动保存"选项，最后单击下方的保存按钮．．．，设置灯光缓存的保存路径，如图22-55所示。

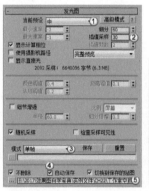 

图22-54　　　　图22-55

07 按F9键渲染场景，然后在保存路径中找到渲染好的光子图文件，如图22-56所示。

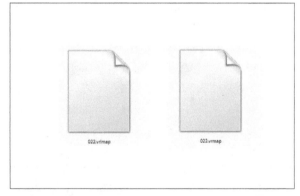

图22-56

22.6.2 渲染成图

01 按F10键打开"渲染设置"面板，然后在"公用"选项卡中设置"宽度"为2000、"高度"为1350，如图22-57所示。

02 切换到VRay选项卡，然后展开"全局开关"卷展栏，接着取消勾选"不渲染最终的图像"选项，如图22-58所示。

 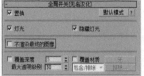

图22-57　　　　　　　　　　图22-58

03 按F9键渲染场景，效果如图22-59所示。

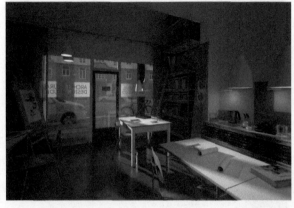

图22-59

22.6.3 渲染AO通道

下面渲染AO通道，方便后期在Photoshop中进行后期制作。

01 选择一个空白材质球，然后在"漫反射"通道中加载一张"VRay污垢"贴图，接着设置"半径"为30cm，如图22-60所示，材质球效果如图22-61所示。

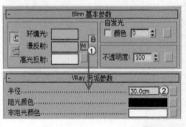 

图22-60　　　　　　　　图22-61

02 按F10键打开"渲染设置"面板，切换到VRay选项卡，然后展开"全局开关"卷展栏，勾选"覆盖材质"选项，接着将AO材质球以"实例"的形式复制到通道中，如图22-62所示。

图22-62

提示

本例需要排除窗玻璃模型，这样不会影响天光。

03 按F9键渲染当前场景，AO通道图如图22-63所示。

图22-63

22.6.4 渲染VRayRenderID通道

下面渲染VRayRenderID通道，方便后期在Photoshop中进行后期制作。

01 按F10键打开"渲染设置"面板，然后切换到"渲染元素"选项卡，接着单击"添加"按钮，在弹出的对话框中选择VRayRenderID选项，如图22-64所示。

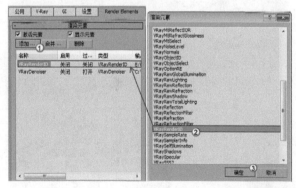

图22-64

02 在"选定元素参数"中，勾选"启用"选项，然后设置通道图的保存路径，如图22-65所示。

图22-65

03 按F9键渲染当前场景，VRayRenderID通道图如图22-66所示。

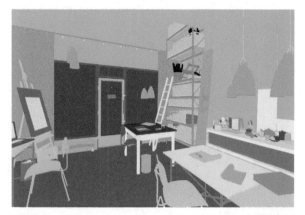

图22-66

22.7 后期处理

成图渲染好后，在Photoshop CS6中进行后期调整。

(01) 在Photoshop中打开渲染成图、AO通道和VRayRenderID通道，如图22-67所示。

图22-67

(02) 选中AO图层，然后设置图层混合模式为"柔光"、"不透明度"为80%，如图22-68所示，效果如图22-69所示。

图22-68

图22-69

(03) 使用"魔棒工具"通过通道图层选中地面材质，如图22-70所示，然后按快捷键Ctrl+J从"背景"图层上复制出来，如图22-71所示。

(04) 执行"图像>调整>色阶"菜单命令，然后设置"色阶"参数，如图22-72所示，效果如图22-73所示。

图22-70

图22-71   图22-72

图22-73

(05) 使用"魔棒工具"通过通道图层选中木纹材质，如图22-74所示，然后按快捷键Ctrl+J从"背景"图层上复制出来，如图22-75所示。

图22-74

图22-75

06 执行"图像>调整>色阶"菜单命令，然后设置"色阶"参数，如图22-76所示。

07 执行"图像>调整>色相/饱和度"菜单命令，然后设置"色相/饱和度"参数，如图22-77所示，效果如图22-78所示。

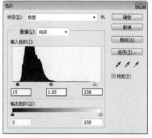

图22-76　　　　　图22-77

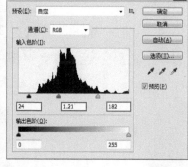

图22-80　　　　　图22-81

10 执行"图像>调整>色相/饱和度"菜单命令，然后设置"色相/饱和度"参数，如图22-82所示，效果如图22-83所示。

图22-82

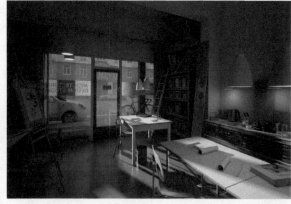

图22-78

08 使用"魔棒工具"通过通道图层选中窗玻璃，如图22-79所示，然后按快捷键Ctrl+J从"背景"图层上复制出来，如图22-80所示。

09 执行"图像>调整>色阶"菜单命令，然后设置"色阶"参数，如图22-81所示。

图22-83

11 按快捷键Ctrl+Shift+Alt+E盖印所有可见图层，如图22-84所示。

12 执行"图像>调整>色阶"菜单命令，然后设置参数，如图22-85所示，效果如图22-86所示。

图22-79

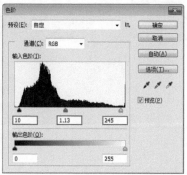

图22-84　　　　　图22-85

331

图22-86

![提示图标] 提示

黄昏场景应当适当加强明暗对比。

⑬ 执行"图像>调整>色彩平衡"菜单命令,然后设置参数,如图22-87所示,效果如图22-88所示。

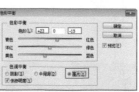

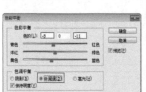

图22-87

图22-88

![提示图标] 提示

本例图片在调整"色彩平衡"时,高光颜色需要贴近夕阳的暖黄色,阴影要贴近天光的深蓝色,这样可以加强冷暖对比。对于中间调部分,读者可根据自身的颜色喜好进行调整。

⑭ 观察图片,整体颜色仍旧偏暗,尤其是铁架顶部过于发黑,需要整体提高亮度。执行"图像>调整>曲线"菜单命令,然后设置参数,如图22-89所示,效果如图22-90所示。

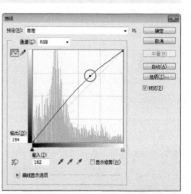

图22-89

图22-90

第**23**章· 办公室空间日光表现

场景位置	场景文件>CH23>01.max
实例位置	实例文件>CH23>办公室空间日光表现.max
视频名称	办公室空间日光表现.mp4
技术掌握	日光室内工装商业效果图制作过程

扫码看视频

23.1 渲染空间介绍

本例是一个日光办公室空间，以室外天光和阳光照亮整个空间。本例的阳光不同于第19章的阳光有明显的亮度和方向性，它是散射的阳光状态。这种状态模拟了阳光在云层后的照射效果。

本例的空间搭配较为简单，且不同于传统意义的办公室装修风格，没有复杂的吊顶和繁重的办公家具，突出了简洁和个性，显得更加生活化。

23.2 创建摄影机

01 打开本书学习资源中的"场景文件>CH23>01.max"文件，场景如图23-1所示。

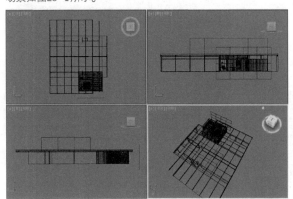

图23-1

02 在顶视图中创建一台"VRay物理摄影机"，如图23-2所示。

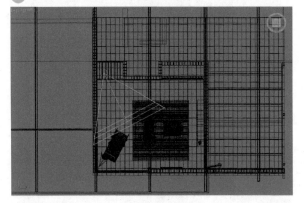

图23-2

 提示

摄影机的方向一定要尽量看到更多的室内空间。

03 在左视图中调整好摄影机的高度，如图23-3所示。

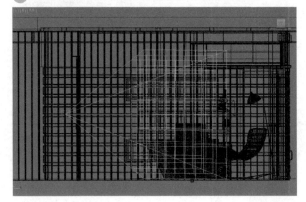

图23-3

04 在"修改"面板中展开"基本参数"卷展栏，然后设置参数，如图23-4所示。

05 切换到摄影机视图，效果如图23-5所示。

图23-4   图23-5

23.3 设置测试渲染参数

下面设置场景的渲染参数，为下一步创建灯光和材质做准备，方便及时测试渲染。

01 按F10键打开"渲染设置"面板，然后在"公用"选项卡中设置"宽度"为600、"高度"为400，如图23-6所示。

02 切换到VRay选项卡，然后展开"图像采样器（抗锯齿）"卷展栏，接着设置"类型"为"渲染块"，如图23-7所示。

图23-6   图23-7

03 展开"渲染块图像采样器"卷展栏，然后设置"最小细分"为1，接着取消勾选"最大细分"选项，再设置"渲染块宽度"为32，如图23-8所示。

04 展开"图像过滤器"卷展栏，然后设置"过滤器"为"区域"，如图23-9所示。

图23-8　　　　　　　　　图23-9

05 展开"全局确定性蒙特卡洛"卷展栏，然后设置"最小采样"为8、"自适应数量"为0.85、"噪波阈值"为0.1，如图23-10所示。

06 展开"颜色贴图"卷展栏，然后设置"类型"为"指数"，如图23-11所示。

图23-10　　　　　　　　图23-11

07 切换到GI选项卡，然后展开"全局照明"卷展栏，接着设置"首次引擎"为"发光图"、"二次引擎"为"灯光缓存"，如图23-12所示。

08 展开"发光图"卷展栏，然后设置"当前预设"为"自定义"，接着设置"最小速率"和"最大速率"为-4，再设置"细分"为50，最后设置"插值采样"为20，如图23-13所示。

图23-12　　　　　　　　图23-13

09 展开"灯光缓存"卷展栏，然后设置"细分"为200，如图23-14所示。

10 切换到"设置"选项卡，展开"系统"卷展栏，然后设置"序列"为"上→下"，如图23-15所示。

图23-14　　　　　　　　图23-15

23.4　创建灯光

摄影机和渲染测试参数设置好后，下面创建场景灯光。本例是一个日光场景，以室外天光和日光来照亮场景。

23.4.1　创建天光

01 在窗外创建一盏"VRay灯光"，其位置如图23-16所示。

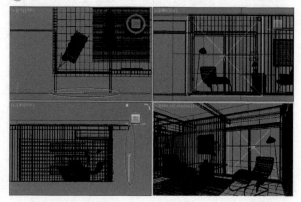

图23-16

02 选中上一步创建的"VRay灯光"，然后展开"参数"卷展栏，设置参数如图23-17所示。

设置步骤

① 在"常规"选项组下设置"类型"为"平面"、"1/2长"为126.314cm、"1/2宽"为129.614cm、"倍增"为8，然后设置"颜色"为（红:164，绿:190，蓝:255）。

② 在"选项"选项组下勾选"不可见"选项。

③ 在"采样"选项组下设置"细分"为16。

图23-17

03 选中该灯光，然后以"实例"的形式复制到图23-18所示的位置。

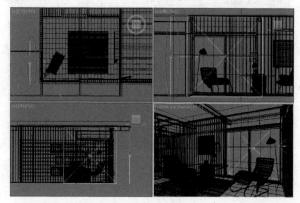

图23-18

④ 在门后创建一盏"VRay灯光"，其位置如图23-19所示。

图23-19

⑤ 选中上一步创建的"VRay灯光"，然后展开"参数"卷展栏，设置参数如图23-20所示。

设置步骤

① 在"常规"选项组下设置"类型"为"平面"、"1/2长"为55.159cm、"1/2宽"为98.942cm、"倍增"为8，然后设置"颜色"为（红:164，绿:190，蓝:255）。

② 在"选项"选项组下勾选"不可见"选项。

③ 在"采样"选项组下设置"细分"为16。

图23-20

⑥ 选中该灯光，然后以"实例"的形式复制到图23-21所示的位置。

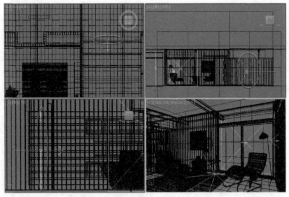

图23-21

⑦ 按F9键在摄影机视图渲染当前场景，如图23-22所示。

图23-22

23.4.2 创建阳光

① 在窗外创建一盏"VRay灯光"，其位置如图23-23所示。

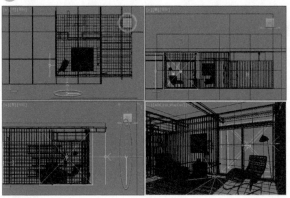

图23-23

② 选中上一步创建的"VRay灯光"，然后展开"参数"卷展栏，设置参数如图23-24所示。

设置步骤

① 在"常规"选项组下设置"类型"为"平面"、"1/2长"为126.314cm、"1/2宽"为129.614cm、"倍增"为30，然后设置"颜色"为（红:255，绿:197，蓝:134）。

② 在"选项"选项组下勾选"不可见"选项。

③ 在"采样"选项组下设置"细分"为16。

图23-24

03 按F9键在摄影机视图渲染当前场景，如图23-25所示。

图23-25

23.5 创建材质

　　创建完灯光之后，接下来创建场景中的主要材质，如图23-26所示。对于场景中未讲解的材质，可以打开实例文件查看。

图23-26

23.5.1 办公桌

材质特点

不均匀反射

有凹凸纹理

01 打开"材质球编辑器"选择一个空白材质球，然后将其转换为VRayMtl材质球。设置"漫反射"颜色为（红:218，绿:218，蓝:218），然后设置"反射光泽"为0.6，如图23-27所示。

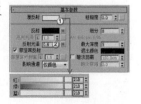

图23-27

⛵ **提示**

　　白色的对象材质漫反射不要设置为纯白，添加灯光后容易曝光，不利于后期调整。

02 展开"贴图"卷展栏，然后在"反射"通道中加载一张学习资源中的"实例文件>CH23>办公室空间日光表现>反射纹理.jpg"文件，然后向下复制到"反射光泽"通道中，接着设置"反射光泽"通道强度为50，再将该贴图继续向下复制到"凹凸"通道中，最后设置"凹凸"通道强度为15，如图23-28所示，材质球效果如图23-29所示。

 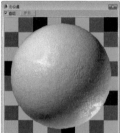

图23-28　　　　　　　　　图23-29

23.5.2 玻璃桌面

材质特点

全透明

有色

不均匀反射

01 打开"材质球编辑器"选择一个空白材质球，然后将其转换为VRayMtl材质球。设置"漫反射"颜色为（红:32，绿:64，蓝:64），然后在"反射"通道中加载一张学习资源中的"实例文件>CH23>办公室空间日光表现>玻璃mask.jpg"文件，如图23-30所示。

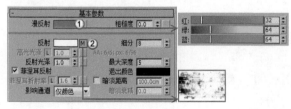

图23-30

02 设置"折射"颜色为（红:255，绿:255，蓝:255），然后设置"最大深度"为10，接着勾选"影响阴影"选项，再设置"烟雾颜色"为（红:32，绿:64，蓝:64），最后设置"烟雾倍增"为0.01，如图23-31所示，材质球效果如图23-32所示。

图23-31   图23-32

23.5.3 红色皮椅

材质特点

半哑光

有凹凸纹理

① 打开"材质球编辑器"选择一个空白材质球，然后将其转换为VRayMtl材质球。设置"漫反射"颜色为（红:154，绿:0，蓝:9），接着设置"高光光泽"为0.77、"反射光泽"为0.8、"菲涅耳折射率"为2，最后设置"细分"为16，如图23-33所示。

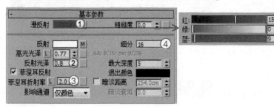

图23-33

② 展开"贴图"卷展栏，在"反射"通道中加载一张"衰减"贴图，然后设置"侧"通道颜色为（红:97，绿:97，蓝:97）、"侧"通道强度为70，接着在"前"通道和"侧"通道中加载一张学习资源中的"实例文件>CH23>办公室空间日光表现>皮椅specular.jpg"文件，再设置"衰减类型"为"垂直/平行"，如图23-34所示。

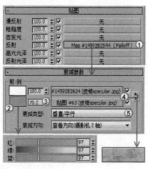

图23-34

③ 在"凹凸"通道中加载一张学习资源中的"实例文件>CH23>办公室空间日光表现>皮椅bump.jpg"文件，然后设置通道强度为15，如图23-35所示，材质球效果如图23-36所示。

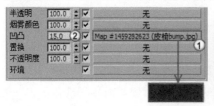

图23-35   图23-36

23.5.4 白色墙裙

材质特点

反射强

表面光滑

高光点大

① 打开"材质球编辑器"选择一个空白材质球，然后将其转换为VRayMtl材质球。设置"漫反射"颜色为（红:228，绿:228，蓝:228），然后设置"反射"颜色为（红:119，绿:119，蓝:119），接着设置"反射光泽"为0.88、"细分"为12，如图23-37所示。

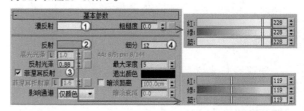

图23-37

② 展开"双向反射分布函数"卷展栏，然后设置类型为"沃德"，如图23-38所示，材质球效果如图23-39所示。

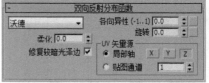

图23-38   图23-39

23.5.5 褐色躺椅

材质特点

不均匀反射

有凹凸纹理

① 打开"材质球编辑器"选择一个空白材质球，然后将其转换为VRayMtl材质球。在"漫反射"通道中加载一张学习资源中的"实例文件>CH23>办公室空间日光表现>躺椅diffuse.jpg"，然后设置"反射光泽"为0.8，接着设置"细分"为16，如图23-40所示。

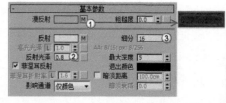

图23-40

02 展开"贴图"卷展栏，然后在"反射"通道中加载一张"混合"贴图，接着在"颜色#1"通道加载一张学习资源中的"实例文件>CH23>办公室空间日光表现>皮椅specular.jpg"文件，再在"颜色#2"通道加载一张学习资源中的"实例文件>CH23>办公室空间日光表现>皮椅specular_02.jpg"文件，最后设置"混合量"为50，如图23-41所示。

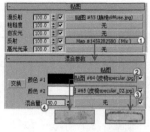

图23-41

03 展开"贴图"卷展栏，然后在"凹凸"通道中加载一张"混合"贴图，接着在"颜色#1"和"颜色#2"通道加载一张学习资源中的"实例文件>CH23>办公室空间日光表现>躺椅bump.jpg"文件，再设置"混合量"为20，最后设置"凹凸"通道强度为30，如图23-42所示，材质球效果如图23-43所示。

图23-42

图23-43

23.5.6 窗玻璃

材质特点

不均匀反射

表面光滑

全透明

01 打开"材质球编辑器"选择一个空白材质球，然后将其转换为VRayMtl材质球。设置"漫反射"颜色为（红:25，绿:25，蓝:25），然后在"反射"通道中加载一张学习资源中的"实例文件>CH23>办公室空间日光表现>窗玻璃gloss.jpg"文件，接着设置"最大深度"为10，如图23-44所示。

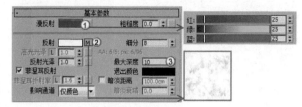

图23-44

02 设置"折射"颜色为（红:255，绿:255，蓝:255），然后设置"最大深度"为10，接着勾选"影响阴影"选项，如图23-45所示，材质球效果如图23-46所示。

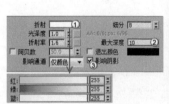
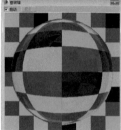

图23-45　　图23-46

23.5.7 塑钢窗

材质特点

不均匀反射

有磨砂质感

01 打开"材质球编辑器"选择一个空白材质球，然后将其转换为VRayMtl材质球。设置"漫反射"颜色为（红:7，绿:7，蓝:7），然后设置"反射"颜色为（红:84，绿:84，蓝:84），接着设置"反射光泽"为0.7，如图23-47所示。

图23-47

02 展开"贴图"卷展栏，然后在"反射光泽"通道中加载一张学习资源中的"实例文件>CH23>办公室空间日光表现>塑钢窗Gloss.jpg"文件，接着设置通道强度为70，如图23-48所示，材质球效果如图23-49所示。

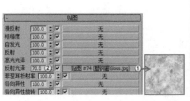

图23-48　　　　　图23-49

23.5.8 地砖

材质特点

不均匀反射

有凹凸纹理

半哑光

01 打开"材质球编辑器"选择一个空白材质球，然后将其转换为VRayMtl材质球。在"漫反射"通道中加载一张学习资源中的"实例文件>CH23>办公室空间日光表现>地面.jpg"文件，然后在"反射"通道中加载一张学习资源中的"实例文件>CH23>办公室空间日光表现>反射纹理.jpg"文件，再设置"反射光泽"为0.75、"细分"为12，如图23-50所示。

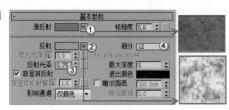

图23-50

02 展开"贴图"卷展栏，然后在"凹凸"通道中加载一张"法线凹凸"贴图，接着在"法线"通道加载一张学习资源中的"实例文件>CH23>办公室空间日光表现>A地面normals.jpg"文件，再在"附加凹凸"通道中加载一张学习资源中的"实例文件>CH23>办公室空间日光表现>地面bump_01.jpg"文件，并设置通道强度为5，最后设置"凹凸"通道强度为10，如图23-51所示，材质球效果如图23-52所示。

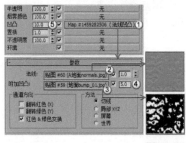

图23-51　　　　　图23-52

23.6 设置成图渲染参数

设置好材质，并经过测试，就可以对场景进行最终渲染了。提前渲染光子图会提高渲染效率。

23.6.1 渲染并保存光子图

01 按F10键打开"渲染设置"面板，然后切换到VRay选项卡，并展开"全局开关"卷展栏，接着勾选"不渲染最终的图像"选项，如图23-53所示。

02 展开"渲染块图像采样器"卷展栏，然后设置"最小细分"为1，接着勾选"最大细分"选项，并设置为4，再设置"噪波阈值"为0.005，最后设置"渲染块宽度"为32，如图23-54所示。

图23-53　　　　　图23-54

03 展开"图像过滤器"卷展栏，然后设置"过滤器"为Catmull-Rom，如图23-55所示。

04 展开"全局确定性蒙特卡洛"卷展栏，然后设置"最小采样"为16、"自适应数量"为0.8、"噪波阈值"为0.005，如图23-56所示。

图23-55　　　　　图23-56

05 展开"发光图"卷展栏，然后设置"当前预设"为"中"、"细分"为60、"插值采样"为30，接着切换为"高级模式"，再在"模式"中选择"单帧"，最后勾选"自动保存"选项，并单击下方的保存按钮，设置光子图的保存路径，如图23-57所示。

06 在"灯光缓存"卷展栏中设置"细分"为1000，然后切换为"高级模式"，接着在"模式"中选择"单帧"，再勾选"自动保存"选项，最后单击下方的保存按钮，设置灯光缓存的保存路径，如图23-58所示。

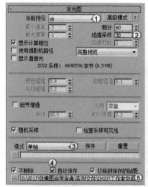 

图23-57　　　　　　　　　图23-58

07 按F9键渲染场景，然后在保存路径中找到渲染好的光子图文件，如图23-59所示。

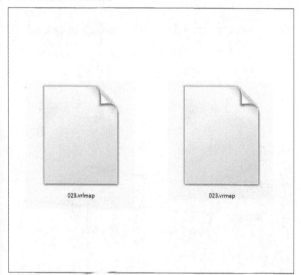

图23-59

23.6.2 渲染成图

01 按F10键打开"渲染设置"面板，然后在"公用"选项卡中设置"宽度"为2000、"高度"为1333，如图23-60所示。

02 切换到VRay选项卡，然后展开"全局开关"卷展栏，接着取消勾选"不渲染最终的图像"选项，如图23-61所示。

图23-60　　　　　　　　　图23-61

03 按F9键渲染场景，效果如图23-62所示。

图23-62

23.6.3 渲染AO通道

下面渲染AO通道，方便后期在Photoshop中进行后期制作。

01 选择一个空白材质球，然后在"漫反射"通道中加载一张"VRay污垢"贴图，接着设置"半径"为30cm，如图23-63所示，材质球效果如图23-64所示。

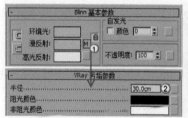 

图23-63　　　　　　　　　图23-64

02 按F10键打开"渲染设置"面板，切换到VRay选项卡，然后展开"全局开关"卷展栏，勾选"覆盖材质"选项，接着将AO材质球以"实例"的形式复制到通道中，如图23-65所示。

图23-65

提示

本例需要排除窗玻璃模型，这样不会影响天光。

03 按F9键渲染当前场景，AO通道图如图23-66所示。

图23-66

23.6.4 渲染VRayRenderID通道

下面渲染**VRayRenderID**通道，方便后期在**Photoshop**中进行后期制作。

01 按F10键打开"渲染设置"面板，然后切换到"渲染元素"选项卡，接着单击"添加"按钮，在弹出的对话框中选择VRayRenderID选项，如图23-67所示。

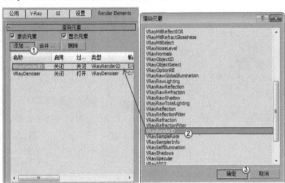

图23-67

02 在"选定元素参数"中，勾选"启用"选项，然后设置通道图的保存路径，如图23-68所示。

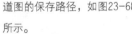

图23-68

03 按F9键渲染当前场景，VRayRenderID通道图如图23-69所示。

图23-69

23.7 后期处理

成图渲染好后，在Photoshop CS6中进行后期调整。

01 在Photoshop中打开渲染成图、AO通道和VRayRenderID通道，如图23-70所示。

图23-70

02 选中AO图层，然后设置图层混合模式为"柔光"，如图23-71所示，效果如图23-72所示。

图23-71

图23-72

03 使用"魔棒工具"通过通道图层选中地面材质，如图23-73所示，然后按快捷键Ctrl+J从"背景"图层上复制出来，如图23-74所示。

图23-73

图23-74

提示

调整效果图时，地面的颜色要略微偏深，这样效果图看起来不会有悬浮感。

04 执行"图像>调整>色阶"菜单命令，然后设置"色阶"参数，如图23-75所示，效果如图23-76所示。

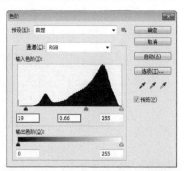

图23-75

图23-78

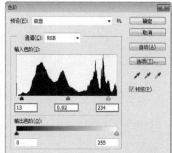

图23-79

图23-80

07 使用"魔棒工具"通过通道图层选中窗玻璃，如图23-81所示，然后按快捷键Ctrl+J从"背景"图层上复制出来，如图23-82所示。

08 执行"图像>调整>色阶"菜单命令，然后设置"色阶"参数，如图23-83所示，效果如图23-84所示。

图23-76

05 使用"魔棒工具"通过通道图层选中红色皮椅和躺椅材质，如图23-77所示，然后按快捷键Ctrl+J从"背景"图层上复制出来，如图23-78所示。

06 执行"图像>调整>色阶"菜单命令，然后设置"色阶"参数，如图23-79所示，效果如图23-80所示。

图23-77

图23-81

343

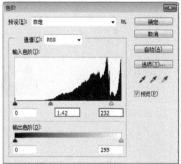

图23-82   图23-83

提示

　　本例没有方向性的太阳光，因此色阶的调整一定要体现空间的明暗变化。窗外部分最亮，越靠近室内越暗。

⑪　执行"图像>调整>色彩平衡"菜单命令，然后设置参数，如图23-88所示，效果如图23-89所示。

图23-88

图23-84

⑨　按快捷键Ctrl+Shift+Alt+E盖印所有可见图层，如图23-85所示。

⑩　执行"图像>调整>色阶"菜单命令，然后设置参数，如图23-86所示，效果如图23-87所示。

图23-89

⑫　执行"图像>调整>自然饱和度"菜单命令，然后设置参数，如图23-90所示，最终效果如图23-91所示。

图23-90

图23-85   图23-86

图23-87

图23-91

344

第 24 章 · 室外别墅日光表现

场景位置　场景文件>CH24>01.max
实例位置　实例文件>CH24>室外别墅日光表现.max
视频名称　室外别墅日光表现.mp4
技术掌握　日光室外建筑商业效果图制作过程

扫码看视频

24.1 渲染空间介绍

本例是一个日光室外别墅空间，以室外VRay阳光和VRay天光贴图照亮整个场景。

室外场景的灯光相较于室内场景要简单一些，更多的是表现室外环境之间的搭配。光影的明暗和不同材质之间的映衬，使场景看起来不单调。

24.2 创建摄影机

01 打开本书学习资源中的"场景文件>CH24>01.max"文件，场景如图24-1所示。

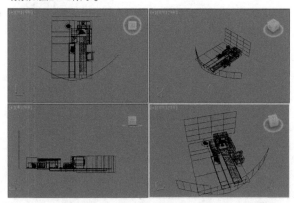

图24-1

02 在顶视图中创建一台"VRay物理摄影机"，如图24-2所示。

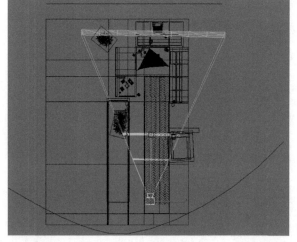

图24-2

03 在左视图中调整好摄影机的高度，如图24-3所示。

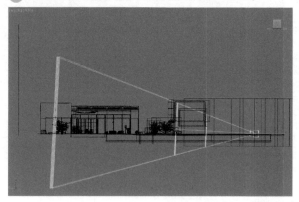

图24-3

⛵ 提示

室外建筑场景尽量使用仰视角度，这样可以使建筑物看起来更加高大。

04 在"修改"面板中展开"基本参数"卷展栏，然后设置参数，如图24-4所示。

05 切换到摄影机视图，效果如图24-5所示。

图24-4

图24-5

24.3 设置测试渲染参数

下面设置场景的渲染参数，为下一步创建灯光和材质做准备，方便及时测试渲染。

01 按F10键打开"渲染设置"面板，然后在"公用"选项卡中设置"宽度"为600、"高度"为425，如图24-6所示。

图24-6

02 切换到VRay选项卡，然后展开"图像采样器（抗锯齿）"卷展栏，接着设置"类型"为"渲染块"，如图24-7所示。

图24-7

03 展开"渲染块图像采样器"卷展栏，然后设置"最小细分"为1，接着取消勾选"最大细分"选项，再设置"渲染块宽度"为32，如图24-8所示。

图24-8

04 展开"图像过滤器"卷展栏，然后设置"过滤器"为"区域"，如图24-9所示。

图24-9

05 展开"全局确定性蒙特卡洛"卷展栏，然后设置"最小采样"为8、"自适应数量"为0.85、"噪波阈值"为0.1，如图24-10所示。

图24-10

06 展开"颜色贴图"卷展栏，然后设置"类型"为"线性倍增"，如图24-11所示。

图24-11

疑难问答

场景的曝光类型怎样选择？

根据不同的场景渲染需要，会选择不同的曝光类型。初学者会不知道用哪种最合适，这里为大家提供一个参考：室内场景多数用"指数"或"莱因哈德"；室外场景多数用"线性倍增"。但这个参考不是绝对的，只是在大多数情况下用得较多。

在前面的案例中也使用过"HSV指数"，这些都是根据最终的渲染效果决定的。若确定不了最佳的曝光方式，不妨将这几种类型都测试渲染一遍，选出最佳的效果。

07 切换到GI选项卡，然后展开"全局照明"卷展栏，接着设置"首次引擎"为"发光图"、"二次引擎"为"BF算法"，如图24-12所示。

图24-12

08 展开"发光图"卷展栏，然后设置"当前预设"为"自定义"，接着设置"最小速率"和"最大速率"为-4，再设置"细分"为50，最后设置"插值采样"为20，如图24-13所示。

图24-13

09 展开"BF算法计算全局照明"卷展栏，然后设置"细分"为8、"反弹"为3，如图24-14所示。

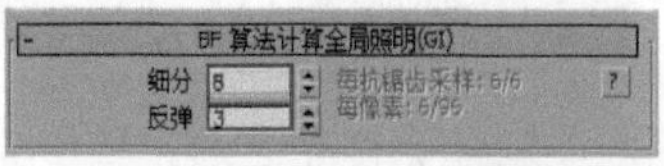

图24-14

10 切换到"设置"选项卡，展开"系统"卷展栏，然后设置"序列"为"上→下"，如图24-15所示。

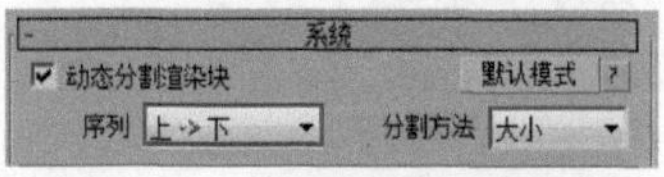

图24-15

24.4 创建灯光

摄影机和渲染测试参数设置好后，下面创建场景灯光。本例是一个日光场景，场景中只包含创建的"VRay太阳"灯光和附加的"VRay天空"贴图。

01 在顶视图中创建一盏"VRay太阳"，同时添加附带的"VRay天空"贴图，灯光位置如图24-16所示。

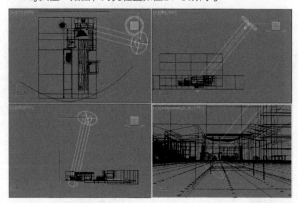

图24-16

02 选中上一步创建的"VRay太阳"，然后展开"参数"卷展栏，设置参数如图24-17所示。

03 按F9键在摄影机视图渲染当前场景，如图24-18所示。

图24-17   图24-18

24.5 创建材质

创建完灯光之后，接下来创建场景中的主要材质，如图24-19所示。对于场景中未讲解的材质，可以打开实例文件查看。

图24-19

24.5.1 建筑外墙

材质特点

纯色

有凹凸纹理

01 打开"材质球编辑器"选择一个空白材质球，然后将其转换为VRayMtl材质球。设置"漫反射"颜色为（红:141，绿:141，蓝:141），如图24-20所示。

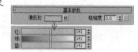

图24-20

02 展开"贴图"卷展栏，然后在"漫反射"通道和"凹凸"通道中加载一张学习资源中的"实例文件>CH24>室外别墅日光表现>建筑外墙.jpg"文件，接着设置"漫反射"通道强度为20，再设置"凹凸"通道强度为116，如图24-21所示，材质球效果如图24-22所示。

图24-21   图24-22

24.5.2 地砖

材质特点

无反射

无凹凸

打开"材质球编辑器"选择一个空白材质球，然后将其转换为VRayMtl材质球。在"漫反射"通道中加载一张学习资源中的"实例文件>CH24>室外别墅日光表现>地砖.jpg"文件，如图24-23所示，材质球效果如图24-24所示。

图24-23   图24-24

⚓ **提示**

地砖材质距离镜头较远，且面积不大，因此只需要添加"漫反射"通道的贴图即可。其余的参数并不会增加画面效果，反而会增加渲染的时间。

24.5.3 石材地面

材质特点

无反射

有凹凸纹理

348

打开"材质球编辑器"选择一个空白材质球，然后将其转换为VRayMtl材质球。展开"贴图"卷展栏，然后在"漫反射"通道和"凹凸"通道中加载一张学习资源中的"实例文件>CH24>室外别墅日光表现>地面石材.jpg"文件，接着设置"凹凸"通道强度为10，如图24-25所示，材质球效果如图24-26所示。

图24-25　　　　　　　　图24-26

图24-28　　　　　　　　图24-29

24.5.4　木质

材质特点

反射弱

半哑光

有凹凸纹理

01 打开"材质球编辑器"选择一个空白材质球，然后将其转换为VRayMtl材质球。在"漫反射"通道中加载一张学习资源中的"实例文件>CH24>室外别墅日光表现>木纹.jpg"文件，然后设置"反射"颜色为（红:25，绿:25，蓝:25），接着设置"高光光泽"为0.75、"反射光泽"为0.8、"细分"为7，如图24-27所示。

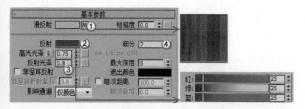

图24-27

02 展开"贴图"卷展栏，然后在"凹凸"通道中加载一张学习资源中的"实例文件>CH24>室外别墅日光表现>木纹bump.jpg"文件，接着设置通道强度为40，如图24-28所示，材质球效果如图24-29所示。

24.5.5　窗玻璃

材质特点

全透明

全反射

表面光滑

01 打开"材质球编辑器"选择一个空白材质球，然后将其转换为VRayMtl材质球。设置"漫反射"颜色为（红:128，绿:128，蓝:128），然后设置"折射"颜色为（红:255，绿:255，蓝:255），接着设置"菲涅耳折射率"为2.6，最后设置"细分"为12，如图24-30所示。

图24-30

02 设置"折射"颜色为（红:255，绿:255，蓝:255），然后设置"折射率"为1.01，并勾选"影响阴影"选项，接着设置"烟雾颜色"为（红:211，绿:252，蓝:236），最后设置"烟雾倍增"为0.32，如图24-31所示，材质球效果如图24-32所示。

图24-31　　　　　　　　图24-32

24.5.6　遮阳棚

材质特点

纯色

半透明

01 打开"材质球编辑器"选择一个空白材质球，然后将其转换为VRayMtl材质球。设置"漫反射"颜色为（红:249，绿:191，蓝:128），然后设置"反射"颜色为（红:10，绿:10，蓝:10），接着设置"反射光泽"为0.64、"细分"为14，最后取消勾选"菲涅耳反射"选项，如图24-33所示。

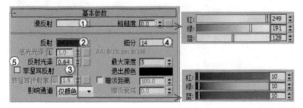

图24-33

02 设置"折射"颜色为（红:104，绿:62，蓝:28），然后设置"光泽度"为0.5、"细分"为11，并勾选"影响阴影"选项，接着设置"烟雾颜色"为（红:67，绿:46，蓝:24），最后设置"烟雾倍增"为0.678，如图24-34所示。

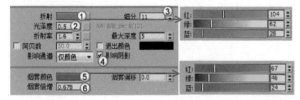

图24-34

03 设置"半透明"类型为"硬（蜡）模型"，然后设置"散布系数"为0.18，接着设置"厚度"为384.676mm，最后设置"背面颜色"为（红:181，绿:110，蓝:53），如图24-35所示，材质球效果如图24-36所示。

图24-35 图24-36

24.5.7 水

材质特点

全透明

全反射

01 打开"材质球编辑器"选择一个空白材质球，然后将其转换为VRayMtl材质球。设置"漫反射"颜色为（红:135，绿:176，蓝:214），然后设置"反射"颜色为（红:255，绿:255，蓝:255），接着设置"菲涅耳折射率"为5.3，最后设置"细分"为16，如图24-37所示。

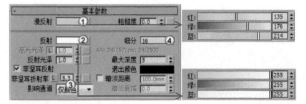

图24-37

02 设置"折射"颜色为（红:255，绿:255，蓝:255），然后设置"折射率"为1.03、"细分"为9，并勾选"影响阴影"选项，接着设置"烟雾颜色"为（红:144，绿:157，蓝:170），最后设置"烟雾倍增"为0.04，如图24-38所示，材质球效果如图24-39所示。

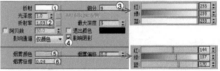

图24-38 图24-39

> ⚓ **提示**
>
> 泳池的水是浅蓝色的，因此在烟雾色上要设置偏蓝色。

24.5.8 不锈钢

材质特点

高光点细长

磨砂质感

01 打开"材质球编辑器"选择一个空白材质球，然后将其转换为VRayMtl材质球。设置"漫反射"颜色为（红:20，绿:20，蓝:20），然后设置"反射"颜色为（红:144，绿:144，蓝:144），接着设置"反射光泽"为0.74，最后设置"细分"为10，如图24-40所示。

图24-40

02 展开"双向反射分布函数"卷展栏，然后设置类型为"微面GTR（GGX）"，接着设置"各向异性（-1，1）"为0.4、"旋转"为0.4，如图24-41所示，材质球效果如图24-42所示。

图24-41　　　　　　　图24-42

24.6 设置成图渲染参数

设置好材质，并经过测试，就可以对场景进行最终渲染了。提前渲染光子图会提高渲染效率。

24.6.1 渲染并保存光子图

01 按F10键打开"渲染设置"面板，然后切换到VRay选项卡，并展开"全局开关"卷展栏，接着勾选"不渲染最终的图像"选项，如图24-43所示。

图24-43

02 展开"渲染块图像采样器"卷展栏，然后设置"最小细分"为1，接着勾选"最大细分"选项，并设置为4，再设置"噪波阈值"为0.005，最后设置"渲染块宽度"为32，如图24-44所示。

图24-44

03 展开"图像过滤器"卷展栏，然后设置"过滤器"为Catmull-Rom，如图24-45所示。

图24-45

04 展开"全局确定性蒙特卡洛"卷展栏，然后设置"最小采样"为16、"自适应数量"为0.8、"噪波阈值"为0.005，如图24-46所示。

图24-46

05 展开"发光图"卷展栏，然后设置"当前预设"为"中"、"细分"为60、"插值采样"为30，接着切换为"高级模式"，再在"模式"中选择"单帧"，最后勾选"自动保存"选项，并单击下方的保存按钮，设置光子图的保存路径，如图24-47所示。

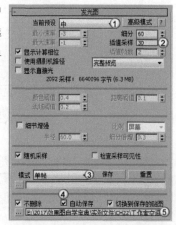

图24-47

06 在"BF算法计算全局照明"卷展栏中设置"细分"为16，然后设置"反弹"为8，如图24-48所示。

图24-48

07 按F9键渲染场景，然后在保存路径中找到渲染好的光子图文件，如图24-49所示。

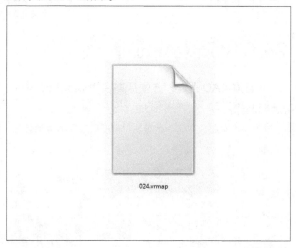

024.vrmap

图24-49

24.6.2 渲染成图

01 按F10键打开"渲染设置"面板，然后在"公用"选项卡中设置"宽度"为2000、"高度"为1417，如图24-50所示。

图24-50

02 切换到VRay选项卡，然后展开"全局开关"卷展栏，接着取消勾选"不渲染最终的图像"选项，如图24-51所示。

图24-51

03 按F9键渲染场景，效果如图24-52所示。

图24-52

24.6.3 渲染AO通道

下面渲染AO通道，方便后期在Photoshop中进行后期制作。

01 选择一个空白材质球，然后在"漫反射"通道中加载一张"VRay污垢"贴图，接着设置"半径"为30cm，如图24-53所示，材质球效果如图24-54所示。

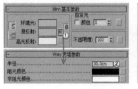

图24-53　　　　图24-54

02 按F10键打开"渲染设置"面板，切换到VRay选项卡，然后展开"全局开关"卷展栏，勾选"覆盖材质"选项，接着将AO材质球以"实例"的形式复制到通道中，如图24-55所示。

图24-55

03 按F9键渲染当前场景，AO通道图如图24-56所示。

图24-56

24.6.4 渲染VRayRenderID通道

下面渲染VRayRenderID通道，方便后期在Photoshop中进行后期制作。

01 按F10键打开"渲染设置"面板，然后切换到"渲染元素"选项卡，接着单击"添加"按钮，在弹出的对话框中选择VRayRenderID选项，如图24-57所示。

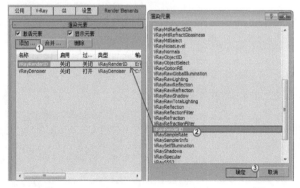

图24-57

02 在"选定元素参数"中，勾选"启用"选项，然后设置通道图的保存路径，如图24-58所示。

图24-58

03 按F9键渲染当前场景，VRayRenderID通道图如图24-59所示。

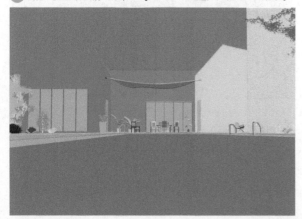

图24-59

24.7 后期处理

成图渲染好后，在Photoshop CS6中进行后期调整。

01 在Photoshop中打开渲染成图、AO通道和VRayRenderID通道，如图24-60所示。

图24-60

02 选中AO图层，然后设置图层混合模式为"柔光"、"不透明度"为80%，如图24-61所示，效果如图24-62所示。

图24-61　　　　　　　　　　图24-62

03 使用"魔棒工具"通过通道图层选中水面材质，如图24-63所示，然后按快捷键Ctrl+J从"背景"图层上复制出来，如图24-64所示。

04 执行"图像>调整>色阶"菜单命令，然后设置"色阶"参数，如图24-65所示。

图24-63

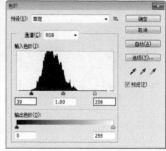

图24-64　　　　　　　　　　图24-65

05 执行"图像>调整>色彩平衡"菜单命令，然后设置"色彩平衡"参数，如图24-66所示，效果如图24-67所示。

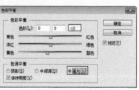

图24-66

图24-67

图24-71

06 使用"魔棒工具"通过通道图层选中建筑外墙材质，如图24-68所示，然后按快捷键Ctrl+J从"背景"图层上复制出来，如图24-69所示。

07 执行"图像>调整>色阶"菜单命令，然后设置"色阶"参数，如图24-70所示，效果如图24-71所示。

08 使用"魔棒工具"通过通道图层选中窗玻璃，如图24-72所示，然后按快捷键Ctrl+J从"背景"图层上复制出来，如图24-73所示。

09 执行"图像>调整>色阶"菜单命令，然后设置"色阶"参数，如图24-74所示，效果如图24-75所示。

图24-68

图24-72

图24-69

图24-70

图24-73

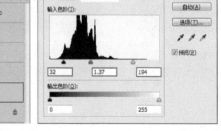

图24-74

图24-75

⑩ 使用"魔棒工具"通过通道图层选中天空部分，如图24-76所示，然后按快捷键Ctrl+J从"背景"图层上复制出来，如图24-77所示。

⑪ 执行"图像>调整>色阶"菜单命令，然后设置"色阶"参数，如图24-78所示。

图24-76

图24-77

图24-78

⑫ 执行"图像>调整>色相/饱和度"菜单命令，然后设置"明度"参数，如图24-79所示，效果如图24-80所示。

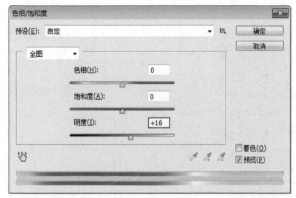

图24-79

图24-80

⑬ 按快捷键Ctrl+Shift+Alt+E盖印所有可见图层，如图24-81所示。

⑭ 执行"图像>调整>色阶"菜单命令，然后设置参数，如图24-82所示，效果如图24-83所示。

图24-81

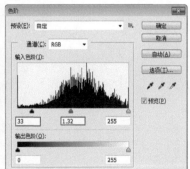

图24-82

图24-83

⑮ 在顶层新建一个图层，然后填充黑色，如图24-84所示。

⑯ 执行"滤镜>渲染>镜头光晕"菜单命令，然后设置参数，如图24-85所示。

⑰ 将"图层6"的混合模式设置为"滤色"，如图24-86所示，效果如图24-87所示。

图24-84 　　　　图24-85 　　　　图24-86

图24-87

⑱ 观察到镜头光晕的效果不明显，将"图层6"复制一层，最终效果如图24-88所示。

图24-88

356

附录A 本书索引

一、3ds Max 2014快捷键索引

1.主界面快捷键

操作	快捷键
显示降级适配（开关）	O
适应透视图格点	Shift+Ctrl+A
排列	Alt+A
角度捕捉（开关）	A
动画模式（开关）	N
改变到后视图	K
背景锁定（开关）	Alt+Ctrl+B
前一时间单位	,
下一时间单位	,
改变到顶视图	T
改变到底视图	B
改变到摄影机视图	C
改变到前视图	F
改变到等用户视图	U
改变到右视图	R
改变到透视图	P
循环改变选择方式	Ctrl+F
默认灯光（开关）	Ctrl+L
删除物体	Delete
当前视图暂时失效	D
是否显示几何体内框（开关）	Ctrl+E
显示第一个工具条	Alt+1
专家模式，全屏（开关）	Ctrl+X
暂存场景	Alt+Ctrl+H
取回场景	Alt+Ctrl+F
冻结所选物体	6
跳到最后一帧	End
跳到第一帧	Home
显示/隐藏摄影机	Shift+C
显示/隐藏几何体	Shift+O
显示/隐藏网格	G
显示/隐藏帮助物体	Shift+H
显示/隐藏光源	Shift+L
显示/隐藏粒子系统	Shift+P
显示/隐藏空间扭曲物体	Shift+W
锁定用户界面（开关）	Alt+0
匹配到摄影机视图	Ctrl+C
材质编辑器	M
最大化当前视图（开关）	W
脚本编辑器	F11
新建场景	Ctrl+N
法线对齐	Alt+N
向下轻推网格	小键盘-
向上轻推网格	小键盘+
NURBS表面显示方式	Alt+L或Ctrl+4
NURBS调整方格1	Ctrl+1
NURBS调整方格2	Ctrl+2
NURBS调整方格3	Ctrl+3
偏移捕捉	Alt+Ctrl+Space（Space键即空格键）
打开一个max文件	Ctrl+O
平移视图	Ctrl+P
交互式平移视图	I
放置高光	Ctrl+H
播放/停止动画	/
快速渲染	Shift+Q
回到上一场景操作	Ctrl+A
回到上一视图操作	Shift+A
撤消场景操作	Ctrl+Z
撤消视图操作	Shift+Z
刷新所有视图	1
用前一次的参数进行渲染	Shift+E或F9
渲染配置	Shift+R或F10

在xy/yz/zx锁定中循环改变	F8
约束到x轴	F5
约束到y轴	F6
约束到z轴	F7
旋转视图模式	Ctrl+R或V
保存文件	Ctrl+S
透明显示所选物体（开关）	Alt+X
选择父物体	PageUp
选择子物体	PageDown
根据名称选择物体	H
选择锁定（开关）	Space（Space键即空格键）
减淡所选物体的面（开关）	F2
显示所有视图网格（开关）	Shift+G
显示/隐藏命令面板	3
显示/隐藏浮动工具条	4
显示最后一次渲染的图像	Ctrl+I
显示/隐藏主要工具栏	Alt+6
显示/隐藏安全框	Shift+F
显示/隐藏所选物体的支架	J
百分比捕捉（开关）	Shift+Ctrl+P
打开/关闭捕捉	S
循环通过捕捉点	Alt+Space（Space键即空格键）
间隔放置物体	Shift+I
改变到光线视图	Shift+4
循环改变子物体层级	Ins
子物体选择（开关）	Ctrl+B
帖图材质修正	Ctrl+T
加大动态坐标	+
减小动态坐标	-
激活动态坐标（开关）	X
精确输入转变量	F12
全部解冻	7
根据名字显示隐藏的物体	5
刷新背景图像	Alt+Shift+Ctrl+B
显示几何体外框（开关）	F4
视图背景	Alt+B
用方框快显几何体（开关）	Shift+B
打开虚拟现实	数字键盘1
虚拟视图向下移动	数字键盘2
虚拟视图向左移动	数字键盘4
虚拟视图向右移动	数字键盘6
虚拟视图向中移动	数字键盘8
虚拟视图放大	数字键盘7
虚拟视图缩小	数字键盘9
实色显示场景中的几何体（开关）	F3
全部视图显示所有物体	Shift+Ctrl+Z
视窗缩放到选择物体范围	E
缩放范围	Alt+Ctrl+Z
视窗放大两倍	Shift++（数字键盘）
放大镜工具	Z
视窗缩小两倍	Shift+-（数字键盘）
根据框选进行放大	Ctrl+W
视窗交互式放大	[
视窗交互式缩小	]

2.轨迹视图快捷键

操作	快捷键
加入关键帧	A
前一时间单位	<
下一时间单位	>
编辑关键帧模式	E
编辑区域模式	F3
编辑时间模式	F2
展开对象切换	O
展开轨迹切换	T
函数曲线模式	F5或F
锁定所选物体	Space（Space键即空格键）
向上移动高亮显示	↓
向下移动高亮显示	↑
向左轻移关键帧	←

向右轻移关键帧	→
位置区域模式	F4
回到上一场景操作	Ctrl+A
向下收拢	Ctrl+↓
向上收拢	Ctrl+↑

3.渲染器设置快捷键

操作	快捷键
用前一次的配置进行渲染	F9
渲染配置	F10

4.示意视图快捷键

操作	快捷键
下一时间单位	>
前一时间单位	<
回到上一场景操作	Ctrl+A

5.Active Shade快捷键

操作	快捷键
绘制区域	D
渲染	R
锁定工具栏	Space（Space键即空格键）

6.视频编辑快捷键

操作	快捷键
加入过滤器项目	Ctrl+F
加入输入项目	Ctrl+I
加入图层项目	Ctrl+L
加入输出项目	Ctrl+O
加入新的项目	Ctrl+A
加入场景事件	Ctrl+S
编辑当前事件	Ctrl+E
执行序列	Ctrl+R
新建序列	Ctrl+N

7.NURBS编辑快捷键

操作	快捷键
CV约束法线移动	Alt+N
CV约束到U向移动	Alt+U
CV约束到V向移动	Alt+V
显示曲线	Shift+Ctrl+C
显示控制点	Ctrl+D
显示格子	Ctrl+L
NURBS面显示方式切换	Alt+L
显示表面	Shift+Ctrl+S
显示工具箱	Ctrl+T
显示表面整齐	Shift+Ctrl+T
根据名字选择本物体的子层级	Ctrl+H
锁定2D所选物体	Space（Space键即空格键）
选择U向的下一点	Ctrl+→
选择V向的下一点	Ctrl+↑
选择U向的前一点	Ctrl+←
选择V向的前一点	Ctrl+↓
根据名字选择子物体	H
柔软所选物体	Ctrl+S
转换到CV曲线层级	Alt+Shift+Z
转换到曲线层级	Alt+Shift+C
转换到点层级	Alt+Shift+P

转换到CV曲面层级	Alt+Shift+V
转换到曲面层级	Alt+Shift+S
转换到上一层级	Alt+Shift+T
转换降级	Ctrl+X

8.FFD快捷键

操作	快捷键
转换到控制点层级	Alt+Shift+C

二、本书疑难问题速查表

三、本书技术专题速查表

附录B 效果图制作实用附录

一、常见物体折射率

1.材质折射率

物体	折射率	物体	折射率	物体	折射率
空气	1.0003	液体二氧化碳	1.200	冰	1.309
水（20℃）	1.333	丙酮	1.360	30％的糖溶液	1.380
普通酒精	1.360	酒精	1.329	面粉	1.434
溶化的石英	1.460	Calspar2	1.486	80％的糖溶液	1.490
玻璃	1.500	氯化钠	1.530	聚苯乙烯	1.550
翡翠	1.570	天青石	1.610	黄晶	1.610
二硫化碳	1.630	石英	1.540	二碘甲烷	1.740
红宝石	1.770	蓝宝石	1.770	水晶	2.000

钻石	2.417	氧化铬	2.705	氧化铜	2.705
非晶硒	2.920	碘晶体	3.340		

2.液体折射率

物体	分子式	密度	温度	折射率
甲醇	CH_3OH	0.794	20	1.3290
乙醇	C_2H_5OH	0.800	20	1.3618
丙酮	CH_3COCH_3	0.791	20	1.3593
苯	C_6H_6	1.880	20	1.5012
二硫化碳	CS_2	1.263	20	1.6276
四氯化碳	CCl_4	1.591	20	1.4607
三氯甲烷	$CHCl_3$	1.489	20	1.4467
乙醚	$C_2H_5 O C_2H_5$	0.715	20	1.3538
甘油	$C_3H_8O_3$	1.260	20	1.4730
松节油		0.87	20.7	1.4721
橄榄油		0.92	0	1.4763
水	H_2O	1.00	20	1.3330

3.晶体折射率

物体	分子式	最小折射率	最大折射率
冰	H_2O	1.309	1.313
氟化镁	MgF_2	1.378	1.390
石英	SiO_2	1.544	1.553
氢氧化镁	$Mg(OH)_2$	1.559	1.580
锆石	$ZrSiO_2$	1.923	1.968
硫化锌	ZnS	2.356	2.378
方解石	$CaCO_3$	1.486	1.740
钙黄长石	$2CaO Al_2O_3 SiO_2$	1.658	1.669
碳酸锌（菱锌矿）	$ZnCO_3$	1.618	1.818
三氧化二铝（金刚砂）	Al_2O_3	1.760	1.768
淡红银矿	Ag_3AsS_3	2.711	2.979

二、常用家具尺寸

单位：mm

家具	长度	宽度	高度	深度	直径
衣橱		700（推拉门）	400~650（衣橱门）	600~650	
推拉门		750~1500	1900~2400		
矮柜		300~600（柜门）		350~450	
电视柜			600~700	450~600	
单人床	1800、1806、2000、2100	900、1050、1200			
双人床	1800、1806、2000、2100	1350、1500、1800			
圆床					>1800
室内门		800~950、1200（医院）	1900、2000、2100、2200、2400		
卫生间、厨房门		800、900	1900、2000、2100		
窗帘盒			120~180	120（单层布）、160~180（双层布）	
单人式沙发	800~950		350~420（坐垫）、700~900（背高）	850~900	
双人式沙发	1260~1500			800~900	
三人式沙发	1750~1960			800~900	
四人式沙发	2320~2520			800~900	
小型长方形茶几	600~750	450~600	380~500（380最佳）		
中型长方形茶几	1200~1350	380~500或600~750			
正方形茶几	750~900	430~500			
大型长方形茶几	1500~1800	600~800	330~420（330最佳）		
圆形茶几			330~420		750、900、1050、1200
方形茶几		900、1050、1200、1350、1500	330~420		
固定式书桌			750	450~700（600最佳）	
活动式书桌			750~780	650~800	
餐桌		1200、900、750（方桌）	750~780（中式）、680~720（西式）		

长方桌	1500、1650、1800、2100、2400	800、900，1050、1200			
圆桌					900、1200、1350、1500、1800
书架	600~1200	800~900		250~400（每格）	

三、室内物体常用尺寸

1.墙面尺寸

单位：mm

物体	高度
踢脚板	60~200
墙裙	800~1500
挂镜线	1600~1800
飘窗台	400~450

2.餐厅

单位：mm

物体	高度	宽度	直径	间距
餐桌	750~790			>500（其中座椅占500）
餐椅	450~500			
二人圆桌			500或800	
四人圆桌			900	
五人圆桌			1100	
六人圆桌			1100~1250	
八人圆桌			1300	
十人圆桌			1500	
十二人圆桌			1800	
二人方餐桌		700×850		
四人方餐桌		1350×850		
八人方餐桌		2250×850		
餐桌转盘			700~800	
主通道		1200~1300		
内部工作道宽		600~900		
酒吧台	900~1050	500		
酒吧凳	600~750			

3.商场营业厅

单位：mm

物体	长度	宽度	高度	厚度	直径
单边双人走道		1600			
双边双人走道		2000			
双边三人走道		2300			
双边四人走道		3000			
营业员柜台走道		800			
营业员货柜台			800~1000	600	
单靠背立货架			1800~2300	300~500	
双靠背立货架			1800~2300	600~800	
小商品橱窗			400~1200	500~800	
陈列地台			400~800		
敞开式货架			400~600		
放射式售货架					2000
收款台	1600	600			

4.饭店客房

单位：mm/ m²

物体	长度	宽度	高度	面积	深度
标准间				25（大）、16~18（中）、16（小）	
床			400~450、850~950（床靠）		

		500~800	500~700		
床头柜		500~800	500~700		
写字台	1100~1500	450~600	700~750		
行李台	910~1070	500	400		
衣柜		800~1200	1600~2000		500
沙发		600~800	350~400、1000（靠背）		
衣架			1700~1900		

5.卫生间

单位：mm/m²

物体	长度	宽度	高度	面积
卫生间				3~5
浴缸	1220、1520、1680	720	450	
坐便器	750	350		
冲洗器	690	350		
盥洗盆	550	410		
淋浴器		2100		
化妆台	1350	450		

6.交通空间

单位：mm

物体	宽度	高度
楼梯间休息平台	≥2100	
楼梯跑道	≥2300	
客房走廊		≥2400
两侧设座的综合式走廊	≥2500	
楼梯扶手		850~1100
门	850~1000	≥1900
窗	400~1800	
窗台		800~1200

7.灯具

单位：mm

物体	高度	直径
大吊灯	≥2400	
壁灯	1500~1800	
反光灯槽		≥2倍灯管直径
壁式床头灯	1200~1400	
照明开关	1000	

8.办公用具

单位：mm

物体	长度	宽度	高度	深度
办公桌	1200~1600	500~650	700~800	
办公椅	450	450	400~450	
沙发		600~800	350~450	
前置型茶几	900	400	400	
中心型茶几	900	900	400	
左右型茶几	600	400	400	
书柜		1200~1500	1800	450~500
书架		1000~1300	1800	350~450

附录C 常见材质参数设置索引

一、玻璃材质

材质名称	示例图	贴图	参数设置		用途
普通玻璃材质			漫反射	漫反射颜色=红:129，绿:187，蓝:188	家具装饰
			反射	反射颜色=红:20，绿:20，蓝:20 高光光泽度=0.9 反射光泽度=0.95 细分=10 菲涅耳反射=勾选	
			折射	折射颜色=红:240，绿:240，蓝:240 细分=20 影响阴影=勾选 烟雾颜色=红:242，绿:255，蓝:253 烟雾倍增=0.2	
			其他		
窗玻璃材质			漫反射	漫反射颜色=红:193，绿:193，蓝:193	窗户装饰
			反射	反射通道=衰减贴图、侧=红:134，绿:134，蓝:134、衰减类型=Fresnel 反射光泽度=0.99 细分=20	
			折射	折射颜色=白色 光泽度=0.99 细分=20 影响阴影=勾选 烟雾颜色=红:242，绿:243，蓝:247 烟雾倍增=0.001	
			其他		
彩色玻璃材质			漫反射	漫反射颜色=黑色	家具装饰
			反射	反射颜色=白色 细分=15 菲涅耳反射=勾选	
			折射	折射颜色=白色 细分=15 影响阴影=勾选 烟雾颜色=自定义 烟雾倍增=0.04	
			其他		
磨砂玻璃材质			漫反射	漫反射颜色=红:180，绿:189，蓝:214	家具装饰
			反射	反射颜色=红:57，绿:57，蓝:57 菲涅耳反射=勾选 反射光泽度=0.95	
			折射	折射颜色=红:180，绿:180，蓝:180 光泽度=0.95 影响阴影=勾选 折射率=1.2 退出颜色=勾选、退出颜色=红:3，绿:30，蓝:55	
			其他		
龟裂缝玻璃材质			漫反射	漫反射颜色=红:213，绿:234，蓝:222	家具装饰
			反射	反射颜色=红:119，绿:119，蓝:119 高光光泽度=0.8 反射光泽度=0.9 细分=15	
			折射	折射颜色=红:217，绿:217，蓝:217 细分=15 影响阴影=勾选 烟雾颜色=红:247，绿:255，蓝:255 烟雾倍增=0.3	
			其他	凹凸通道=贴图、凹凸强度=-20	
镜子材质			漫反射	漫反射颜色=红:24，绿:24，蓝:24	家具装饰
			反射	反射颜色=红:239，绿:239，蓝:239	
			折射		
			其他		

材质名称	示例图	贴图	参数设置		用途
水晶材质			漫反射	漫反射颜色=红:248，绿:248，蓝:248	家具装饰
			反射	反射颜色=红:250，绿:250，蓝:250 菲涅耳反射=勾选	
			折射	折射颜色=红:130，绿:130，蓝:130 折射率=2 影响阴影=勾选	
			其他		

二、金属材质

材质名称	示例图	贴图	参数设置		用途
亮面不锈钢材质			漫反射	漫反射颜色=红:49，绿:49，蓝:49	家具及陈设品装饰
			反射	反射颜色=红:210，绿:210，蓝:210 高光光泽度=0.8 细分=16	
			折射		
			其他	双向反射=沃德	
亚光不锈钢材质			漫反射	漫反射颜色=红:40，绿:40，蓝:40	家具及陈设品装饰
			反射	反射颜色=红:180，绿:180，蓝:180 高光光泽度=0.8 反射光泽度=0.8 细分=20	
			折射		
			其他	双向反射=沃德	
拉丝不锈钢材质			漫反射	漫反射颜色=红:58，绿:58，蓝:58	家具及陈设品装饰
			反射	反射颜色=红:152，绿:152，蓝:152、反射通道=贴图 高光光泽度=0.9、高光光泽度通道=贴图、反射光泽度=0.9 细分=20	
			折射		
			其他	双向反射=沃德、各向异性（-1..1）=0.6、旋转=-15 反射与贴图的混合量=14、高光光泽与贴图的混合量=3 凹凸通道=贴图、凹凸强度=3	
银材质			漫反射	漫反射颜色=红:186，绿:186，蓝:186	家具及陈设品装饰
			反射	反射颜色=红:98，绿:98，蓝:98 反射光泽度=0.8 细分=为20	
			折射		
			其他	双向反射=沃德	
黄金材质			漫反射	漫反射颜色=红:139，绿:39，蓝:0	家具及陈设品装饰
			反射	反射颜色=红:240，绿:194，蓝:54 反射光泽度=0.9 细分=为15	
			折射		
			其他	双向反射=沃德	
亮铜材质			漫反射	漫反射颜色=红:40，绿:40，蓝:40	家具及陈设品装饰
			反射	反射颜色=红:240，绿:190，蓝:126 高光光泽度=0.65 反射光泽度=0.9 细分=为20	
			折射		
			其他		

三、布料材质

材质名称	示例图	贴图	参数设置		用途
绒布材质（注意，材质类型为标准材质）			明暗器	（O）Oren-Nayar-Blin	家具装饰
			漫反射	漫反射通道=贴图	
			自发光	自发光=勾选、自发光通道=遮罩贴图、贴图通道=衰减贴图（衰减类型=Fresnel）、遮罩通道=衰减贴图（衰减类型=阴影/灯光）	
			反射高光	高光级别=10	
			其他	凹凸强度=10、凹凸通道=噪波贴图、噪波大小=2（注意，这组参数需要根据实际情况进行设置）	
单色花纹绒布材质（注意，材质类型为标准材质）			明暗器	（O）Oren-Nayar-Blin	家具装饰
			自发光	自发光=勾选、自发光通道=遮罩贴图、贴图通道=衰减贴图（衰减类型=Fresnel）、遮罩通道=衰减贴图（衰减类型=阴影/灯光）	
			反射高光	高光级别=10	
			其他	漫反射颜色+凹凸通道=贴图、凹凸强度=-180（注意，这组参数需要根据实际情况进行设置）	
麻布材质			漫反射	通道=贴图	
			反射		
			折射		
			其他	凹凸通道=贴图、凹凸强度=20	
抱枕材质			漫反射	漫反射通道=抱枕贴图、模糊=0.05	家具装饰
			反射	反射颜色=红:34，绿:34，蓝:34 反射光泽度=0.7 细分=20	
			折射		
			其他	凹凸通道=凹凸贴图	
毛巾材质			漫反射	漫反射颜色=红:252，绿:247，蓝:227	家具装饰
			反射		
			折射		
			其他	置换通道=贴图、置换强度=8	
半透明窗纱材质			漫反射	漫反射颜色=红:240，绿:250，蓝:255	家具装饰
			反射		
			折射	折射通道=衰减贴图、前=红:180，绿:180，蓝:180、侧=黑色 光泽度=0.88 折射率=1.001 影响阴影=勾选	
			其他		
花纹窗纱材质（注意，材质类型为混合材质）			材质1	材质1通道=VRayMtl材质 漫反射颜色=红:98，绿:64，蓝:42	家具装饰
			材质2	材质2通道=VRayMtl材质 漫反射颜色=红:164，绿:102，蓝:35 反射颜色=红:162，绿:170，蓝:75 高光光泽度=0.82 反射光泽度=0.82 细分=15	
			遮罩	遮罩通道=贴图	
			其他		
软包材质			漫反射	漫反射通道=衰减贴图 前通道=软包贴图、模糊=0.1 侧=红:248，绿:220，蓝:233	家具装饰
			反射		
			折射		
			其他	凹凸通道=软包凹凸贴图、凹凸强度=45	

材质名称	示例图	贴图	参数设置		用途
普通地毯			漫反射	漫反射通道=衰减贴图 前通道=地毯贴图、衰减类型=Fresnel	家具装饰
			反射		
			折射		
			其他	凹凸通道=地毯凹凸贴图、凹凸强度=60 置换通道=地毯凹凸贴图、置换强度=8	
普通花纹地毯			漫反射	漫反射通道=贴图	家具装饰
			反射		
			折射		
			其他		

四、木纹材质

材质名称	示例图	贴图	参数设置		用途
亮光木纹材质			漫反射	漫反射通道=贴图	家具及地面装饰
			反射	反射颜色=红:40、绿:40、蓝:40 高光光泽度=0.75 反射光泽度=0.7 细分=15	
			折射		
			其他	凹凸通道=贴图、环境通道=输出贴图	
亚光木纹材质			漫反射	漫反射通道=贴图、模糊=0.2	家具及地面装饰
			反射	反射颜色=红:213、绿:213、蓝:213 反射光泽度=0.6 菲涅耳反射=勾选	
			折射		
			其他	凹凸通道=贴图、凹凸强度=60	
木地板材质			漫反射	漫反射通道=贴图、瓷砖（平铺）U/V=6	地面装饰
			反射	反射颜色=红:55、绿:55、蓝:55 反射光泽度=0.8 细分=15	
			折射		
			其他		

五、石材材质

材质名称	示例图	贴图	参数设置		用途
大理石地面材质			漫反射	漫反射通道=贴图	地面装饰
			反射	反射颜色=红:228、绿:228、蓝:228 细分=15 菲涅耳反射=勾选	
			折射		
			其他		
人造石台面材质			漫反射	漫反射通道=贴图	台面装饰
			反射	反射通道=衰减贴图、衰减类型=Fresnel 高光光泽度=0.65 反射光泽度=0.9 细分=20	
			折射		
			其他		

材质名称	示例图	贴图	参数设置		用途
拼花石材材质			漫反射	漫反射通道=贴图	地面装饰
			反射	反射颜色=红:228，绿:228，蓝:228 细分=15 菲涅耳反射=勾选	
			折射		
			其他		
仿旧石材材质			漫反射	漫反射通道=混合贴图 颜色#1通道=旧墙贴图 颜色#2通道=破旧纹理贴图 混合量=50	墙面装饰
			反射		
			折射		
			其他	凹凸通道=破旧纹理贴图、凹凸强度=10 置换通道=破旧纹理贴图、置换强度=10	
文化石材质			漫反射	漫反射通道=贴图	墙面装饰
			反射	反射颜色=红:30，绿:30，蓝:30 高光光泽度=0.5	
			折射		
			其他	凹凸通道=贴图、凹凸强度=50	
砖墙材质			漫反射	漫反射通道=贴图	墙面装饰
			反射	反射通道=衰减贴图、侧=红:18，绿:18，蓝:18、衰减类型=Fresnel 高光光泽度=0.5 反射光泽度=0.8	
			折射		
			其他	凹凸通道=灰度贴图、凹凸强度=120	
玉石材质			漫反射	漫反射颜色=红:88，绿:146，蓝:70	陈设品装饰
			反射	反射颜色=红:111，绿:111，蓝:111 菲涅耳反射=勾选	
			折射	折射颜色=白色 光泽度=0.32 细分=20 烟雾颜色=红:88，绿:146，蓝:70 烟雾倍增=0.2	
			其他	半透明类型=硬（蜡）模型、背面颜色=红:182，绿:207，蓝:174、散布系数=0.4、正/背面系数=0.44	

六、陶瓷材质

材质名称	示例图	贴图	参数设置		用途
白陶瓷材质			漫反射	漫反射颜色=白色	陈设品装饰
			反射	反射颜色=红:131，绿:131，蓝:131 细分=15 菲涅耳反射=勾选	
			折射	折射颜色=红:30，绿:30，蓝:30 光泽度=0.95	
			其他	半透明类型=硬（蜡）模型、厚度=0.05mm（该参数要根据实际情况而定）	
青花瓷材质			漫反射	漫反射通道=贴图、模糊=0.01	陈设品装饰
			反射	反射颜色=白色 菲涅耳反射=勾选	
			折射		
			其他		
马赛克材质			漫反射	漫反射通道=马赛克贴图	墙面装饰
			反射	反射颜色=红:10，绿:10，蓝:10 反射光泽度=0.95	
			折射		
			其他	凹凸通道=灰度贴图	

七、漆类材质

材质名称	示例图	贴图	参数设置		用途
白色乳胶漆材质			漫反射	漫反射颜色=红:250，绿:250，蓝:250	墙面装饰
			反射	反射通道=衰减贴图、衰减类型=Fresnel 高光光泽度=0.8 反射光泽度=0.85 细分=20	
			折射		
			其他	环境通道=输出贴图、输出量=1.2 跟踪反射=关闭	
彩色乳胶漆材质			漫反射	漫反射颜色=自定义	墙面装饰
			反射	反射颜色=红:18，绿:18，蓝:18 高光光泽度=0.25 细分=15	
			其他	跟踪反射=关闭	
烤漆材质			漫反射	漫反射颜色=黑色	电器及乐器装饰
			反射	反射颜色=红:233，绿:233，蓝:233 反射光泽度=0.9 细分=20 菲涅耳反射=勾选	
			折射		
			其他		

八、皮革材质

材质名称	示例图	贴图	参数设置		用途
亮光皮革材质			漫反射	漫反射颜色=贴图	家具装饰
			反射	反射颜色=红:79，绿:79，蓝:79 高光光泽度=0.63 反射光泽度=0.7 细分=20	
			折射		
			其他	凹凸通道=凹凸贴图	
亚光皮革材质			漫反射	漫反射颜色=红:250，绿:246，蓝:232	家具装饰
			反射	反射颜色=红:45，绿:45，蓝:45 高光光泽度=0.65 反射光泽度=0.7 细分=20 菲涅耳反射=勾选、菲涅耳反射率=2.6	
			折射		
			其他	凹凸通道=贴图	

九、壁纸材质

材质名称	示例图	贴图	参数设置		用途
壁纸材质			漫反射	通道=贴图	墙面装饰
			反射		
			折射		
			其他		

十、塑料材质

材质名称	示例图	贴图	参数设置		用途
普通塑料材质			漫反射	漫反射颜色=自定义	陈设品装饰
			反射	反射通道=衰减贴图、前=红:22,绿:22,蓝:22、侧=红:200,绿:200,蓝:200、衰减类型=Fresnel 高光光泽度=0.8 反射光泽度=0.7 细分=15	
			折射		
			其他		
半透明塑料材质			漫反射	漫反射颜色=自定义	陈设品装饰
			反射	反射颜色=红:51,绿:51,蓝:51 高光光泽度=0.4 反射光泽度=0.6 细分=10 菲涅耳反射=勾选	
			折射	折射颜色=红:221,绿:221,蓝:221 光泽度=0.9 细分=10 折射率=1.01 影响阴影=勾选 烟雾颜色=漫反射颜色 烟雾倍增=0.05	
			其他		
塑钢材质			漫反射	漫反射颜色=白色	家具装饰
			反射	反射颜色=红:233,绿:233,蓝:233 反射光泽度=0.9 细分=20 菲涅耳反射=勾选	
			折射		
			其他		

十一、液体材质

材质名称	示例图	贴图	参数设置		用途
清水材质			漫反射	漫反射颜色=红:123,绿:123,蓝:123	室内装饰
			反射	反射颜色=白色 菲涅耳反射=勾选 细分=15	
			折射	折射颜色=红:241,绿:241,蓝:241 细分=20 折射率=1.333 影响阴影=勾选	
			其他	凹凸通道=噪波贴图、噪波大小=0.3（该参数要根据实际情况而定）	
游泳池水材质			漫反射	漫反射颜色=红:15,绿:162,蓝:169	公用设施装饰
			反射	反射颜色=红:132,绿:132,蓝:132 反射光泽度=0.97 菲涅耳反射=勾选	
			折射	折射颜色=红:241,绿:241,蓝:241 折射率=1.333 影响阴影=勾选 烟雾颜色=漫反射颜色 烟雾倍增=0.01	
			其他	凹凸通道=噪波贴图、噪波大小=1.5该参数要根据实际情况而定）	

材质名称	示例图	贴图	参数设置		用途
红酒材质			漫反射	漫反射颜色=红:146，绿:17，蓝:60	陈设品装饰
			反射	反射颜色=红:57，绿:57，蓝:57 细分=20 菲涅耳反射=勾选	
			折射	折射颜色=红:222，绿:157，蓝:191 细分=30 折射率=1.333 影响阴影=勾选 烟雾颜色=红:169，绿:67，蓝:74	
			其他		

十二、自发光材质

材质名称	示例图	贴图	参数设置		用途
灯管材质（注意，材质类型为VRay灯光材质）			颜色	颜色=白色、强度=25（该参数要根据实际情况而定）	电器装饰
电脑屏幕材质（注意，材质类型为VRay灯光材质）			颜色	颜色=白色、强度=25（该参数要根据实际情况而定）、通道=贴图	电器装饰
灯带材质（注意，材质类型为VRay灯光材质）			颜色	颜色=自定义、强度=25（该参数要根据实际情况而定）	陈设品装饰
环境材质（注意，材质类型为VRay灯光材质）			颜色	颜色=白色、强度=25（该参数要根据实际情况而定）、通道=贴图	室外环境装饰

十三、其他材质

材质名称	示例图	贴图	参数设置		用途
叶片材质（注意，材质类型为标准材质）			漫反射	漫反射通道=叶片贴图	室内/外装饰
			不透明度	不透明度通道=黑白遮罩贴图	
			反射高光	高光级别=40 光泽度=50	
			其他		
水果材质			漫反射	漫反射通道=贴图、模糊=15（根据实际情况来定）	室内/外装饰
			反射	反射颜色=红:15，绿:15，蓝:15 高光光泽度0.7 反射光泽度=0.65 细分=16	
			折射		
			其他	半透明类型=硬（蜡）模型、背面颜色=红:251，绿:48，蓝:21 凹凸通道=贴图、凹凸强度=15	

材质名称	示例图	贴图	参数设置		用途
草地材质			漫反射	漫反射通道=草地贴图	室外装饰
			反射	反射颜色=红:28, 绿:43, 蓝:25 反射光泽度=0.85	
			折射		
			其他	跟踪反射=关闭 草地模型=加载VRay置换模式修改器、类型=2D贴图（景观）、纹理贴图=草地贴图、数量=15mm（该参数要根据实际情况而定）	
镂空藤条材质（注意，材质类型为标准材质）			漫反射	漫反射通道=藤条贴图	家具装饰
			不透明度	不透明度通道=黑白遮罩贴图	
			反射高光	高光级别=60	
			其他		
沙盘楼体材质			漫反射	漫反射颜色=红:237, 绿:237, 蓝:237	陈设品装饰
			反射		
			折射		
			其他	不透明度通道=VRay边纹理贴图、颜色=白色、像素=0.3	
书本材质			漫反射	漫反射通道=贴图	陈设品装饰
			反射	反射颜色=红:80, 绿:80, 蓝:80 细分=20 菲涅耳反射=勾选	
			折射		
			其他		
画材质			漫反射	漫反射通道=贴图	陈设品装饰
			反射		
			折射		
			其他		
毛发地毯材质（注意，该材质用VRay毛皮工具进行制作）			根据实际情况，对VRay毛皮的参数进行设定，如长度、厚度、重力、弯曲、结数、方向变量和长度变化。另外，毛发颜色可以直接在"修改"面板中进行选择。		地面装饰